SSH框架整合实战教程

清華大学出版社
北京

内容简介

本书详细讲解了JavaEE中Struts2、Hibernate和Spring三大框架的基本知识和使用方法。对知识点的描述由浅入深、通俗易懂，使得原本复杂难于理解的知识，变得易于掌握。同时，在教材中配备了大量的案例，通过案例的演示，可以帮助读者更快理解和掌握SSH的核心技术。本书共17章，第1～6章主要讲解Struts2的相关知识，包括Struts2的基础知识、核心配置、拦截器、标签库、OGNL表达式和值栈、Struts2的文件上传和下载。第7～11章主要讲解Hibernate的起源、核心文件、持久化对象状态和一级缓存、Hibernate的关联关系映射、Hibernate的检索方式、Hibernate的事务处理和二级缓存等。第12～16章主要讲解Spring的基本应用、Spring中的Bean、Spring AOP、Spring的数据库开发以及Spring的事务管理。第17章结合添加用户的案例对SSH框架的整合进行讲解。掌握了SSH框架技术，能够很好地适应企业开发的技术需要，为大型项目的开发奠定基础。

本书附有配套的教学PPT、题库、教学视频、源代码、教学补充案例、教学设计等资源。而且本书还配备一个SSH企业级项目实训手册——CRM管理系统，通过项目实训，可以让学生真正体会到企业级开发过程。同时，为了帮助读者及时地解决学习过程中遇到的问题，传智播客还专门提供了免费的在线答疑平台，并承诺在3小时内针对问题给予解答。

本书可作为高等院校本、专科计算机相关专业、程序设计类课程或者Web开发的专用教材，是一本适合广大计算机编程爱好者的优秀读物。

图书在版编目(CIP)数据

SSH框架整合实战教程/传智播客高教产品研发部编著.—北京：清华大学出版社，2016(2023.8重印)
ISBN 978-7-302-42389-8

Ⅰ.①S… Ⅱ.①传… Ⅲ.①JAVA语言－程序设计－教材 Ⅳ.①TP312

中国版本图书馆CIP数据核字(2015)第296363号

责任编辑：袁勤勇　薛　阳
封面设计：乔婷婷
责任校对：梁　毅
责任印制：曹婉颖

出版发行：清华大学出版社
网　　址：http://www.tup.com.cn，http://www.wqbook.com
地　　址：北京清华大学学研大厦A座　　**邮　　编**：100084
社 总 机：010-83470000　　**邮　　购**：010-62786544
投稿与读者服务：010-62776969，c-service@tup.tsinghua.edu.cn
质量反馈：010-62772015，zhiliang@tup.tsinghua.edu.cn
课件下载：http://www.tup.com.cn，010-83470236
印 装 者：三河市龙大印装有限公司
经　　销：全国新华书店
开　　本：185mm×260mm　　**印　　张**：20.5　　**字　　数**：511千字
版　　次：2016年1月第1版　　**印　　次**：2023年8月第18次印刷
定　　价：56.00元

产品编号：066867-04

序 言

江苏传智播客教育科技股份有限公司(简称“传智播客”)是一家致力于培养高素质软件开发人才的科技公司。经过多年探索,传智播客的战略逐步完善,从IT教育培训发展到高等教育,从根本上解决以“人”为单位的系统教育培训问题,实现新的系统教育形态,构建出前后衔接、相互呼应的分层次教育培训模式。

一、“黑马程序员”——高端IT教育品牌

“黑马程序员”的学员多为大学毕业后,想从事IT行业,但各方面条件还不成熟的年轻人。“黑马程序员”的学员筛选制度非常严格,包括严格的技术测试、自学能力测试,以及性格测试、压力测试、品德测试等。百里挑一的残酷筛选制度确保了学员质量,并降低了企业的用人风险。

自“黑马程序员”成立以来,教学研发团队一直致力于打造精品课程资源,不断在产、学、研3个层面创新自己的执教理念与教学方针,并集中“黑马程序员”的优势力量,有针对性地出版了计算机系列教材90多种,制作教学视频数十套,发表各类技术文章数百篇。

“黑马程序员”不仅斥资研发IT系列教材,还为高校师生提供以下配套学习资源与服务。

1. 为大学生提供的配套服务

(1) 请同学们登录 http://yx.ityxb.com,进入“高校学习平台”,免费获取海量学习资源。平台可以帮助高校学生解决各类学习问题。

(2) 针对高校学生在学习过程中存在的压力大等问题,我们还面向大学生量身打造了IT技术女神——“播妞学姐”,可提供教材配套源码、习题答案及更多学习资源。同学们快来关注“播妞学姐”的微信公众号 boniu1024。

“播妞学姐”微信公众号

2. 为教师提供的配套服务

针对高校教学,“黑马程序员”为IT系列教材精心设计了“教案+授课资源+考试系统+题库+教学辅助案例”的系列教学资源。高校老师请登录 http://yx.ityxb.com,进入“高校教辅平台”,也可关注“码大牛”老师微信/QQ:2011168841,获取配套资源,还可以扫

描下方二维码,关注专为IT教师打造的师资服务平台——“教学好助手”,获取最新的教学辅助资源。

“教学好助手”微信公众号

二、“传智专修学院”——高等教育机构

传智专修学院是一所由江苏省宿迁市教育局批准、江苏传智播客教育科技股份有限公司投资创办的四年制应用型院校。学校致力于为互联网、智能制造等新兴行业培养高精尖科技人才,聚焦人工智能、大数据、机器人、物联网等前沿技术,开设软件工程专业,招收的学生入校后将接受系统化培养,毕业时学生的专业水平和技术能力可满足大型互联网企业的用人要求。

传智专修学院借鉴卡内基-梅隆大学、斯坦福大学等世界著名大学的办学模式,采用“申请入学,自主选拔”的招生方式,通过深入调研企业需求,以校企合作、专业共建等方式构建专业的课程体系。传智专修学院拥有顶级的教研团队、完善的班级管理体系、匠人精神的现代学徒制和敢为人先的质保服务。

传智专修学院突出的办学特色如下。

(1) 立足“高精尖”人才培养。传智专修学院以国家重大战略和国际科学技术前沿为导向,致力于为社会培养具有创新精神和实践能力的应用型人才。

(2) 项目式教学,培养学生自主学习能力。传智专修学院打破传统高校理论式教学模式,将项目实战式教学模式融入课堂,通过分组实战,模拟企业项目开发过程,让学生拥有真实的工作能力,并持续培养学生的自主学习能力。

(3) 创新模式,就业无忧。学校为学生提供“一年工作式学习”,学生能够进入企业边工作边学习。与此同时,我们还提供专业老师指导学生参加企业面试,并且开设了技术服务窗口给学生解答工作中遇到的各种问题,帮助学生顺利就业。

如果想了解传智专修学院更多的精彩内容,请关注微信公众号“传智专修学院”。

传智专修学院

传智播客

2020年8月

前言

Java 语言自问世以来，已有二十多年，与之相关的技术和应用发展得非常快。在当下的网络时代中 Java 技术无处不在。Java EE(Java Platform Enterprise Edition) 企业版，是 Java 为开发企业级应用程序提供的解决方案。JavaEE 可以被看作一个技术平台，该平台用于开发、装配以及部署企业级应用程序，其中主要包括 Servlet、JSP、JavaBean、JDBC、EJB、Web Service 等技术。JavaEE 技术已经稳定地占据市场十多年，目前仍牢牢地占据着企业级开发的市场。所以，JavaEE 技术也是高校学生日后在计算机领域发展的必备利器。

为什么要学习 SSH 框架

使用 JavaEE 进行企业级应用开发的过程是相当复杂的。初期，很多的大型项目都用其内部框架来隐藏平台的复杂性，但是编程人员逐渐发现，在很多项目中都存在一些共有的难题，这些难题都可以由一个较为统一的解决方案来解决。而一些优秀的开源框架正好可以充当这些问题的解决方案。并且，这些框架将成为这些难题的更加"标准化"的解决方案。

J2EE 平台的日益成熟使得这些框架快速地流行起来，在这些优秀的开源框架中，Struts、Hibernate 和 Spring 框架脱颖而出。使用 SSH 框架整合使得项目开发的成本大大降低，并且加快了项目使用速度，简化了项目的维护。

如何使用本书

本书面向具有 Java 基础、JavaWeb 基础、数据库开发基础的读者。本书的同系列教材包括由传智播客高教产品研发部编著，由清华大学出版社出版的《Java 基础入门》、《JavaWeb 程序开发入门》、《JavaWeb 程序开发进阶》和《MySQL 数据库入门》。请读者学习过以上课程后，再学习本教材。

本书基于 JavaWeb 开发中最常用到的 SSH(Struts 2.3.24＋Hibernate 3.6.10＋Spring 3.2.2)三大框架技术，详细讲解了 SSH 框架技术的基本知识和使用方法，力求将一些非常复杂、难以理解的思想和问题简单化，让读者能够轻松理解并快速掌握。本书对每个知识点都进行了深入的分析，并针对每个知识点精心设计了相关案例，帮助读者理解和掌握 SSH 的核心技术，提高读者的实践操作能力。

本书共分为 17 章，接下来分别对每个章节进行简单的介绍，具体如下：

- 第 1 章主要介绍 Struts2 框架的入门知识。通过本章的学习，读者应该对 Struts2 框架有简单的了解，熟悉 Struts2 项目开发的基本流程，并能够开发一个简单的 Struts2 程序。
- 第 2 章讲解 Struts2 核心配置的相关知识，首先详细讲解 struts.xml 文件的相关配置，然后讲解 Action 的配置，接着讲解 Action 访问 Servlet API 和 Action 处理请求参数，最后讲解 Result 结果类型。本章是 Struts2 学习过程中非常重要的知识，因此学好本章将对 Struts2 的深入学习有很大的帮助。

- 第 3 章讲解 Struts2 拦截器的基础知识。通过本章的学习，读者需对 Struts2 拦截器的工作原理有更深的了解，能够很好地掌握拦截器的配置和使用方法，并且学会如何配置使用自定义拦截器。
- 第 4 章主要讲解 Struts2 标签库中常用的标签。通过本章的学习，读者可以很好地运用 Struts2 标签库的标签开发出功能强大的视图页面。
- 第 5 章主要讲解 OGNL 表达式和值栈知识。通过本章的学习，读者可以掌握 OGNL 表达式的应用，掌握值栈的内部结构以及值栈在开发中的应用。
- 第 6 章主要介绍 Struts2 的文件上传和下载。通过本章的学习，读者可以学会如何使用 Struts2 实现单文件上传、如何对上传文件的大小和类型进行限制以及如何使用 Struts2 实现中英文文件的下载。
- 第 7 章主要讲解 Hibernate 的基本知识。通过本章的学习，读者可以掌握 Hibernate 的一些基本知识，学会搭建 Hibernate 的项目环境，并能够使用 Hibernate 对数据库进行简单操作，同时需要掌握 Hibernate 的核心配置文件，并了解 Hibernate 核心 API 的使用。
- 第 8 章主要讲解持久化对象的状态和一级缓存的知识。通过本章的学习，读者可以了解持久化对象的三种状态，掌握 Hibernate 持久化对象状态的转换方法和一级缓存的常用操作。
- 第 9 章主要讲解 Hibernate 的关联关系映射。在实际开发中，三种关联关系中的多对一和多对多使用较多，要求读者必须掌握，而一对一关联关系使用情况较少，读者了解有此种关系即可。级联和反转操作在 Hibernate 关联关系映射中是重点知识，要求读者必须掌握。
- 第 10 章简单介绍 Hibernate 的 5 种检索方式。通过本章的学习，读者可以了解 Hibernate 的几种检索方式，并能够学会使用 HQL 检索以及 QBC 检索来查询数据。
- 第 11 章主要讲解 Hibernate 事务处理的相关知识。通过本章的学习，读者可以掌握如何在 Hibernate 中对事务问题进行处理，以及 Hibernate 二级缓存的配置和使用。
- 第 12 章主要讲解 Spring 的基本知识。通过本章的学习，读者可以熟悉 Spring 的框架体系、掌握搭建 Spring 框架的方法并理解控制反转和依赖注入的思想。
- 第 13 章对 Spring 的 Bean 进行详细讲解。通过本章的学习，要求读者了解 Bean 的装配过程，并能使用 Bean 的装配进行开发。
- 第 14 章主要讲解面向切面编程（AOP）思想。通过本章的学习，读者可以熟悉 AOP 的作用和相关概念、了解 AOP 的执行过程、掌握使用 AspectJ 框架进行开发的两种方式。
- 第 15 章对 Spring 框架中使用 JdbcTemplate 类进行数据操作做了详细的讲解，并通过案例演示了 JdbcTemplate 类中常用方法的使用。通过本章的学习，读者能够学会使用 Spring JdbcTemplate 进行数据库开发，并且可以深入地体会到使用 Spring

框架的优势。

- 第16章主要讲解 Spring 事务管理,首先讲解 Spring 事务管理的核心接口,然后通过银行转账的案例,分别介绍基于 TransactionProxyFactoryBean 的事务管理和基于 AOP 的声明式事务管理,其中基于 AOP 的 XML 方式事务管理是在开发中经常使用的,要求必须掌握。
- 第17章主要讲解 SSH 框架的整合知识。通过本章内容的学习,读者可以将 SSH 这三个框架在项目开发中灵活和高效地使用。

在上面所提到的17章中,第1～6章主要讲解 Struts2 相关的知识,重点介绍 Struts2 的工作原理、Struts2 的核心配置文件、拦截器、标签等内容,这些都是灵活运用 Struts2 框架必备的知识。第7～11章讲解的是 Hibernate 相关的知识,重点讲解 Hibernate 的工作原理、核心文件、核心 API 等内容,这些都是灵活运用 Hibernate 框架必备的知识。第12～16章中讲解的是 Spring 相关的知识,重点介绍 Spring 的工作机制、Spring 的 IoC 原理、Spring 事务管理等内容,这些都是灵活运用 Struts2 框架必备的知识。第17章讲解 SSH 框架的整合知识,介绍如何将前面三个框架结合起来一起使用。

为了使读者快速地熟悉三大框架的整合使用,我们配备了一个大型的实训项目 CRM,通过该项目的实训学习,可以使读者感受真实企业开发的技术需要。

在学习过程中,读者一定要亲自实践教材中的案例代码。如果不能完全理解书中所讲知识,读者可以登录高校学习平台,通过平台中的教学视频进行深入学习。学习完一个知识点后,要及时在高校学习平台上进行测试,以巩固学习内容。另外,如果读者在理解知识点的过程中遇到困难,建议不要纠结于某个地方,可以先往后学习,通常来讲,看到后面对知识点的讲解或者其他小节的内容后,前面看不懂的知识点一般就能理解了,如果读者在动手练习的过程中遇到问题,建议多思考,理清思路,认真分析问题发生的原因,并在问题解决后多总结。

致谢

本教材的编写和整理工作由传智播客教育科技股份有限公司高教产品研发部完成,主要参与人员有黄云、姜涛、杜宏、梁桐、王友军等,全体人员在这近一年的编写过程中付出了很多辛勤的汗水。除此之外,还有传智播客600多名学员也参与到了教材的试读工作中,他们站在初学者的角度对教材提供了许多宝贵的修改意见,在此一并表示衷心的感谢。

意见反馈

尽管我们尽了最大的努力,但书中难免会有不妥之处,欢迎各界专家和读者朋友们来信来函给予宝贵意见,我们将不胜感激。您在阅读本书时,如发现任何问题或有不认同之处可以通过电子邮件与我们取得联系。

请发送电子邮件至:itcast_book@vip.sina.com。

传智播客教育科技股份有限公司　高教产品研发部

2015-10-1 于北京

目 录

第 1 章

Struts2框架入门

学习目标

- 了解什么是 Struts2 以及 Struts2 的技术优势
- 掌握 Struts2 的使用方法
- 熟悉 Struts2 的基本执行流程

Struts2 是一种基于 MVC 模式的轻量级 Web 框架，它自问世以来，就受到了广大 Web 开发者的关注，并广泛应用于各种企业系统的开发中。目前掌握 Struts2 框架几乎成为 Web 开发者的必备技能之一。本章将详细介绍 Struts2 的特点、配置以及执行流程等内容。

1.1 Struts2 简介

1.1.1 什么是 Struts2

在介绍 Struts2 之前，先认识一下 Struts1。Struts1 是最早的基于 MVC 模式的轻量级 Web 框架，它能够合理地划分代码结构，并包含验证框架、国际化框架等多种实用工具框架。但是随着技术的进步，Struts1 的局限性也越来越多地暴露出来。为了符合更加灵活、高效的开发需求，Struts2 框架应运而生。

Struts2 是 Struts1 的下一代产品，是在 Struts1 和 WebWork 技术的基础上进行合并后的全新框架（WebWork 是由 OpenSymphony 组织开发的，致力于组件化和代码重用的 J2EE Web 框架，它也是一个 MVC 框架）。虽然 Struts2 的名字与 Struts1 相似，但其设计思想却有很大的不同。实质上，Struts2 是以 WebWork 为核心的，它采用拦截器的机制来处理用户的请求。这样的设计也使得业务逻辑控制器能够与 Servlet API 完全脱离开，所以 Struts2 可以理解为 WebWork 的更新产品。

Struts2 拥有优良的设计和功能，其优势具体如下：

- 项目开源，使用及拓展方便。
- 提供 Exception 处理机制。
- Result 方式的页面导航，通过 Result 标签很方便地实现重定向和页面跳转。
- 通过简单、集中的配置来调度业务类，使得配置和修改都非常容易。
- 提供简单、统一的表达式语言来访问所有可供访问的数据。
- 提供标准、强大的验证框架和国际化框架。
- 提供强大的、可以有效减少页面代码的标签。
- 提供良好的 Ajax 支持。

- 拥有简单的插件,只需放入相应的 JAR 包,任何人都可以扩展 Struts2 框架,例如自定义拦截器、自定义结果类型、自定义标签等,为 Struts2 定制需要的功能,不需要什么特殊配置,并且可以发布给其他人使用。
- 拥有智能的默认设置,不需要另外进行烦琐的设置。使用默认设置就可以完成大多数项目程序开发所需要的功能。

上面列举的是 Struts2 的一系列技术优势,读者只需对它们简单了解即可,在学习了后面章节的知识后,会慢慢对这些技术优势有更好的理解和体会。

1.1.2 Struts2 的下载和使用

要使用 Struts2 框架进行 Web 开发,或者运行 Struts2 的程序,就必须先下载并安装好 Struts2。本书成书时,Struts2 的最新版本为 2.3.24,本书所讲解的 Struts2 就是基于该版本的,因此建议读者也下载该版本。读者可以从 Struts2 的官网中进行下载,访问 http://struts.apache.org 链接地址进入官网主页面,如图 1-1 所示。

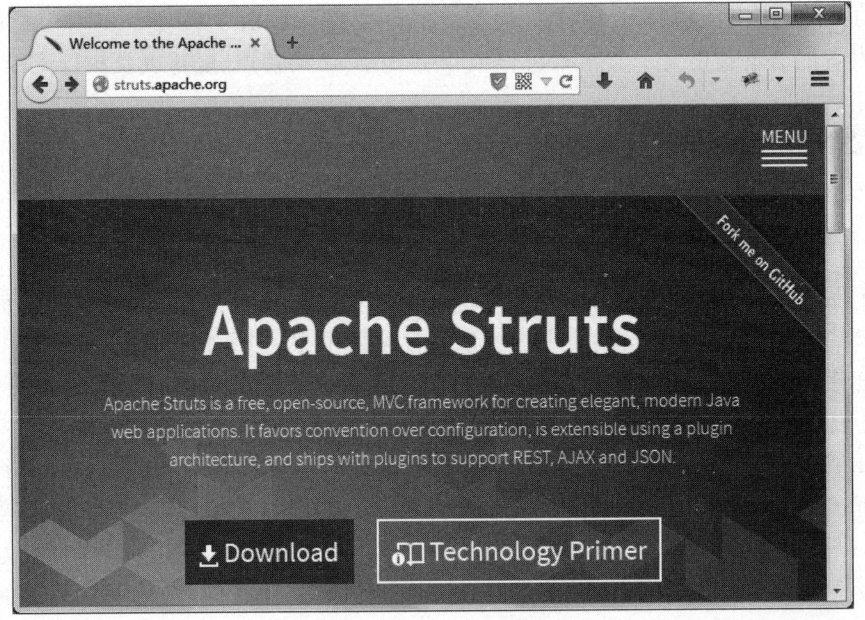

图 1-1 Struts2 的官网主页

在图 1-1 所示的页面中,单击 Download 按钮后,进入 Struts2 的下载页面,如图 1-2 所示。

从图 1-2 中可以看到,在 Full Releases 标题下,有几个链接可供单击下载,其具体介绍如下。

- Full Distribution:下载 Struts2 的完整版,通常建议下载该选项,该选项包括 Struts2 的示例应用、空示例应用、核心库、源代码和文档等。
- Example Applications:仅下载 Struts2 的示例应用,这些示例应用对于学习 Struts2 有很大的帮助,下载 Struts2 的完整版时,已经包含了该选项中的全部应用。
- Essential Dependencies Only:仅下载 Struts2 的核心库,下载 Struts2 的完整版时,

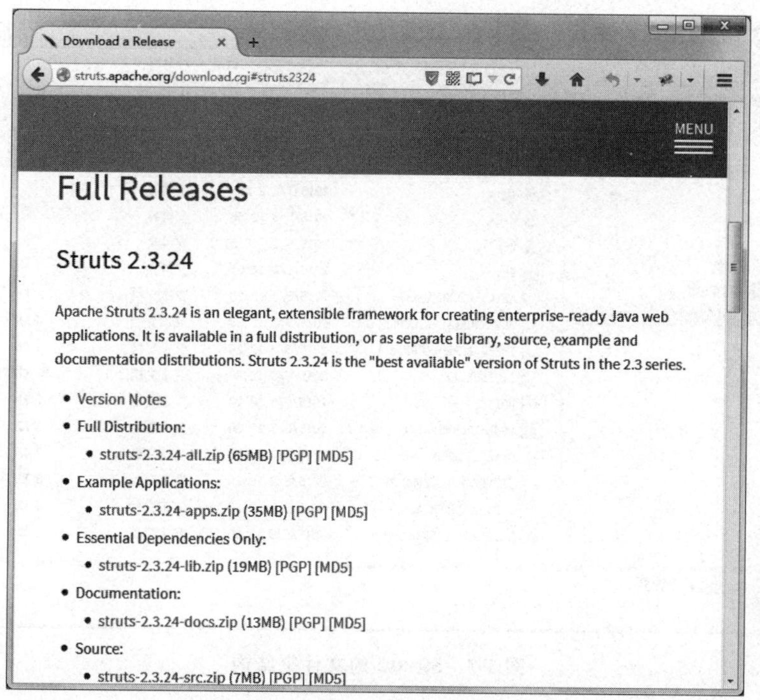

图 1-2　Struts2 的下载页面

已经包含该选项下的全部内容。

- Documentation：仅下载 Struts2 的相关文档，包含 Struts2 的使用文档、参考手册和 API 文档等。下载 Struts2 的完整版时，已经包含该选项下的全部内容。
- Source：下载 Struts2 的全部源代码，下载 Struts2 的完整版时，已经包含该选项下的全部内容。

通常建议读者下载 Full Distribution，在 Full Distribution 下单击 struts-2.3.24-all.zip (65MB)的超链接，然后完成下载。

需要注意的是，如果后期有 Struts2 新版本出现，读者通过 Download 按钮进入 Struts2 下载页面时，对应的可能不是 Struts2.3.24-all.zip(65MB)的下载信息，而这时读者仍希望下载该版本，可以通过在浏览器地址栏中访问 archive.apache.org/dist/struts/2.3.24/struts-2.3.24-all.zip 链接，在 Struts2 的版本库中进行下载。

将下载后的压缩包进行解压，可得到如下文件夹结构，如图 1-3 所示。

从图 1-3 中可以看出，展示的是解压后的 Struts2.3.24 的目录结构，为了让读者对每个目录的内容和作用有一定的了解，下面简单介绍这些目录，具体如下。

- apps：该文件夹用于存放官方提供的 Struts2 示例程序，这些程序可以作为学习者的学习资料，可为学习者提供很好的参照。各示例均为 WAR 文件，可以通过 ZIP 方式进行解压。
- docs：该文件夹用于存放官方提供的 Struts2 文档，包括 Struts2 的快速入门、Struts2 的文档，以及 API 文档等内容。
- lib：该文件夹用于存放 Struts2 的核心类库，以及 Struts2 的第三方插件类库。

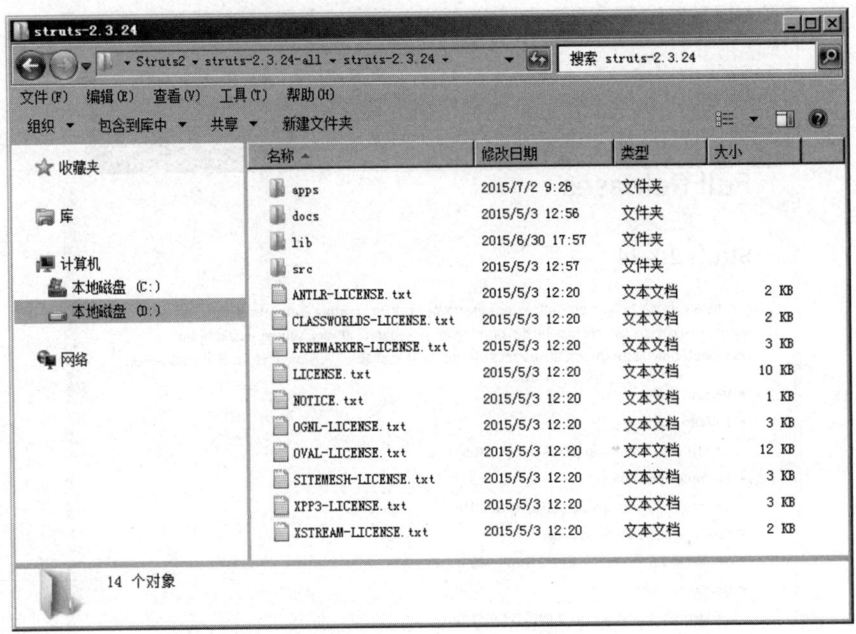

图 1-3 Struts2 的文件夹结构

- src：该文件夹用于存放该版本 Struts2 框架对应的源代码。

安装 Struts2 相对也是比较容易的，将 struts-2.3.24 框架目录中的 lib 文件夹打开，得到 Struts2 开发中可能用到的所有 JAR 包(此版本有 107 个 JAR 包)。在一般 Web 开发中，只需要将 lib 文件夹下所依赖的几个基础 JAR 包复制到 Web 项目的 WEB-INF/lib 路径下即可。针对 Struts2 项目所依赖的基础 JAR 包介绍如表 1-1 所示。

表 1-1 Struts2 项目依赖的基础 JAR 包说明

文件名	说明
asm-3.3.jar	操作 Java 字节码的类库
asm-commons-3.3.jar	提供了基于事件的表现形式
asm-tree-3.3.jar	提供了基于对象的表现形式
struts2-core-2.3.24.jar	Struts2 框架的核心类库
xwork-core-2.3.24.jar	WebWork 核心库，Struts2 的构建基础
ognl-3.0.6.jar	对象图导航语言(Object Graph Navigation Language)，Struts2 框架通过其读写对象的属性
freemarker-2.3.22.jar	Struts2 标签模板使用的类库
javassist-3.11.0.GA.jar	JavaScript 字节码解释器
commons-fileupload-1.3.1.jar	Struts2 文件上传组件依赖包
commons-io-2.2.jar	Struts2 的输入输出，传文件依赖的 JAR
commons-lang-2.4.jar	包含一些数据类型工具，是对 java.lang 包的增强
log4j-api-2.2.jar	Struts2 的日志管理组件依赖包的 API
log4j-core-2.2.jar	Struts2 的日志管理组件依赖包

从表 1-1 可以看出，此版本的 Struts2 项目所依赖的基础 JAR 包共 13 个。Struts2 根据版本的不同所依赖的基础 JAR 包可能不完全相同，不过基本上变化不大，读者可以视情况而定。

需要注意的是，通常使用 Struts2 的 Web 项目并不需要用到 Struts2 的全部 JAR 包，因此没有必要一次将 Struts2 的 lib 目录下的全部 JAR 包复制到 Web 项目的 WEB-INF/lib 路径下，而是根据需要再添加相应的 JAR 包。

1.2　Struts2 的入门案例

通过 1.1 节的学习，读者已经了解了什么是 Struts2，并掌握了 Struts2 的下载和安装方法。本节将使用 Struts2 框架实现一个 HelloWorld 案例的开发。

该案例的实现流程，如图 1-4 所示。

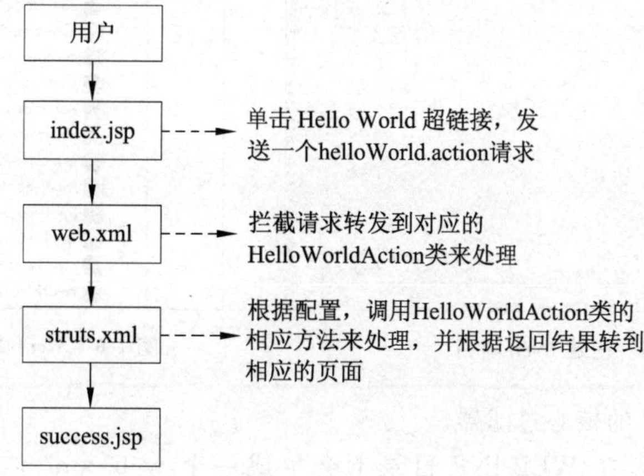

图 1-4　HelloWorld 入门案例实现流程图

演示此案例的具体步骤如下。

(1) 创建 Web 项目。

打开 Eclipse，依次单击 Eclipse 菜单中的 File→New→Dynamic Web Project，新建一个名为 chapter01 的 Web 项目，如图 1-5 所示。

直接单击图 1-5 中的 Finish 按钮，完成 chapter01 项目的创建。

(2) 添加 Struts2 的 JAR 包。

为了让该 Web 项目具有 Struts2 框架支持的功能，必须先安装 Struts2，安装时需将 Struts2 框架依赖的 JAR 文件添加到 Web 项目中。读者可以通过对照表 1-1 从 Struts2 框架的 lib 目录下进行挑选，将 Struts2 框架依赖的基础 JAR 文件复制到项目的 WEB-INF/lib 路径下。需添加的 Struts2 的 JAR 文件具体如图 1-6 所示。

图 1-6 中，lib 文件夹下的就是 Struts2 所依赖的基础 JAR 包，需要注意的是，将基础 JAR 包复制到项目的 WEB-INF/lib 路径下后，如果 JAR 包没有被开发工具自动添加到 classpath 中，我们还需要选中所有 JAR，右击鼠标，进行 Build Path→Add to Build Path 操作。

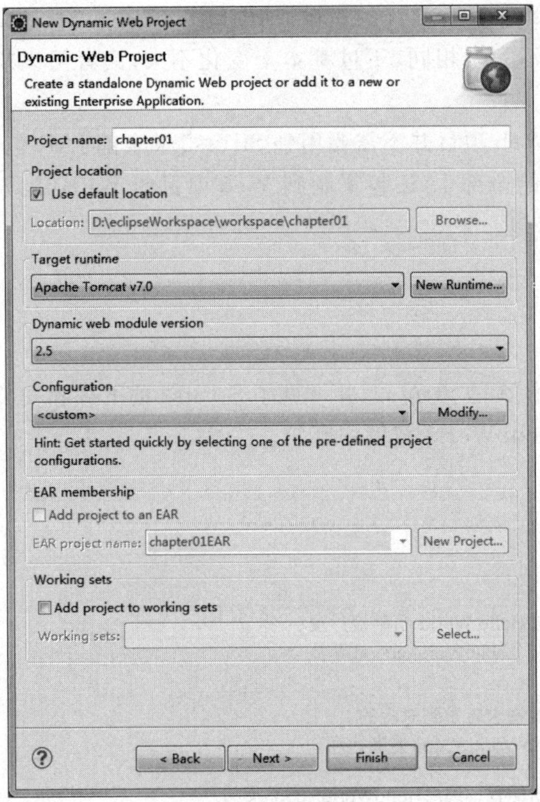

图 1-5　创建 Web 项目

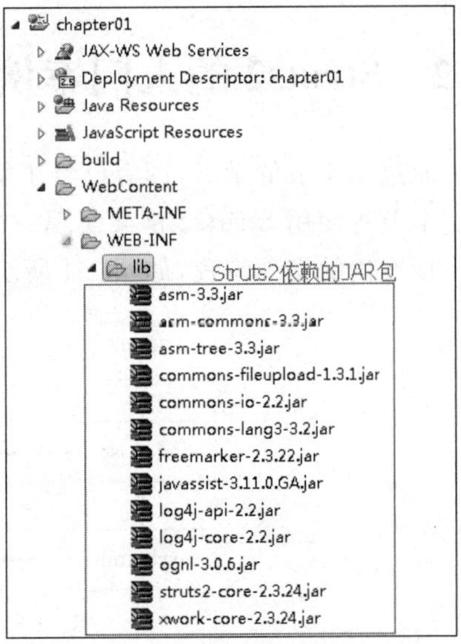

图 1-6　Struts2 的 JAR 文件

(3) 配置 Struts2 的核心过滤器。

项目创建成功后，在 WEB-INF 目录下会生成一个 web. xml 文件，打开该文件，将 Struts2 的核心过滤器添加到文件中，编辑后如文件 1-1 所示。

编辑 Web 项目的 web. xml 配置文件，配置 Struts2 的核心过滤器，核心过滤器类名为 org. apache. struts2. dispatcher. ng. filter. StrutsPrepareAndExecuteFilter，如文件 1-1 所示。

文件 1-1　web. xml

```
<?xml version="1.0" encoding="UTF-8"?>
<web-app xmlns:xsi="http://www.w3.org/2001/XMLSchema-instance"
      xmlns="http://java.sun.com/xml/ns/javaee"
      xmlns:web="http://java.sun.com/xml/ns/javaee/web-app_2_5.xsd"
      xsi:schemaLocation="http://java.sun.com/xml/ns/javaee
      http://java.sun.com/xml/ns/javaee/web-app_2_5.xsd"
      id="WebApp_ID" version="2.5">
<!--配置 Struts2 核心控制器-->
<filter>
    <filter-name>struts2</filter-name>
    <filter-class>
        org.apache.struts2.dispatcher.ng.filter.StrutsPrepareAndExecuteFilter
    </filter-class>
</filter>
```

```
<filter-mapping>
    <filter-name>struts2</filter-name>
    <url-pattern>/*</url-pattern>
</filter-mapping>
</web-app>
```

在 web. xml 文件中，filter 标签中配置的就是核心过滤器，过滤器名为 struts2，过滤器类为 org. apache. struts2. dispatcher. ng. filter. StrutsPrepareAndExecuteFilter，filter-mapping 标签中配置的是该过滤器的映射。

需要注意的是，在 Struts2. 1 版本之前，所使用的核心过滤器类是 org. apache. struts2. dispatcher. FilterDispatcher，从 Struts2. 1 版本之后，已经不推荐使用，而是使用 org. apache. struts2. dispatcher. ng. filter. StrutsPrepareAndExecuteFilter 类。

(4) 定义处理用户请求的 Action 类。

在项目的 src 目录下，新建一个名称为 cn. itcast. action 的包，在包中编写一个名为 HelloWorldAction 的类，并继承 Struts2 框架提供的 ActionSupport 类，ActionSupport 类位于 com. opensymphony. xwork2 包中。在 HelloWorldAction 类中定义一个 execute() 方法，返回值类型为 String，HelloWorldAction 类的内容如文件 1-2 所示。

文件 1-2　HelloWorldAction. java

```
package cn.itcast.action;
import com.opensymphony.xwork2.ActionSupport;
public class HelloWorldAction extends ActionSupport {
public String execute() throws Exception{
        return SUCCESS;
    }
}
```

在文件 1-2 中，execute() 方法的返回值是 SUCCESS，该常量字段是从父类中继承的，用于表示执行成功，并返回结果页面。execute() 方法的返回值对应着 struts. xml 文件中 <result>标签中 name 属性的值，会执行对应处理结果下的视图资源。

(5) 编写 Struts2 的配置文件。

在 src 目录下新建一个名称为 struts. xml 文件，如文件 1-3 所示。

文件 1-3　struts. xml

```
<?xml version="1.0" encoding="UTF-8"?>
<!--指定 Struts2 配置文件的 DTD 信息 -->
<!DOCTYPE struts PUBLIC
    "-//Apache Software Foundation//DTD Struts Configuration 2.3//EN"
    "http://struts.apache.org/dtds/struts-2.3.dtd">
<!--Struts2 配置文件的根元素 -->
<struts>
  <!--Struts2 的 Action 必须放在指定的包空间下定义 -->
  <package name="hello" namespace="/" extends="struts-default">
    <!--定义 action,该 action 对应的类为 cn.itcast.action.HelloWorldAction 类
    -->
    <action name="helloWorld" class="cn.itcast.action.HelloWorldAction">
```

```
        <!--定义处理结果和视图资源之间的映射关系 -->
        <result name="success">/success.jsp</result>
      </action>
   </package>
</struts>
```

在 struts. xml 文件中,<action>标签中定义了请求路径,以及与其对应的 Action 类的映射关系,子标签<result>定义了处理结果和视图资源之间的映射关系。关于 struts. xml 文件的详细配置,将在后面重点讲解。

(6) 创建视图文件。

在 WebContent 目录下创建一个 index. jsp 页面,在其中编写一个超链接,用于访问 Action 对象,此链接指向的地址为 helloWorld. action,如文件 1-4 所示。

文件 1-4　index. jsp

```
<%@page language="java" contentType="text/html; charset=UTF-8"
    pageEncoding="UTF-8"%>
<html>
    <head>
        <title>首页</title>
    </head>
    <body>
        <h1>Welcome To Struts2!</h1>
        <a href="${pageContext.request.contextPath }/helloWorld.action">
        Hello World
        </a>
    </body>
</html>
```

然后在 WebContent 下再创建一个名为 success. jsp 的文件,作为 Action 对象处理成功后的返回页面,如文件 1-5 所示。

文件 1-5　success. jsp

```
<%@page language="java" import="java.util.*" pageEncoding="UTF-8"%>
<!DOCTYPE HTML PUBLIC "-//W3C//DTD HTML 4.01 Transitional//EN">
<html>
    <head>
        <title>成功页面</title>
    </head>
    <body>
        欢迎学习第一个 Struts2 程序!
    </body>
</html>
```

至此,Struts2 入门案例就开发完成了,接下来验证程序是否可以成功执行。启动 chapter01 程序,在浏览器地址栏中输入“http://localhost:8080/chapter01/index. jsp”,成功访问后,浏览器的运行结果如图 1-7 所示。

单击图 1-7 中的 Hello World 超链接,发送地址为 helloWorld. action 的请求,运行结果如图 1-8 所示。

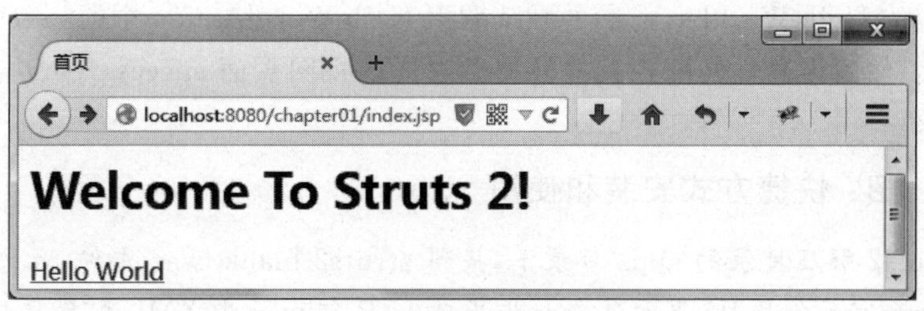

图 1-7　index. jsp

图 1-8　success. jsp

从图 1-8 中可以看出，程序顺利返回了 success. jsp 页面，说明 Struts2 入门案例执行成功。

上面所介绍的 Struts2 入门案例，实际上也是一个请求发出到响应结束的过程，为了让读者更直观地了解该案例的执行全过程，下面通过一个简单的执行流程图来说明，如图 1-9 所示。

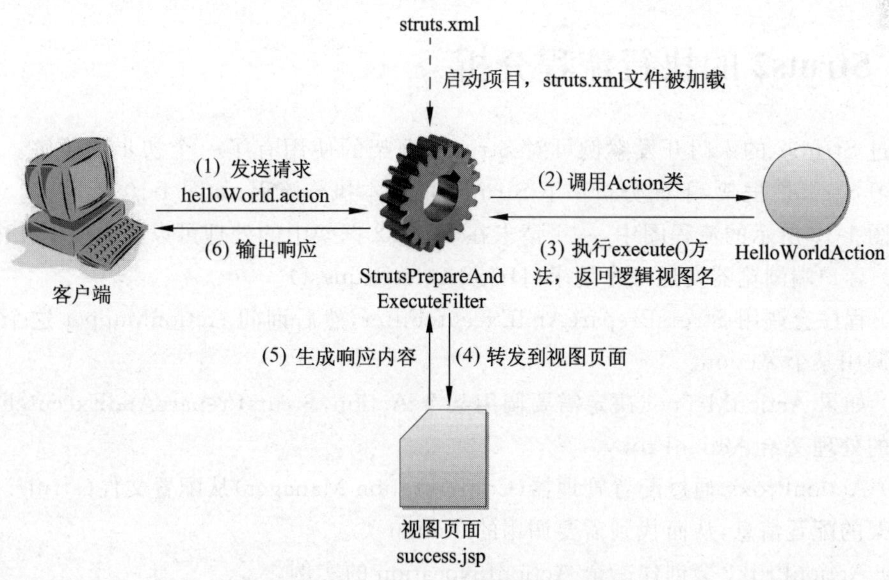

图 1-9　Struts2 入门案例执行流程图

从图 1-9 中可以看出，在客户端浏览器上单击 index. jsp 中的超链接，会发送一个

helloWorld. action 请求，该请求被核心控制器拦截到，通过匹配 struts. xml 文件中的配置，找到请求对应的 HelloWorldAction，并默认调用 HelloWorldAction 中的 execute()方法，返回逻辑视图名，然后再通过匹配找到并转发到对应的视图页面 success. jsp 中，最后响应并输出返回结果。

多学一招：快捷方式安装和使用 Struts2

进入 Struts2 解压目录的 apps 目录下，找到 struts2-blank. war 文件，此文件是 struts2 官方提供的一个空示例项目，里面包含一些基础 JAR 包和一些 XML 配置文件。开发中为了方便快速地使用 Struts2 进行开发，初学者可将此文件改成 struts2-blank. zip，然后以压缩包方式打开，将可以公用的内容复制到自己的项目中。

针对添加 JAR 包、配置核心过滤器和配置 struts. xml，快捷方式分别如下：

(1) 添加 Struts2 的 JAR 包。

在添加 Struts2 的 JAR 包时，将 WEB-INF/lib 中的所有 JAR 文件复制添加到自己所建立的 Web 应用程序的 WEB-INF/lib 中即可，这些 JAR 文件刚好就是 13 个依赖的基础包。

(2) 在 web. xml 文件中配置 Struts2 核心过滤器。

在 web. xml 文件中配置 Struts2 核心过滤器时，可以打开 WEB-INF/web. xml 文件，将核心过滤器配置的代码片段复制到自己所建立的 Web 应用程序的 web. xml 文件中，省去了自己手动编写的麻烦。

(3) 在 struts. xml 文件中添加 Struts2 配置。

在 struts. xml 文件中添加 Struts2 配置时，可以将 WEB-INF/classes 目录下的 struts . xml文件复制到自己所建立的 Web 项目的 src 目录下，然后在此基础上进行修改和配置。

1.3 Struts2 的执行流程分析

通过 Struts2 的入门开发案例可对 Struts2 框架的使用有了一个初步的了解。为了更好地学习 Struts2 框架，下面分析一下 Struts2 的基本执行流程，如图 1-10 所示。

在图 1-10 所示的流程图中，一个请求在 Struts2 框架中的处理可以分为以下几个步骤：

(1) 客户端浏览器发送一个请求(HttpServletRequest)。

(2) 程序会调用 StrutsPrepareAndExecuteFilter，然后询问 ActionMapper 这个请求是否需要调用某个 Action。

(3) 如果 ActionMapper 决定需要调用某个 Action，StrutsPrepareAndExecuteFilter 会把请求的处理交给 ActionProxy。

(4) ActionProxy 通过配置管理器(Configuration Manager)从配置文件(struts. xml)中读取框架的配置信息，从而找到需要调用的 Action 类。

(5) ActionProxy 会创建一个 ActionInvocation 的实例。

(6) ActionInvocation 使用命名模式来调用 Action，在调用 Action 前，会依次调用所有配置的拦截器(Intercepter1、Intercepter2、…)。

(7) 一旦 Action 执行完，返回结果字符串，ActionInvocation 就会负责查找结果字符串

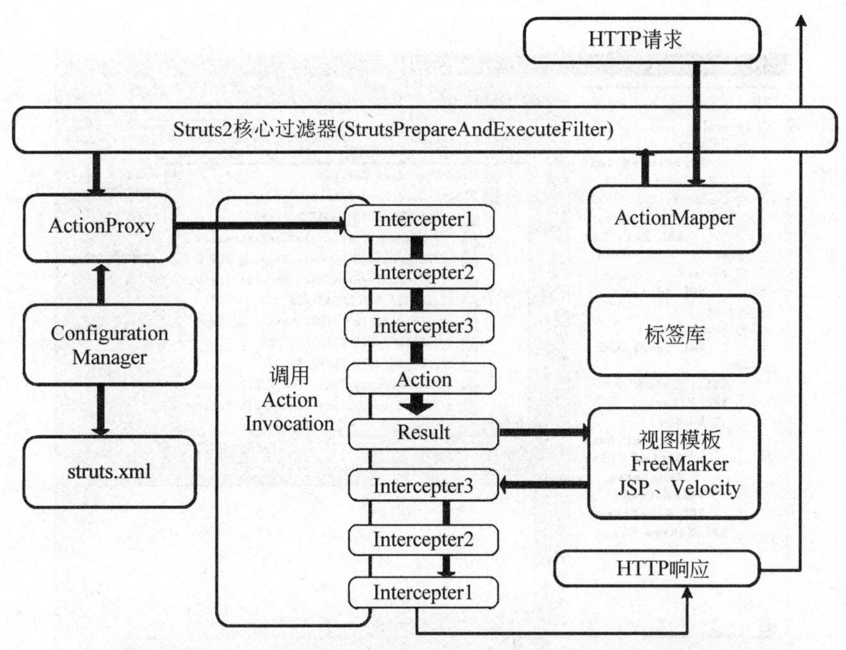

图 1-10　Struts2 的执行流程图

对应的 Result，然后执行这个 Result。通常情况下 Result 会调用一些模板(JSP 等)来呈现页面。

(8) 产生的 Result 信息返回给 ActionInvocation，此过程中拦截器会被再次执行(顺序与 Action 执行之前相反)。

(9) 产生一个 HttpServletResponse 的响应行为，通过 StrutsPrepareAndExecuteFilter 反馈给客户端。

多学一招：使用 DTD 来获得本地 struts. xml 提示

开发过程中如果可以上网，struts. xml 会自动缓存 dtd，提供提示功能。如果不能够上网，则需要我们手动配置本地 dtd，这样才能够使 struts. xml 产生提示。具体配置方法如下：

(1) 在 Eclipse 中，依次单击工具栏中的 Window 和下方的 Preferences 弹出对话框。然后在左侧的搜索框中输入 xml，显示出所有与 xml 有关的选项后，单击 XML Catalog，会出现如图 1-11 所示的界面。

(2) 在已下载的 Struts2 解压包中的 lib 包中找到其核心包 struts2-core-2. 3. 24. jar，使用解压工具将其解压成文件夹形式，解压后会看到文件夹中有几个以. dtd 结尾的文件。我们所使用的是 struts-2. 3. dtd。

(3) 将此 dtd 使用 EditPlus 等文本工具打开后，找到图中选中内容，将其 HTTP 地址复制，如图 1-12 所示。

(4) 单击 Eclipse 中弹出对话框中右侧的 Add 按钮，此时会弹出 Add XML Catalog Element 窗口。单击 File System 按钮，找到本地刚才解压文件夹中的 struts-2. 3. dtd，然后将该窗口中的 Key type 改为 URI，并将刚才复制的地址粘贴到 Key 中，如图 1-13 所示。

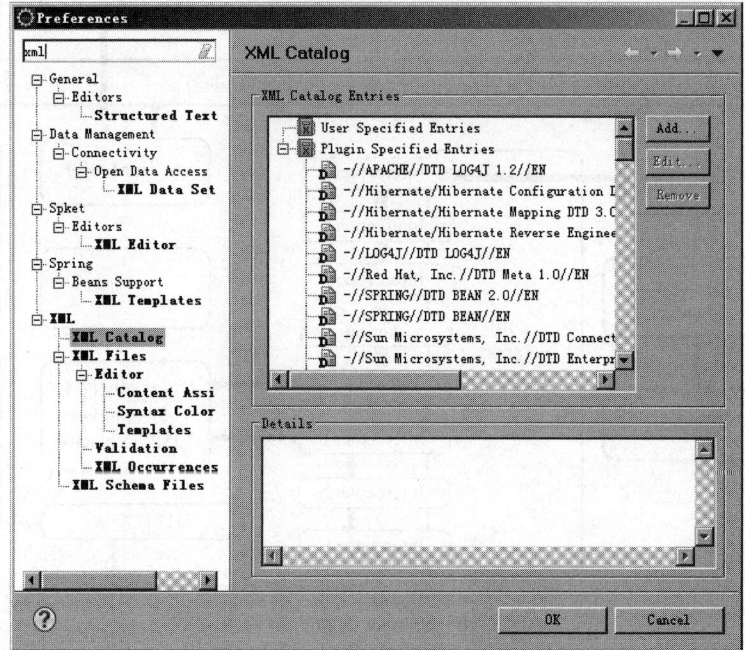

图 1-11 XML Catalog 窗口

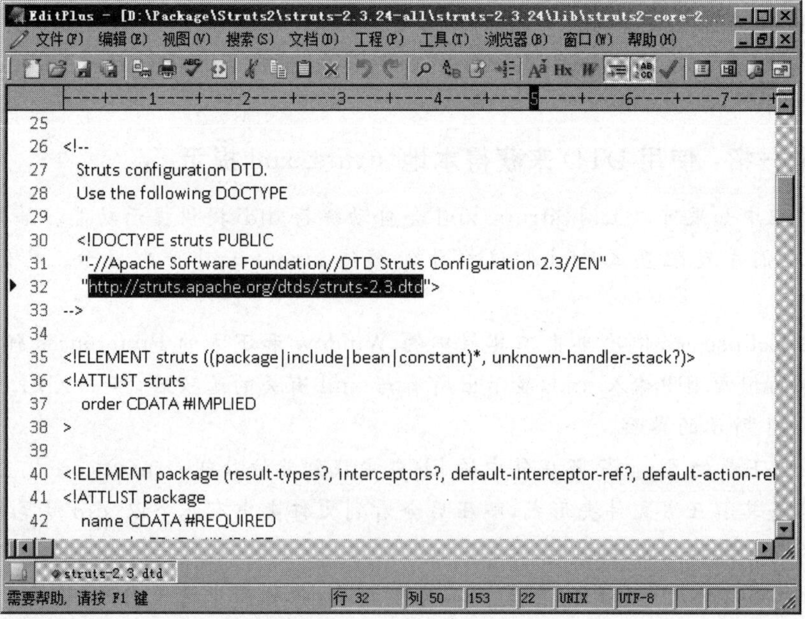

图 1-12 struts-2.3.dtd 文件

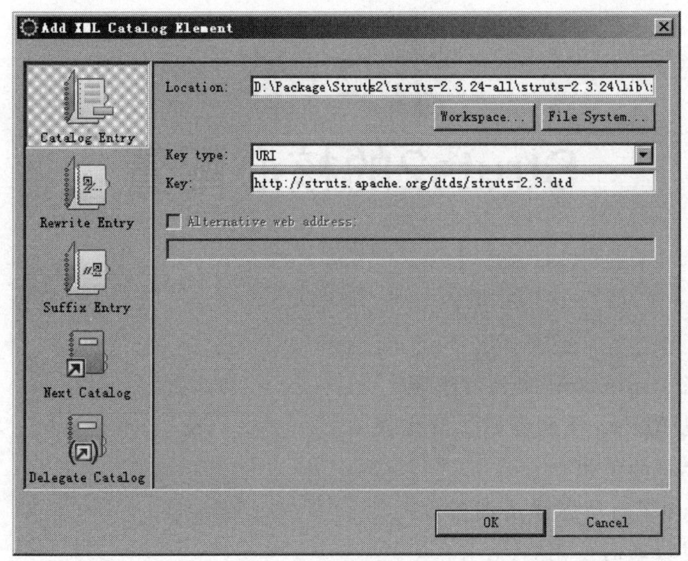

图 1-13　Add XML Catalog Element 窗口

单击 OK 按钮后，关闭已打开的 struts.xml，然后再重新打开 struts.xml，此时再编写 struts.xml 内容的时候，就会有提示了。

1.4　本章小结

本章主要讲解 Struts2 框架的入门知识，包括什么是 Struts2、Struts2 的技术优势、如何下载和安装 Struts2、Struts2 入门案例以及 Struts2 的执行流程分析。通过本章的学习，读者应该对 Struts2 框架有简单的了解，熟悉 Struts2 项目开发的基本流程，并能够开发一个简单的 Struts2 程序。

【思考题】

1. 请写出在 web.xml 文件中配置 Struts2 核心过滤器的代码片段。
2. 请简述本章中 Struts2 入门案例的执行流程。

扫描右方二维码，查看思考题答案！

第 2 章 Struts2的核心配置

学习目标

- 熟练掌握 struts. xml 文件的配置
- 掌握实现 Action 控制类的三种方式
- 掌握通配符的使用
- 了解 Struts2 的动态方法调用
- 掌握模型驱动的使用
- 熟悉 Struts2 中的 Result 结果类型

通过第 1 章的学习,读者已对 Struts2 框架有了一定的了解,但是对于各知识点的细节,还需要进一步的学习。接下来,本章将详细介绍 Struts2 中 struts. xml 文件的配置、Action 配置、Action 访问 Servlet API、Action 处理请求参数和 Result 结果类型等内容。

2.1 配置 struts. xml 文件

2.1.1 struts. xml 文件

Struts2 框架的核心配置文件是 struts. xml 文件,该文件主要用来配置 Action 和请求的对应关系,以及配置逻辑视图和物理视图资源的对应关系。

struts. xml 文件通常放在项目的 WEB-INF/classes 目录下,在该目录下的 struts. xml 文件可以被 Struts2 框架自动加载。在 Eclipse 中,由于编译时,Eclipse 会自动将 src 路径下的 struts. xml 文件编译后放到 WEB-INF/classes 路径下,所以,直接将其放到 src 路径下即可。

一个典型的 struts. xml 文件的结构具体如下所示:

```
<?xml version="1.0" encoding="UTF-8" ?>
<!DOCTYPE struts PUBLIC
  "-//Apache Software Foundation//DTD Struts Configuration 2.3//EN"
  "http://struts.apache.org/dtds/struts-2.3.dtd">
<struts>
  <!--constant 元素用于常量的配置 -->
  <constant name="struts.enable.DynamicMethodInvocation"  value="false" />
  <constant name="struts.devMode" value="true" />
  <!--package 元素用于包配置 -->
  <package name="default" namespace="/" extends="struts-default">
```

```
        <!--配置 Action -->
        <action name="index">
            <!--配置 Result -->
            <result type="dispatcher">
                <param name="location">/index.jsp</param>
            </result>
        </action>
    </package>
    <!--include 元素用于包含配置 -->
    <include file="example.xml"/>
</struts>
```

在上述 struts.xml 文件中，<struts>元素是根元素，所有其他元素都放在<struts></struts>中；<constant>元素用于进行常量配置；<package>元素用于进行包配置，在 Struts2 框架中，包用来组织 Action 和拦截器等，每个包都是零个或多个拦截器以及 Action 所组成的集合；<include>用于在一个 struts.xml 配置文件中包含其他配置文件。

2.1.2 常量配置

在 Struts2 项目的开发过程中，需要使用到大量的常量，这些常量大多在默认的配置文件中已经配置好，但根据用户需求的不同，开发的要求也不同，可能需要修改这些常量值，修改的方法就是在配置文件中对常量进行重新配置。

Struts2 常量的配置通常采用 3 种方式，分别如下：

- 在 struts.xml 文件中使用<constant>元素配置常量。
- 在 struts.properties 文件中配置常量。
- 在 web.xml 文件中通过< init-param>元素配置常量。

为了让大家更好地掌握这 3 种 Struts2 常量配置的方式，下面分别加以介绍。

1. 在 struts.xml 文件中通过<constant>元素配置常量

在 struts.xml 文件中通过<constant>元素来配置常量，是最常用的方式。在 struts.xml文件中通过<constant…/>元素来配置常量时，需要指定两个必填的属性 name 和 value。

- name：该属性指定了常量的常量名。
- value：该属性指定了常量的常量值。

在 struts.xml 文件中配置的示例代码如下：

```
<struts>
    <!--设置默认编码集为 UTF-8 -->
    <constant name="struts.i18n.encoding" value="UTF-8" />
    <!--设置使用开发模式 -->
    <constant name="struts.devMode" value="true" />
</struts>
```

在上述示例代码中，配置了常量 struts.i18n.encoding 和 struts.devMode，用于指定 Struts2 应用程序的默认编码集为 UTF-8，并使用开发模式。值得一提的是，struts

.properties文件能配置的常量都可以在 struts.xml 文件中用<constant>元素来配置。

2. 在 struts.properties 文件中配置常量

struts.properties 文件是一个标准的 properties 文件，其格式是 key-value 对，即每个 key 对应一个 value，key 表示的是 Struts2 框架中的常量，而 value 则是其常量值。在 struts.properties 文件中配置常量的方式具体如下所示：

```
###设置默认编码集为 UTF-8
struts.i18n.encoding=UTF-8
###设置 action 请求的扩展名为 action 或者没有扩展名
struts.action.extension=action,,
###设置不使用开发模式
struts.devMode=false
###设置不开启动态方法调用
struts.enable.DynamicMethodInvocation=false
```

在上述代码段中，=号左边的是 key，右边的是每个 key 对应的 value，另外，代码片段中的＃＃＃表示的是 properties 文件中的注释信息，用于解释说明。

需要注意的是，和 struts.xml 文件一样，struts.properties 文件也应存放于 WEB-INF/classes 路径下。

3. 在 web.xml 文件中通过初始化参数配置常量

在 web.xml 文件中配置核心过滤器 StrutsPrepareAndExecuteFilter 时，通过初始化参数来配置常量。通过<filter>元素的<init-param>子元素指定，每个<init-param>元素配置了一个 Struts2 常量。在 web.xml 文件中通过初始化参数配置常量方式，如下列代码段所示：

```
<filter>
  <!--指定 Struts2 的核心过滤器 -->
  <filter-name>struts2</filter-name>
  <filter-class>
  org.apache.struts2.dispatcher.ng.filter.StrutsPrepareAndExecuteFilter
  </filter-class>
  <!--通过 init-param 元素配置 Struts2 常量,配置默认编码集为 UTF-8 -->
  <init-param>
      <param-name>struts.i18n.encoding</param-name>
      <param-value>UTF-8</param-value>
  </init-param>
</filter>
```

在上述 web.xml 文件的代码段中，当配置 StrutsPrepareAndExecuteFilter 时，还通过<init-param>子元素配置了常量 struts.i18n.encoding，指定其值为 UTF-8。需要注意的是，在 web.xml 文件中配置常量时，<init-param>标签必须放在<filter>标签中。

Struts2 所支持的常量数量众多，在 struts2-core-2.3.24.jar 压缩文件的 org/apache/struts2 路径下有一个 default.properties 文件，该文件里为 Struts2 的所有常量都指定了默

认值，读者可以通过查看该文件来了解 Struts2 所支持的常量。

通过上面的讲解，读者知道了 Struts2 常量配置共有 3 种方式，除此之外，Struts2 内置的一些配置文件中也有对常量的配置。因此如果在多个文件中配置了同一个 Struts2 常量，Struts2 框架加载常量是有一定顺序的，通常的搜索顺序如下。

(1) default. properties：该文件保存在 struts2-core-2. 3. 24. jar 中 org. apache. struts2 包里面。

(2) struts-default. xml：该文件保存在 struts2-core-2. 3. 24. jar 文件中。

(3) struts-plugin. xml：该文件保存在 struts-Xxx-2. 3. 24. jar 等 Struts2 插件 JAR 包中。

(4) struts. xml：该文件是 Web 应用自己的 Struts2 配置文件。

(5) struts. properties：该文件是 Web 应用默认的 Struts2 配置文件。

(6) web. xml：该文件是 Web 应用的配置文件。

上面指定了 Struts2 框架搜索 Struts2 常量的顺序，需要注意的是，如果在多个文件中配置了同一个 Struts2 常量，则后一个文件中配置的常量值会覆盖前面文件配置的常量值。

2.1.3 包配置

Struts2 框架的核心组件是 Action 和拦截器，它使用包来管理 Action 和拦截器。每个包就是多个 Action、多个拦截器、多个拦截器引用的集合。在 struts. xml 文件中，package 元素用于定义包配置，每个 package 元素定义了一个包配置。package 元素的常用属性如表 2-1 所示。

表 2-1 package 元素的常用属性

属　性	说　明
name	必填属性，它指定该包的名字，此名字是该包被其他包引用的 key
namespace	可选属性，该属性定义该包的命名空间
extends	可选属性，它指定该包继承自其他包。继承其他包，可以继承其他包中的 Action 定义、拦截器定义等
abstract	可选属性，它指定该包是否是一个抽象包，抽象包中不能包含 Action 定义

表 2-1 中就是 package 元素的常用属性，在配置包时，必须指定 name 属性，通过该属性来唯一标识包(即在配置文件中 package 元素的 name 属性值必须是唯一的)。除此之外，还可以指定一个可选的 extends 属性，extends 属性值必须是另一个包的 name 属性值，但该属性值通常都设置为 struts-default，这样该包中的 Action 就具有了 Struts2 框架默认的拦截器等功能。除此之外，Struts2 还提供了一种所谓的抽象包，抽象包不能包含 Action 定义。为了显式指定一个包是抽象包，可以为该 package 元素增加 abstract="true"属性。

2.1.4 包含配置

<include>元素用来在一个 struts. xml 配置文件中包含其他配置文件，包含配置体现的是软件工程中的“分而治之”原则。Struts2 允许将一个配置文件分解成多个配置文件，从而提高配置文件的可读性。Struts2 默认只加载 WEB-INF/classes 下的 struts. xml 文件，

但一旦通过多个 XML 文件来配置 Action，就必须通过 struts. xml 文件来包含其他配置文件。

为了让大家更直观地理解如何在 struts. xml 文件中进行包含配置，接下来通过一段示例代码来说明，具体如下：

```
<struts>
    <!--包含了 4 个配置文件 -->
    <!--  不指定路径，默认在 src 下时的方式 -->
    <include file="struts-shop.xml"/>
    <include file="struts-user.xml"/>
    <include file="struts-shoppingcart.xml"/>
    <!--  配置文件在具体包中时的方式 -->
    <include file="cn/itcast/action/struts-product.xml">
</struts>
```

在上述代码段中，struts. xml 文件包含了 4 个配置文件，这 4 个配置文件都包含在 <include>元素中。配置<include>元素时，指定了一个必需的 file 属性，该属性指定了被包含配置文件的文件名。上述 include 元素的 file 属性中，前 3 个没有指定文件所在路径时，表示该文件在项目的 src 路径下，如果配置文件在具体的包中，那么引入配置文件时，需要包含文件所在包的路径。

需要注意的是，每一个被包含的配置文件都是标准的 Struts2 配置文件，一样包含 DTD 信息、Struts2 配置文件的根元素等信息。通过将 Struts2 的所有配置文件都放在 Web 项目的 WEB-INF/classes 路径下，struts. xml 文件包含了其他的配置文件，在 Struts2 框架自动加载 struts. xml 文件时，完成加载所有的配置信息。

2.2 Action 的配置

2.2.1 实现 Action 控制类

在 Struts2 的应用开发中，Action 作为框架的核心类，实现对用户请求的处理，Action 类被称为业务逻辑控制器。一个 Action 类代表一次请求或调用，每个请求的动作都对应于一个相应的 Action 类，一个 Action 类是一个独立的工作单元。也就是说，用户的每次请求，都会转到一个相应的 Action 类里面，由这个 Action 类来进行处理。简而言之，Action 就是用来处理一次用户请求的对象。

实现 Action 控制类共有 3 种方式，下面分别对它们进行讲解。

1. POJO 的实现

在 Struts2 中，Action 可以不继承特殊的类或不实现任何特殊的接口，仅仅是一个 POJO。POJO 全称是 Plain Ordinary Java Object（简单的 Java 对象），只要具有一部分 getter/setter 方法的类就可以称作 POJO。一般在这个 POJO 类中，要有一个公共的无参的构造方法（采用默认的构造方法就可以）和一个 execute()方法。execute()方法是 Action 类的默认请求处理方法，其方法的定义格式如下：

```
public String execute()throws Exception {
    return "success";
}
```

execute()方法的要求如下：

- 方法的权限修饰符为 public。
- 返回一个字符串，就是指示的下一个页面的 Result。
- 方法没有参数。

也就是说，满足上述要求的 POJO 都可算作是 Struts2 的 Action 实现，但在实际的开发中，通常会让开发者自己编写 Action 类实现 Action 接口或者继承 ActionSupport 类。

2. 实现 Action 接口

当 Action 类处理用户请求成功后，有人喜欢返回 welcome 字符串，有人喜欢返回 success 字符串，如此将不利于项目的统一管理。为了让用户开发的 Action 类更规范，Struts2 提供一个 Action 接口，用户在实现 Action 控制类时，可以实现 Struts2 提供的这个 Action 接口。

Action 接口定义了 Struts 的 Action 处理类应该实现的规范，Action 接口中的具体代码如下所示：

```
package com.opensymphony.xwork2;
public interface Action {
    //定义 Action 接口里包含的一些结果字符串
    public static final String SUCCESS="success";
    public static final String NONE="none";
    public static final String ERROR="error";
    public static final String INPUT="input";
    public static final String LOGIN="login";
    //定义处理用户请求的 execute()方法
    public String execute()throws Exception;
}
```

从上述代码中可以看出，Action 接口位于 com. opensymphony. xwork2 包中。这个接口里只定义了一个 execute()方法，该接口的规范规定了 Action 处理类应该包含一个 execute()方法，该方法返回一个字符串。除此之外，该接口还定义了 5 个字符串常量，它们的作用是统一 execute()方法的返回值。

3. 继承 ActionSupport 类

由于 Xwork 的 Action 接口简单，为开发者提供的帮助较小，所以在实际开发过程中，Action 类很少直接实现 Action 接口，通常都是继承 ActionSupport 类。示例代码如下：

```
import com.opensymphony.xwork2.ActionSupport;
public class LoginAction extends ActionSupport{
    @Override
    public String execute()throws Exception {
```

```
        return super.execute();
    }
}
```

ActionSupport 类本身实现了 Action 接口，是 Struts2 中默认的 Action 接口的实现类，所以继承 ActionSupport 就相当于实现了 Action 接口。ActionSupport 类还实现了 Validateable、ValidationAware、TextProvider、LocaleProvider 和 Serializable 等接口，来为用户提供更多的功能。

ActionSupport 类中提供了许多默认方法，这些默认方法包括获取国际化信息的方法、数据校验的方法、默认的处理用户请求的方法等。实际上，ActionSupport 类是 Struts2 默认的 Action 处理类，如果让开发者的 Action 类继承该 ActionSupport 类，则会大大简化 Action 的开发。

需要注意的是，由于自定义的 Action 类继承了 ActionSupport 类，因此必须定义一个变量 serialVersionUID。这是因为 ActionSupport 类实现了 Serializable 接口，任何实现了 Serializable 接口的类都必须声明变量 serialVersionUID，如下所示：

```
private static final long serialVersionUID=1L;
```

2.2.2 配置 Action

Action 映射是框架中的基本"工作单元"。Action 映射就是将一个请求的 URL 映射到一个 Action 类，当一个请求匹配某个 Action 名称时，框架就使用这个映射来确定如何处理请求。在 struts.xml 文件中，通过<action>元素对请求的 Action 和 Action 类进行配置。

<action>元素中共有 4 个属性，这 4 个属性的说明如表 2-2 所示。

表 2-2 <action>元素属性说明

属　性	说　明
name	必填属性，标识 Action，指定了 Action 所处理的请求的 URL
class	可选属性，指定 Action 对应的实现类
method	可选属性，指定请求 Action 时调用的方法

表 2-1 列举了<action>元素中包含的属性，并做了相应的说明，其中需要注意的是，在配置 action 元素时，如果没有指定 class 属性值，则其默认值为 com.opensymphony.xwork2.ActionSupport 类，该默认类会使用默认的处理方法 execute()来处理请求，实际上 ActionSupport 类中的 execute()方法不会做任何处理，而是直接返回 success 值。在配置<action>元素时，如果指定了 method 属性，则该 Action 可以调用 method 属性中指定的方法，如果不指定 method 属性，则 Action 会调用 execute()方法。

接下来看一个 struts.xml 文件中配置的 action 元素，代码片段如下所示：

```
<action name="userAction" class="cn.itcast.action.UserAction">
    <result>/success.jsp</result>
</action>
```

在上述示例中，<action>元素的 name 属性将在其他地方引用，例如作为 JSP 页面 form 表单的 action 属性值；class 属性指明了 Action 的实现类，即 cn.itcast.action 包下的

UserAction 类；result 元素用来为 Action 的处理结果指定视图，建立逻辑视图和物理视图的映射。关于 result 元素的配置，本章后面将做详细讲解。

2.2.3　使用通配符

在使用 method 属性时，由于在 Action 类中有多个业务逻辑处理方法，在配置 Action 时，就需要使用多个 action 元素。在实现同样功能的情况下，为了减轻 struts. xml 配置文件的负担，这时就可以借助于通配符映射。

下面以代码的 Action 配置为例来说明如何使用通配符进行配置。使用通配符配置时，<package>元素的内容如下所示：

```
<package name="user" namespace="/user" extends="struts-default">
    <action name="userAction_*"
        class="cn.itcast.action.UserAction" method="{1}">
        <result>/index.jsp</result>
    </action>
</package>
```

在上述代码中，当客户端发送/user/userAction_login. action 这样的请求时，<action>元素的 name 属性就被设置成 userAction_login，method 属性就被设置成 login。当客户端发送/user/userAction_register. action 这样的请求时，<action>元素的 name 属性就被设置为 userAction_ register，method 属性也被设置成 register。

其中 method 属性值中的数字 1 表示匹配第 1 个 *。如果定义 Action 名称为 *_* 时，class 属性为 action.{1}，那么 method 属性值为{2}。如果定义 Action 名称为 * 时，表示可以匹配任意的 Action，即所有用户请求都可以通过该 Action 来处理。

另外，对<result>元素也可以采用通配符配置，具体代码如下所示：

```
<result>/{1}.jsp</result>
```

当客户端发送 userAction_login 这样的请求时，<result>元素被设置成跳转到 login .jsp 页面。当客户端发送 userAction_ register 这样的请求时，<result>元素被设置成跳转到 register. jsp 页面。

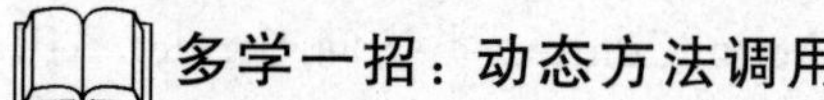

在实际开发中，随着应用程序的不断扩大，不得不管理数量庞大的 Action。为了减少 Action，通常在一个 Action 中编写不同的方法（必须遵循 execute()方法相同的格式）处理不同的请求，如编写 LoginAction，其中 login()方法处理登录请求，register()方法处理注册请求，此时可以采用动态方法调用来处理。

动态方法调用英文全称为 Dynamic Method Invocation，简称 DMI。在使用动态方法调用时，在 Action 的名字中使用感叹号(!)来标识要调用的方法名称，语法格式如下：

```
<form action="Action名称!方法名称">
```

使用动态方法调用的方式将请求提交给 Action 时，表单中的每个按钮提交事件都交给同一个 Action，只是对应 Action 中的不同方法。这是，在 struts. xml 文件中只需要配置该 Action，而不需要配置每个方法，语法格式如下：

```
<action name="Action 名字" class="包名.Action 类名">
    <result>物理视图 URL</result>
</action>
```

需要注意的是，官网并不推荐使用动态方法调用的方式，建议大家尽量不使用，因为动态方法调用可能会带来安全隐患，通过 URL 可以执行 Action 中的任意方法，所以在确定使用动态方法调用时，应该确保 Action 类中的所有方法都是普通的、开放的方法。基于此原因，Struts2 框架提供一个属性的配置，用于关闭动态方法调用功能。可在 struts. xml 中，通过<constant>元素将 struts. enable. DynamicMethodInvocation 设置为 false，关闭动态方法调用功能，示例代码如下：

```
<constant name="struts.enable.DynamicMethodInvocation" value="false" />
```

当开启动态方法调用功能时，可以将上述常量的值设为 true。

2.3 Action 访问 Servlet API

在 Struts2 中，Action 并没有直接和 Servlet API 进行耦合，也就是说，在 Struts2 的 Action 中不能直接访问 Servlet API。虽然 Struts2 中的 Action 访问 Servlet API 麻烦一些，但是这却是 Struts2 中的重要改良之一，方便对 Action 进行单元测试。

尽管 Action 和 Servlet API 解耦会带来很多好处，然而在 Action 中完全不访问 Servlet API 几乎是不可能的，在实现业务逻辑时，经常要访问 Servlet 中的对象，如 session、request 和 application 等。在 Struts2 中，访问 Servlet API 有 3 种方法。

1. 通过 ActionContext 类访问

Struts2 框架提供了 ActionContext 类来访问 Servlet API，ActionContext 是 Action 执行的上下文对象，在 ActionContext 中保存了 Action 执行所需要的所有对象，包括 parameters、request、session、application 等。下面列举 ActionContext 类访问 Servlet API 的几个常用方法，具体如表 2-3 所示。

表 2-3 ActionContext 类访问 Servlet API 的常用方法

方法声明	功能描述
void put(String key, Object value)	将 key-value 键值对放入 ActionContext 中，模拟 Servlet API 中的 HttpServletRequest 的 setAttribute()方法
Object get(String key)	通过参数 key 来查找当前 ActionContext 中的值
Map<String,Object> getApplication()	返回一个 Application 级的 Map 对象
static ActionContext getContext()	获取当前线程的 ActionContext 对象

续表

方法声明	功能描述
Map<String,Object> getParameters()	返回一个包含所有 HttpServletRequest 参数信息的 Map 对象
Map<String,Object> getSession()	返回一个 Map 类型的 HttpSession 对象

表 2-3 中，列举的是 ActionContext 类访问 Servlet API 的常用方法，要访问 Servlet API，可以通过如下方式进行，具体示例代码如下：

```
ActionContext context=ActionContext.getContext();
context.put("name", "itcast");
context.getApplication().put("name", "itcast");
context.getSession().put("name", "itcast");
```

在上述示例代码中，通过 ActionContext 类中的方法调用，分别在 request、application 和 session 中放入了("name", "itcast")对。可以看到，通过 ActionContext 类可以非常简单地访问 JSP 内置对象的属性。

为了让读者更好地掌握如何通过 ActionContext 类来访问 Servlet API，接下来通过一个具体的案例来演示 ActionContext 的使用。

(1) 在 Eclipse 中创建一个名称为 chapter02 的 Web 项目，将 Struts2 所需的 JAR 包复制到项目的 lib 目录中，并发布到类路径下。在 WebContent 目录下编写一个简单的登录页面 login.jsp，如文件 2-1 所示。

文件 2-1　login.jsp

```
<%@page language="java" import="java.util.* " pageEncoding="utf-8"%>
<!DOCTYPE HTML PUBLIC "-//W3C//DTD HTML 4.01 Transitional//EN">
<html>
  <head>
    <title>登录页面</title>
  </head>
  <body>
    <div align="center">
     <form action="login" method="post">
          用户名:<input type="text" name="username"/><br>
          密　码:<input type="password" name="password"/><br>
          <input type="submit" value="登录"/>
     </form>
   </div>
  </body>
</html>
```

在文件 2-1 中，编写了用户名和密码输入框和一个“登录”提交按钮。

(2) 在 WEB-INF 目录下创建一个名称为 web.xml 的文件，在该文件中配置 Struts2 的核心控制器，如文件 2-2 所示。

文件 2-2 web. xml

```
<?xml version="1.0" encoding="UTF-8"?>
<web-app version="2.5" xmlns="http://java.sun.com/xml/ns/javaee"
    xmlns:xsi="http://www.w3.org/2001/XMLSchema-instance"
    xsi:schemaLocation="http://java.sun.com/xml/ns/javaee
    http://java.sun.com/xml/ns/javaee/web-app_2_5.xsd">
    <filter>
        <filter-name>struts2</filter-name>
        <filter-class>
            org.apache.struts2.dispatcher.ng.filter.
                StrutsPrepareAndExecuteFilter
        </filter-class>
    </filter>
    <filter-mapping>
        <filter-name>struts2</filter-name>
        <url-pattern>/*</url-pattern>
    </filter-mapping>
</web-app>
```

在文件 2-2 中，需要注意的是＜filter-class＞标签中的核心控制器类 org. apache. struts2. dispatcher. ng. filter. StrutsPrepareAndExecuteFilter 应该位于同一行，在此由于受篇幅所限，因此被放在了两行。

(3) 在 src 目录下创建 struts. xml 文件，如文件 2-3 所示。

文件 2-3 struts. xml

```
<?xml version="1.0" encoding="UTF-8" ?>
<!DOCTYPE struts PUBLIC
    "-//Apache Software Foundation//DTD Struts Configuration 2.3//EN"
    "http://struts.apache.org/dtds/struts-2.3.dtd">
<struts>
    <package name="default" extends="struts-default">
        <action name="login" class="cn.itcast.action.LoginAction">
            <result name="success">/success.jsp</result>
            <result name="error">/error.jsp</result>
        </action>
    </package>
</struts>
```

(4) 在 src 目录下创建一个 cn. itcast. action 包，再在 cn. itcast. action 包中创建 LoginAction 类，进行业务逻辑处理，如文件 2-4 所示。

文件 2-4 LoginAction. java

```
package cn.itcast.action;
import com.opensymphony.xwork2.ActionContext;
import com.opensymphony.xwork2.ActionSupport;
public class LoginAction extends ActionSupport {
    private String username;                              //用户名
    private String password;                              //密码
```

```
    //username 的 getter 和 setter 方法
    public String getUsername(){
        return username;
    }
    public void setUsername(String username){
        this.username=username;
    }
    //password 的 getter 和 setter 方法
    public String getPassword(){
        return password;
    }
    public void setPassword(String password){
        this.password=password;
    }
    @Override
    public String execute()throws Exception {
        //获取 ActionContext 对象
        ActionContext context=ActionContext.getContext();
        if("itcast".equals(username)&& "123".equals(password)){
            //将用户名和密码信息放入 context 对象中
            context.put("username", username);
            context.put("password", password);
            context.put("success", "用户登录成功!");
            return SUCCESS;
        } else {
            //定义登录失败的错误信息
            context.put("error", "用户登录失败!");
            return ERROR;
        }
    }
}
```

(5) 在 WebContent 目录下分别创建登录成功页面 success.jsp 和登录失败页面 error.jsp,如文件 2-5 和文件 2-6 所示。

文件 2-5 success.jsp

```
<%@page language="java" import="java.util.*" pageEncoding="utf-8"%>
<!DOCTYPE HTML PUBLIC "-//W3C//DTD HTML 4.01 Transitional//EN">
<html>
  <head>
    <title>登录成功页面</title>
  </head>
  <body>
    <p>${success }<br></p>
    <h2>用户登录信息</h2>
    用户名:${username }<br>
    密  码:${password }<br>
  </body>
</html>
```

文件 2-6 error.jsp

```
<%@page language="java" import="java.util.*" pageEncoding="utf-8"%>
<!DOCTYPE HTML PUBLIC "-//W3C//DTD HTML 4.01 Transitional//EN">
<html>
  <head>
    <title>登录失败页面</title>
  </head>
  <body>
    <p>${error }<br></p>
  </body>
</html>
```

(6) 启动 Eclipse 中的 Tomcat 服务器运行 chapter02 程序，在浏览器地址栏中输入“http://localhost:8080/chapter02/login.jsp”，成功访问后，浏览器的显示效果如图 2-1 所示。

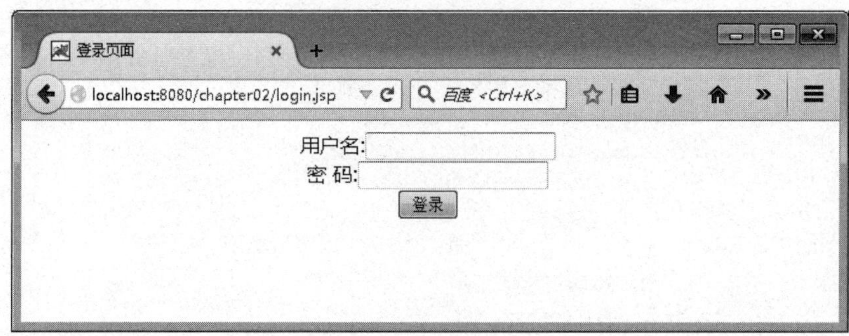

图 2-1 登录页面

在图 2-1 中输入用户名“itcast”和错误的密码“123456”后，单击“登录”按钮，结果页面如图 2-2 所示。

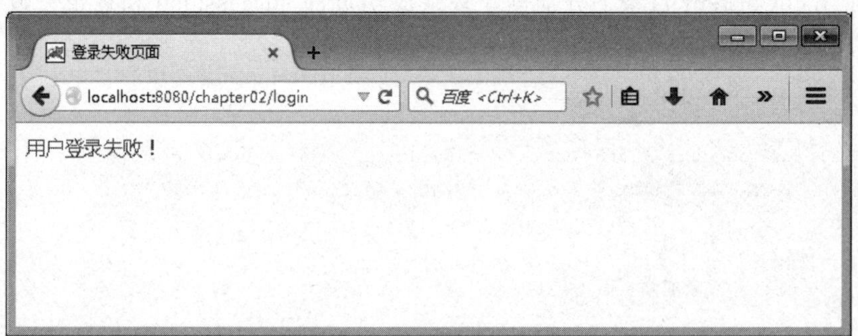

图 2-2 登录失败页面

在图 2-1 中输入正确的用户名“itcast”和密码“123”后，单击“登录”按钮，结果如图 2-3 所示。

从图 2-1 和图 2-3 中可以看出，在 Action 中放入 ActionContext 的 key-value 键值对都被取出来了，说明通过 ActionContext 类能够访问 Servlet API。

图 2-3 登录成功页面

2. 通过特定接口访问

Struts2 框架提供了 ActionContext 类来访问 Servlet API，虽然这种方法可以访问 Servlet API，但是无法直接获得 Servlet API 实例。为了在 Action 中直接访问 Servlet API，Struts2 还提供了一系列接口，具体如下：

- ServletRequestAware：实现该接口的 Action 可以直接访问 Web 应用的 HttpServletRequest 实例。
- ServletResponseAware：实现该接口的 Action 可以直接访问 Web 应用的 HttpServletResponse 实例。
- SessionAware：实现该接口的 Action 可以直接访问 Web 应用的 HttpSession 实例。
- ServletContextAware：实现该接口的 Action 可以直接访问 Web 应用的 ServletContext 实例。

下面以 ServletRequestAware 为例，讲解如何在 Action 中访问 HttpServletRequest 实例。

(1)在 cn.itcast.action 包中创建 AwareAction 类，如文件 2-7 所示。

文件 2-7 AwareAction.java

```
package cn.itcast.action;
import javax.servlet.http.HttpServletRequest;
import org.apache.struts2.interceptor.ServletRequestAware;
import com.opensymphony.xwork2.ActionSupport;
public class AwareAction extends ActionSupport implements
ServletRequestAware{
    HttpServletRequest request;
    @Override
    public void setServletRequest(HttpServletRequest request){
        this.request=request;
    }
    @Override
    public String execute()throws Exception {
        request.setAttribute("message",
            "通过 ServletRequestAware 接口实现了访问 Servlet API");
        return SUCCESS;
    }
}
```

在文件2-7中，自定义的AwareAction类实现了Action的ServletRequestAware接口。需要注意的是，AwareAction类中必须实现setServletRequest()方法和execute()方法，通过setServletRequest()方法，可以得到HttpServletRequest的实例，这是在调用execute()方法或者其他自定义的方法之前就调用的，然后在execute()方法中，就可以访问HttpServletRequest的属性内容。

(2) 修改struts.xml配置文件，在其<package>元素中添加一个名称为aware的action配置信息，所需添加的代码如下所示：

```
<action name="aware" class="cn.itcast.action.AwareAction">
    <result name="success">/message.jsp</result>
</action>
```

(3) 在WebContent目录下新建一个message.jsp页面，通过EL表达式去访问存放在request对象中的键为message的值，在页面<body>元素中所需添加的代码如下：

```
<div align=center>${requestScope.message}</div>
```

(4) 重新发布项目chapter02，在浏览器地址栏中输入"http://localhost:8080/chapter02/aware"，成功访问后，浏览器的运行结果如图2-4所示。

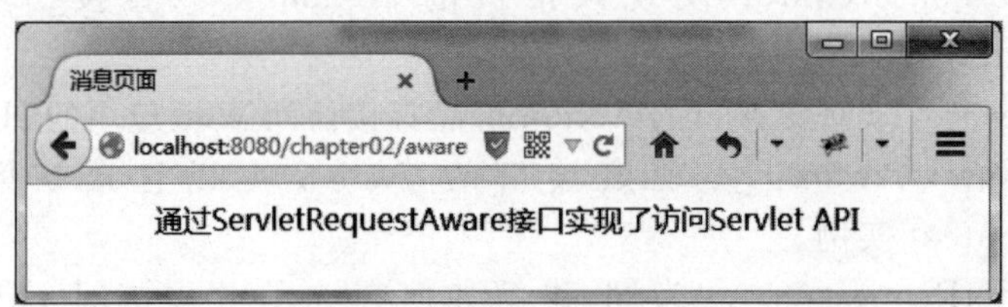

图2-4 登录页面

从图2-4的结果可以看出，使用ServletRequestAware接口顺利访问了Servlet API。

3. 通过ServletActionContext访问

为了直接访问Servlet API，Struts2框架还提供了ServletActionContext类，该类包含了几个常用的静态方法，具体如下：

- static HttpServletRequest getRequest()：获取Web应用的HttpServletRequest对象。
- static HttpServletResponse getResponse()：获取Web应用的HttpServletResponse对象。
- static ServletContext getServletContext()：获取Web应用的ServletContext对象。
- static PageContext getPageContext()：获取Web应用的PageContext对象。

接下来讲解如何通过ServletActionContext访问Servlet API。

(1) 在cn.itcast.action包中创建MessageAction类，该类中的代码如文件2-8所示。

文件2-8 MessageAction.java

```
package cn.itcast.action;
```

```java
import org.apache.struts2.ServletActionContext;
import com.opensymphony.xwork2.ActionSupport;
public class MessageAction extends ActionSupport {
    @Override
    public String execute()throws Exception {
        ServletActionContext.getRequest().setAttribute("message",
                "通过 ServletActionContext 类直接访问 Servlet API");
        return SUCCESS;
    }
}
```

（2）配置 struts. xml，在 package 元素中添加一个名称为 message 的 action 配置信息，添加代码如下所示：

```xml
<action name="message" class="cn.itcast.action.MessageAction">
    <result name="success">/message.jsp</result>
</action>
```

（3）重新运行 chapter02 项目，在浏览器的地址栏中输入"http://localhost:8080/chapter02/ message"，成功访问后，浏览器的运行结果如图 2-5 所示。

图 2-5　登录页面

从图 2-5 中可以看出，借助于 ServletActionContext 类的帮助，开发者也可以在 Action 中直接访问 Servlet API，避免了 Action 类实现 ServletRequestAware、ServletResponseAware、SessionAware 和 ServletContextAware 等 XxxAware 接口。虽然如此，该 Action 依然与 Servlet API 直接耦合，一样不利于程序解耦。综上三种访问 Servlet API 的方式，建议在开发中优先使用 ActionContext，以避免和 Servlet API 耦合。

2.4　Action 处理请求参数

在 Struts2 中，页面的请求数据和 Action 有两种基本的对应方式，分别是字段驱动(FieldDriven)方式和模型驱动(ModelDriver)方式，其中字段驱动也称为属性驱动。本节将详细介绍这两种 Action 处理请求参数的方式。

2.4.1　属性驱动

属性驱动是指通过字段进行数据传递，包括两种情况：

- 与基本数据类型的属性对应；
- 直接使用域对象。

1. 基本数据类型字段驱动方式的数据传递

在Struts2中，可以直接在Action中定义各种Java基本数据类型的字段，使这些字段与表单数据相对应，并利用这些字段进行数据传递，如下面代码所示：

```
    public class UserAction {
    private String username;                          //用户名
    private String password;                          //密码
    //此处省略两个属性的getter和setter方法
    private String execute()throws Exception{
    return SUCCESS;
  }
}
```

上述Action中定义了两个字符串字段username和password，并定义了两个字段的getter和setter方法。这两个字段分别对应登录页面上的"用户名"和"密码"两个表单域。

2. 直接使用域对象字段驱动方式的数据传递

在基本数据类型字段驱动方式中，若需要传入的数据很多的话，那么Action的属性也会变得很多。再加上属性有对应的getter/setter方法，Action类的代码会很庞大，在Action里编写业务的代码时，会使Action非常臃肿，不够简洁。那么要怎样解决这个问题呢？

把属性和相应的getter/setter方法从Action里提取出来，单独作为一个域对象，这个对象就是用来封装这些数据的，在相应的Action里直接使用这个对象，而且可以在多个Action里使用。采用这种方式，一般以JavaBean来实现，所封装的属性和表单的属性一一对应，JavaBean将成为数据传递的载体。

接下来通过一个具体的案例来演示域对象字段的驱动方式。

(1) 在chapter02项目的src目录下创建一个名称为cn.itcast.domain的包，在包中创建一个User实体域对象，如文件2-9所示。

文件2-9 User.java

```
package cn.itcast.domain;
public class User {
    private String username;
    private String password;
    //username的getter和setter方法
    public String getUsername(){
        return username;
    }
    public void setUsername(String username){
        this.username=username;
    }
    //password的getter和setter方法
    public String getPassword(){
        return password;
```

```
    }
    public void setPassword(String password){
        this.password=password;
    }
}
```

(2) 在 cn. itcast. action 包中定义一个名称为 UserLoginAction 的类，在类中定义一个 User 类型的域模型以及其 getter 和 setter 方法，如文件 2-10 所示。

文件 2-10 UserLoginAction. java

```
package cn.itcast.action;
import cn.itcast.domain.User;
import com.opensymphony.xwork2.ActionContext;
import com.opensymphony.xwork2.ActionSupport;
public class UserLoginAction extends ActionSupport {
    private User user;                              //定义 User 属性
    //user 属性的 getter 和 setter 方法
    public User getUser(){
        return user;
    }
    public void setUser(User user){
        this.user=user;
    }
    public String execute()throws Exception {
        //获取 Context 对象
        ActionContext context=ActionContext.getContext();
        if("itcast".equals(user.getUsername())
                && "123".equals(user.getPassword())){
            //将用户名和密码放入 session 中
        context.getSession().put("username", user.getUsername());
        context.getSession().put("password", user.getPassword());
            return SUCCESS;
        } else {
            context.getSession().put("error", "用户登录失败!");
            return ERROR;
        }
    }
}
```

在文件 2-10 中，首先创建了一个 User 类型的 user 对象，以及其 getter 和 setter 方法，然后在其 execute()方法中，获取了 ActionContext 对象来访问 Servlet API，接下来通过对比从 user 对象获取的用户名和密码来判断是否登录成功。

需要注意的是，在使用域对象的属性驱动方式传值时，如果 JSP 页面是负责取值的，那么取值的格式必须为"对象. 属性名"；如果 JSP 页面是负责传值的，那么传值的格式可以为"模型对象名. 属性名"，也可以直接是"属性名"。

(3) 分别创建登录页面 userLogin. jsp、登录成功页面 loginSuccess. jsp 和登录失败页面 loginError. jsp。如文件 2-11、文件 2-12 和文件 2-13 所示。

文件 2-11 userLogin.jsp

```
<%@page language="java" contentType="text/html; charset=UTF-8"
    pageEncoding="UTF-8"%>
<html>
<head>
<title>用户登录页面</title>
</head>
<body>
    <div align="center">
     <form name="form1" action="userlogin.action" method="post">
        用户名:<input type="text" name="user.username">
        <br>
        密     码:<input type="password" name="user.password">
        <br>
        <input type="submit" value="登录">
     </form>
    </div>
</body>
</html>
```

文件 2-12 loginSuccess.jsp

```
<%@page language="java" contentType="text/html; charset=UTF-8"
    pageEncoding="UTF-8"%>
<html>
<head>
<title>用户登录成功页面</title>
</head>
<body>
    <p align="center">
        登录成功!
        您的用户名是<%=request.getAttribute("user.username")%>
    </p>
</body>
</html>
```

文件 2-13 loginError.jsp

```
<%@page language="java" contentType="text/html; charset=UTF-8"
    pageEncoding="UTF-8"%>
<html>
<head>
<title>用户登录失败页面</title>
</head>
<body>
    <p align="center">
        ${error}<br>
         <a href="userLogin.jsp">单击链接返回登录页面</a>
    </p>
</body>
</html>
```

（4）在配置文件 struts. xml 中的<package>元素中添加 UserLoginAction 的信息，添加内容如下所示。

```
<action name="userlogin" class="cn.itcast.action.UserLoginAction">
    <result name="success">/loginSuccess.jsp</result>
    <result name="error">/loginError.jsp</result>
</action>
```

（5）部署 chapter02 项目后，在浏览器地址栏中输入"http://localhost:8080/chapter02/userLogin. jsp"，成功访问后，浏览器的显示结果如图 2-6 所示。

图 2-6　登录页面

输入正确的用户名"itcast"和密码"123"后，单击"登录"按钮，进入登录成功页面，其页面会显示登录的用户名，如图 2-7 所示；如果用户名或密码错误，则进入登录失败页面，如图 2-8 所示。

图 2-7　登录成功页面

图 2-8　登录失败页面

2.4.2　模型驱动

在 Struts2 中，Action 处理请求参数还有另外一种方式，叫做模型驱动（ModelDriven）。通过实现 ModelDriven 接口来接收请求参数，Action 类必须实现 ModelDriven 接口，并且要重写 getModel()方法，这个方法返回的就是 Action 所使用的数据模型对象。

模型驱动方式通过 JavaBean 模型进行数据传递。只要是普通的 JavaBean，就可以充当模型部分。采用这种方式，JavaBean 所封装的属性与表单的属性一一对应，JavaBean 将成为数据传递的载体。使用模型驱动方式，Action 类通过 get * ()的方法来获取模型，其中 * 代表具体的模型对象，代码如下所示：

```
public class LoginAction extends ActionSupport implements ModelDriven<User>{
    private User user=new User();
    public User getModel(){
        return user;
    }
    public String execute()throws Exception {
        return "success";
    }
}
```

使用模型驱动时，其登录页面 userLogin.jsp 也要做相应调整，调整后的代码段如下所示：

```
<form name="form1" action="loginAction",method="post">
    用户名:<input type="text" name="username"><br>
    密码:<input type="password" name="password"><br>
    <input type="submit" value="登录">
</form>
```

使用了 ModelDriver 的方式，一个 Action 只能对应一个 Model，因此不需要添加 user 前缀，页面上的 username 对应到这个 Model 的 username 属性。属性驱动的方法和模型驱动的方法各有优缺点，实际开发中，应根据不同情况来选择使用。

2.5　Result 结果类型

2.5.1　配置 Result

在 struts.xml 文件中，Result 的配置非常简单，使用<result>元素来配置 Result 逻辑视图与物理视图之间的映射，<result>元素可以有 name 和 type 属性，但这两种属性都不是必选的。

- name 属性：指定逻辑视图的名称，默认值为 success。
- type 属性：指定返回的视图资源的类型，不同的类型代表不同的结果输出，默认值是 dispatcher。

struts.xml 文件中的<result>元素配置代码如下所示：

```
<action name="loginAction" class="cn.itcast.action.LoginAction">
     <result name="success" type="dispatcher">
         <param name="location">/success.jsp</param>
    </result>
</action>
```

在上述配置中，使用了<result>元素的 name、type 属性和 param 子元素。其中，为

Action 配置了 name 为 success 的 Result 映射，该映射的值可以是 JSP 页面，也可以是一个 Action 的 name 值；这里使用<param>子元素为其指定了 Result 映射对应的物理视图资源为 success.jsp 页面；使用 type 属性指定了该 Result 的结果类型为 dispatcher，它也是默认的结果类型。

<param>子元素的 name 属性有两个值，分别如下：

- location：指定该逻辑视图所对应的实际视图资源。
- parse：指定在逻辑视图资源名称中是否可以使用 OGNL 表达式。默认值为 true，表示可以使用，如果设为 false，则表示不支持。

其实，上述配置可以简化为：

```
<action name="loginAction" class="cn.itcast.action.LoginAction">
    <result>/success.jsp</result>
</action>
```

需要注意的是，在 Result 配置中，指定实际资源位置时，可以使用绝对路径，也可以使用相对路径。绝对路径以斜杠(/)开头，例如<result>/success.jsp</result>，相当于当前 Web 应用程序的上下文路径；相对路径不以斜杠开头，例如<result>success.jsp</result>，相当于当前执行的 Action 路径。

2.5.2 预定义的结果类型

在 Struts2 中，当框架调用 Action 对请求进行处理后，就要向用户呈现一个结果视图。在 Struts2 中，预定义了多种 ResultType，其实就是定义了多种展示结果的技术。

一个结果类型就是实现了 com.opensymphony.xwork2.Result 接口的类，Struts2 把内置的<result-type>都放在 struts-default 包中，sturts-default 包就是配置包的父包，这个包定义在 struts2-core-2.3.24.jar 包的根目录下的 struts-default.xml 文件中，在该文件中可以找到相关的<result-type>的定义。

每个<result-type>元素都是一种视图技术或者跳转方式的封装，其中的 name 属性指出在<result>元素中如何引用这种视图技术或者跳转方式，对应着<result>元素的 type 属性。Struts2 中预定义的 ResultType 如表 2-4 所示。

表 2-4 Struts2 中预定义的 ResultType

属　性	说　明
chain	用来处理 Action 链，被跳转的 Action 中仍能获取上个页面的值，如 request 信息
dispatcher	用来转向页面，通常处理 JSP，是默认的结果类型
freemarker	用来整合 FreeMarker 模板结果类型
httpheader	用来处理特殊的 HTTP 行为结果类型
redirect	重定向到一个 URL，被跳转的页面中丢失传递的信息
redirectAction	重定向到一个 Action，跳转的页面中丢失传递的信息
stream	向浏览器发送 InputStream 对象，通常用来处理文件下载，还可用于 Ajax 数据

续表

属 性	说 明
velocity	用来整合 Velocity 模板结果类型
xslt	用来整合 XML/XSLT 结果类型
plainText	显示原始文件内容，例如文件源代码
postback	使得当前请求参数以表单形式提交

表 2-4 中，列举了 Struts2 中预定义的全部 11 种结果类型，其中 dispatcher 是默认的结果类型，主要用来与 JSP 整合。在这全部 11 种结果类型中，dispatcher 和 redirect 是比较常用的结果集。

需要注意的是，redirect 这种结果类型与 dispatcher 非常相似，dispatcher 结果类型是将请求转发到 JSP 视图资源，而 redirect 类型是将请求重定向到 JSP 视图资源。它们之间最大的差别就是一个是请求转发、一个是请求重定向，当然，如果重定向了请求，那么将丢失所有参数，其中包括 Action 的处理结果。

2.5.3 dispatcher 结果类型

dispatcher 结果类型用来表示“转发”到指定结果资源，它是 Struts2 的默认结果类型。Struts2 在后台使用 Servlet API 的 RequestDispatcher 的 forward()方法来转发请求，因此在用户的整个请求/响应过程中，将会保持是同一个请求对象，即目标 JSP/Servlet 接收到的 Request/Response 对象与最初的 JSP/Servlet 相同。

dispatcher 结果类型实现的是 org.apache.struts2.dispatcher.ServletDispatcherResult，该类有 location 和 parse 两个属性，可以通过 sturts.xml 配置文件中的 result 元素的 param 子元素来设置，代码如下：

```
<result name="success" type="dispatcher">
    <param name="location">/success.jsp</param>
    <param name="parse">true</param>
</result>
```

在上述代码中，location 参数用于指定 Action 执行完毕后要转向的目标资源；parse 参数是一个布尔型的值，默认是 true，表示解析 location 参数中的 OGNL 表达式，如果为 false，则不解析。

2.5.4 redirect 结果类型

redirect 结果类型用来重定向到指定的结果资源，该资源可以是 JSP 文件，也可以是 Action 类。使用 redirect 结果类型时，系统将调用 HttpServletResponse 的 sendRedirect()方法将请求重定向到指定的 URL。

redirect 结果类型的实现类是 org.apache.struts2.dispatcher.ServletRedirectResult。在使用 redirect 时，用户要完成一次和服务器之间的交互，浏览器需要发送两次请求，请求过程如图 2-9 所示。

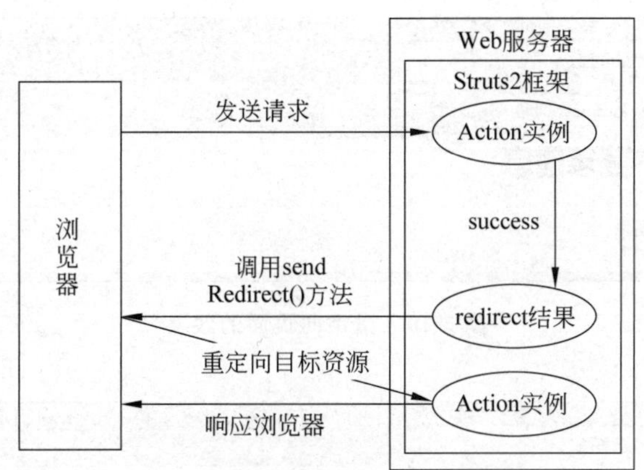

图 2-9 Redirect 结果类型的工作原理

使用 redirect 结果类型的工作过程如下：

(1) 浏览器发出一个请求，Struts2 框架调用对应的 Action 实例对请求进行处理。

(2) Action 返回"success"结果字符串，Struts2 框架根据这个结果选择对应的结果类型，这里使用的是 redirect 结果类型。

(3) ServletRedirectResult 在内部使用 HttpServletResponse 的 sendRedirect()方法将请求重新定向到目标资源。

(4) 浏览器重新发起一个针对目标资源的新请求。

(5) 目标资源作为响应呈现给用户。

下面通过修改 2.4.1 节的登录案例来演示如何使用 redirect 类型。在配置文件 struts.xml 中，修改配置文件 action 信息的代码如下：

```
<action name="login" class="cn.itcast.action.LoginAction">
    <result name="success" type="redirect">/success.jsp</result>
    <result name="error" type="dispatcher">/error.jsp</result>
</action>
```

在上述配置中，<result>元素使用 redirect 类型，表示当 Action 处理请求后重新生成一个请求。

启动项目 chapter02，在浏览器地址栏中输入"http://localhost:8080/chapter02/login.jsp"，成功访问页面后，分别输入用户名"itcast"和密码"123"，单击"登录"按钮后，如果用户名和密码正确，将重新定向到 success.jsp 页面，请求地址栏中显示 success.jsp，而不是 login.action。使用 redirect 重定向到其他资源，将重新产生一个请求，而原来的请求内容和参数将全部丢失，如图 2-10 所示。

如果用户名和密码错误，使用的是 dispatcher 的结果类型，跳转到 error.jsp 页面。地址栏中还是显示相应的 login.action 的请求信息，但页面显示的是 error.jsp 页面内容，如图 2-11 所示。

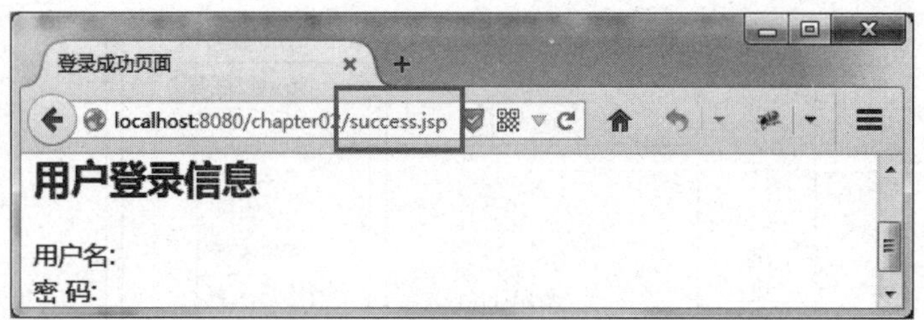

图 2-10 重定向页面的效果

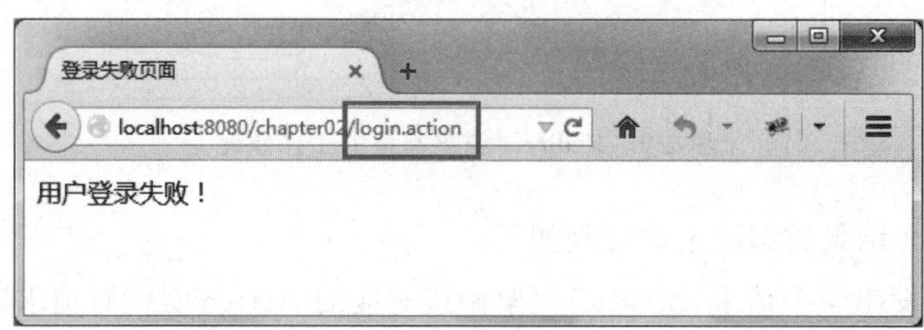

图 2-11 转发页面的效果

2.6 本章小结

本章主要讲解 Struts2 核心配置的相关知识，首先介绍 struts.xml 文件的相关配置，然后讲解了 Action 的配置，接着讲解了 Action 访问 Servlet API 和 Action 处理请求参数，最后讲解了 Result 结果类型。本章对 Struts2 学习过程中非常重要，学好本章将对 Struts2 的深入学习有很大的帮助。

【思考题】

1. 请简述 Struts2 常量配置的 3 种方式并举例。
2. 请简述实现 Action 控制类的方式并举例。

扫描右方二维码，查看思考题答案！

第 3 章 Struts2的拦截器

学习目标

- 理解拦截器的工作原理
- 掌握拦截器的配置和使用
- 学会使用自定义拦截器

拦截器是Struts2框架的重要组成部分,Struts2的很多功能都是构建在拦截器之上的,如数据校验、转换器、国际化等。Struts2利用其内建的拦截器可以完成大部分的操作,当内置拦截器不能满足时,开发者也可以自己扩展。可以说,Struts2框架之所以简单易用,与拦截器的作用是分不开的。本章将详细介绍Struts2拦截器的相关知识。

3.1 拦截器简介

3.1.1 拦截器概述

拦截器(Interceptor)是Struts2的核心组成部分,它可以动态拦截Action调用的对象,类似于Servlet中的过滤器。Struts2的拦截器是AOP(Aspect-Object-Programming,面向切面编程)的一种实现策略,是可插拔的,需要某一个功能时就"插入"这个功能的拦截器,不需要这个功能时就"拔出"这一拦截器。它可以任意地组合Action提供的附加功能,而不需要修改Action的代码,开发者只需要提供拦截器的实现类,并将其配置在struts.xml中即可。

Struts2中将各个功能对应的拦截器分开定义,每个拦截器完成单个功能,如果要运用某个功能就加入对应的拦截器。如果将这些拦截器组合在一起就形成了拦截器链(Interceptor Chain)或拦截器栈(Interceptor Stack)。所谓的拦截器链是指对应各个功能的拦截器按照一定的顺序排列在一起形成的链,而拦截器链组成的集合就是拦截器栈。当有适配连接器栈的访问请求进来时,这些拦截器就会按照之前定义的顺序被调用。

3.1.2 拦截器的工作原理

通常情况下,拦截器都是以代理方式调用的,它在一个Action执行前后进行拦截,围绕着Action和Result的执行而执行,其工作方式如图3-1所示。

从图3-1可以看出,Struts2拦截器的实现原理与Servlet过滤器的实现原理类似,它以链式执行,对真正要执行的方法(execute())进行拦截。首先执行Action配置的拦截器,在

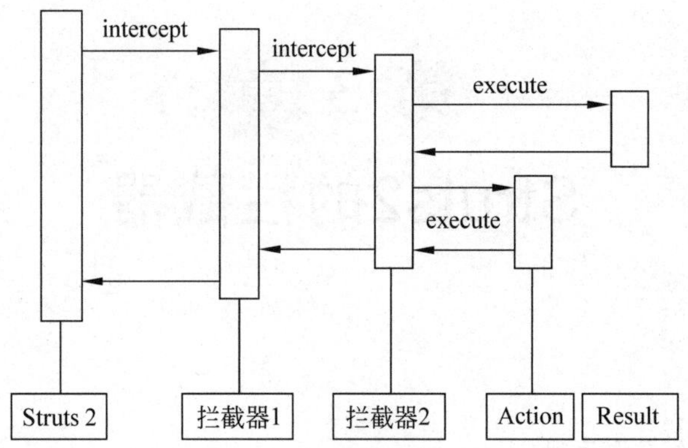

图 3-1 Struts2 拦截器的工作方式

Action 和 Result 执行之后，拦截器会再次执行（与先前调用顺序相反），在此链式执行的过程中，每一个拦截器在执行 execute()方法前都可以直接返回。

3.1.3 拦截器的配置

了解了拦截器的工作原理后，本节将介绍如何配置并使用拦截器。

1. 拦截器

要想让拦截器起作用，首先要对它进行配置。拦截器的配置是在 struts. xml 文件中完成的，它通常以<interceptor>标签开头，以</interceptor>标签结束。定义拦截器的语法格式如下：

```
<interceptor name="interceptorName" class="interceptorClass">
    <param name="paramName">paramValue</param>
</interceptor>
```

上述语法格式中，name 属性用来指定拦截器的名称，class 属性用于指定拦截器的实现类。有时，在定义拦截器时需要传入参数，这时需要使用<param>标签，其中 name 属性用来指定参数的名称，paramValue 表示参数的值。

2. 拦截器栈

在实际开发中，经常需要在 Action 执行前同时执行多个拦截动作，如用户登录检查、登录日志记录以及权限检查等，这时，可以把多个拦截器组成一个拦截器栈。在使用时，可以将栈内的多个拦截器当成一个整体来引用。当拦截器栈被附加到一个 Action 上时，在执行 Action 之前必须先执行拦截器栈中的每一个拦截器。

定义拦截器栈使用<interceptors>元素和<interceptor-stack>子元素，当配置多个拦截器时，需要使用<interceptor-ref >元素来指定多个拦截器，配置语法如下：

```
<interceptors>
    <interceptor-stack name="interceptorStackName">
        <interceptor-ref name="interceptorName" />
```

```
        …
    </interceptor-stack>
</interceptors>
```

在上述语法中，interceptorStackName 值表示配置的拦截器栈的名称，interceptorName 值表示拦截器的名称。除此之外，在一个拦截器栈中还可以包含另一个拦截器栈，示例代码如下：

```
<package name="default" namespace="/" extends="struts-default">
    <!--声明拦截器 -->
    <interceptors>
        <interceptor name="interceptor1" class="interceptorClass"/>
        <interceptor name="interceptor2" class="interceptorClass"/>
        <!--定义一个拦截器栈 myStack,该拦截器栈中包含两个拦截器和一个拦截器栈 -->
        <interceptor-stack name="myStack">
        <interceptor-ref name="defaultStack" />
        <interceptor-ref name="interceptor1" />
        <interceptor-ref name="interceptor2" />
        </interceptor-stack>
    </interceptors>
</package>
```

在上述代码中，定义的拦截器栈是 myStack，在 myStack 栈中，除了引用了两个自定义的拦截器 interceptor1 和 interceptor2 外，还引用了一个内置拦截器栈 defaultStack，这个拦截器是必须要引入的。

3. 默认拦截器

如果想对一个包下的 Action 使用相同的拦截器，则需要为该包中的每个 Action 都重复指定同一个拦截器，这样写显然过于烦琐。这时，可以使用默认拦截器，默认拦截器可以对其指定的包中所有的 Action 都能起到拦截的作用。一旦为某一个包指定了默认拦截器，并且该包中的 Action 未显式地指定拦截器，则会使用默认拦截器。反之，若此包中的 Action 显式地指定了某个拦截器，则该默认拦截器将会被屏蔽。此时，如果还想使用默认拦截器，则需要用户手动配置该默认拦截器的引用。

配置默认拦截器需要使用<default-interceptor-ref >元素，此元素为<package>元素的子元素。其语法格式如下：

```
<default-interceptor-ref name="拦截器(栈)的名称"/>
```

上述语法格式中，name 属性的值必须是已存在的拦截器或拦截器栈的名称。下面用该语法格式配置一个默认拦截器，示例代码如下：

```
<package name="default" namespace="/" extends="struts-default">
    <!--声明拦截器 -->
    <interceptors>
        <interceptor name="interceptor1" class="interceptorClass"/>
        <interceptor name="interceptor2" class="interceptorClass"/>
```

```
        <!--定义一个拦截器栈 myStack,该拦截器栈包含两个拦截器和一个拦截器栈 -->
        <interceptor-stack name="myStack">
            <interceptor-ref name="interceptor1" />
            <interceptor-ref name="interceptor2" />
            <interceptor-ref name="defaultStack" />
        </interceptor-stack>
    </interceptors>
    <!--配置包下的默认拦截器,既可以是拦截器,也可以是拦截器栈 -->
    <default-interceptor-ref name="myStack"/>
    <action name="login" class="cn.itcast.action.LoginAction">
        <result name="input">/login.jsp</result>
    </action>
</package>
```

在上面代码中，指定了包下面的默认拦截器为一个拦截器栈，该拦截器栈将会作用于包下所有的 Action。

注意：每一个包下只能定义一个默认拦截器，如果需要多个拦截器作为默认拦截器，则可以将这些拦截器定义为一个拦截器栈，再将这个拦截器栈作为默认拦截器即可。

3.2 Struts2 的内建拦截器

Struts2 中内置了许多拦截器，这些拦截器以 name-class 对的形式配置在 struts-default. xml 文件中，name 是拦截器的名称，也就是引用的名字；class 指定了该拦截器所对应的实现，只要自定义的包继承了 Struts2 的 struts-default 包，就可以使用默认包中定义的内建拦截器，否则需要自己定义拦截器。

3.2.1 内建拦截器的介绍

在 struts-default. xml 中，每一个拦截器都具有不同的意义，如表 3-1 所示。

表 3-1 内建拦截器的名称及说明

名 字	说 明
alias	在不同请求之间将请求参数在不同名字间转换，请求内容不变
autowiring	用来实现 Action 的自动装配
chain	让前一个 Action 的属性可以被后一个 Action 访问，现在和 chain 类型的 result ()结合使用
conversionError	将错误从 ActionContext 中添加到 Action 的属性字段中
cookies	使用配置的 name、value 来指定 cookies
cookieProvider	该类是一个 Cookie 工具，方便开发者向客户端写 Cookie
clearSession	用来清除一个 httpSession 实例
createSession	自动地创建 HttpSession，用来为需要使用到 HttpSession 的拦截器服务
debugging	提供不同的调试用的页面来展现内部的数据状况

续表

名　字	说　明
execAndWait	在后台执行 Action，同时将用户带到一个中间的等待页面
exception	将异常定位到一个画面
fileUpload	提供文件上传功能
i18n	记录用户选择的 locale
logger	输出 Action 的名字
model-driven	如果一个类实现了 ModelDriven，将 getModel 得到的结果放在 Value Stack 中
scoped-model-driven	如果一个 Action 实现了 ScopedModelDriven，则这个拦截器会从相应的 Scope 中取出 model 调用 Action 的 setModel 方法将其放入 Action 内部
params	将请求中的参数设置到 Action 中
actionMappingParams	用来负责 Action 配置中传递参数
prepare	如果 Action 实现了 Preparable，则该拦截器调用 Action 类的 prepare 方法
staticParams	从 struts. xml 文件中＜action＞标签的参数内容设置到对应的 Action 中
scope	将 Action 状态存入 session 和 application 范围
servletConfig	提供访问 HttpServletRequest 和 HttpServletResponse 的方法，以 Map 的方式访问
timer	输出 Action 执行的时间
token	通过 Token 来避免双击
tokenSession	和 Token Interceptor 一样，不过双击的时候把请求的数据存储在 Session 中
validation	使用 action-validation. xml 文件中定义的内容校验提交的数据
workflow	调用 Action 的 validate 方法，一旦有错误返回，重新定位到 INPUT 画面
store	存储或者访问实现 ValidationAware 接口的 Action 类出现的消息、错误和字段错误等
checkbox	添加了 checkbox 自动处理代码，将没有选中的 checkbox 的内容设定为 false，而 HTML 默认情况下不提交没有选中的 checkbox
datetime	日期拦截器
profiling	通过参数激活 profile
roles	确定用户是否具有 JAAS 指定的 Role，否则不予执行
annotationWorkflow	利用注解代替 XML 配置，使用 annotationWorkflow 拦截器可以使用注解，执行流程为 before→execute→feforeResult→after
multiselect	检测是否有像＜select＞标签被选中的多个值，然后添加一个空参数
deprecation	当日志级别设置为调试模式(debug)并且没有特殊参数时，在 devMode 模式，会检查应用程序使用过时的或未知的常量，并且显示警告

Struts2 框架除了提供这些有用的拦截器外，还定义了一些拦截器栈，在开发 Web 应用的时候，可以直接引用这些拦截器栈，而无须自定义拦截器。

注意：随着 Struts2 版本的发展，内建拦截器的数量也在相应地增多，不同版本的

Struts2 拦截器的数量有一些差异，此版本的 Struts2 内置拦截器共有 35 个。

3.2.2 内建拦截器的配置

3.2.1 节中已经了解了一些 Struts2 的内置拦截器以及它们的意义，下面看一下在 struts-default.xml 中定义的拦截器的部分配置。在 struts-core-2.3.24.jar 包中的根目录下找到 struts-default.xml 文件，打开后找到<interceptors>元素下的内建拦截器和拦截器栈，其部分代码如下所示：

```
<package name="struts-default" abstract="true">
    ⋮
    <interceptors>
        <!--系统内建拦截器部分,3.2.1 节介绍的内容-->
        <interceptor name="alias"
        class="com.opensymphony.xwork2.interceptor.AliasInterceptor"/>
        <interceptor name="chain"
        class="com.opensymphony.xwork2.interceptor.ChainingInterceptor"/>
        ⋮
        <!--定义 Basic stack 拦截器栈-->
        <interceptor-stack name="basicStack">
            <!--引用系统定义的 exception 拦截器 -->
            <interceptor-ref name="exception"/>
            ⋮
        </interceptor-stack>
        ⋮
        <!-定义 Sample model-driven stack  -->
        <interceptor-stack name="modelDrivenStack">
             <!--引用系统定义的 modelDriven 拦截器-->
            <interceptor-ref name="modelDriven"/>
            <!--引用系统定义的 basicStack 拦截器栈 -->
            <interceptor-ref name="basicStack"/>
        </interceptor-stack>
            ⋮
         <!--定义 defaultStack 拦截器栈 -->
        <interceptor-stack name="defaultStack">
            <interceptor-ref name="exception"/>
            <interceptor-ref name="alias"/>
            <interceptor-ref name="i18n"/>
            ⋮
            <interceptor-ref name="validation">
                <param name="excludeMethods">input,back,cancel,browse</param>
            </interceptor-ref>
            ⋮
        </interceptor-stack>
    </interceptors>
    <!--将 defaultStack 拦截器栈配置为系统默认拦截器栈-->
    <default-interceptor-ref name="defaultStack"/>
    <!-默认 action 类是 ActionSupport-->
    <default-class-ref class="com.opensymphony.xwork2.ActionSupport" />
</package>
```

上面内建拦截器的配置代码中，defaultStack 拦截器组合了多个拦截器，这些拦截器的顺序经过精心的设计可以满足大部分 Web 应用程序的需求，只要定义包的过程中继承 struts-default 包，那么 defaultStack 拦截器栈就是默认拦截器的引用。因篇幅有限，这里没有列出所有的内建拦截器和拦截器栈，读者需要时，可以自行查阅 struts-default. xml 文件。

3.3 自定义拦截器

在实际的项目开发中，Struts2 的内置拦截器可以完成大部分的拦截任务，但是一些与系统逻辑相关的通用功能（如权限的控制、用户登录控制等），则需要通过自定义拦截器来实现。本节将详细讲解如何自定义拦截器。

3.3.1 实现自定义拦截器

在程序开发过程中，如果需要开发自己的拦截器类，就需要直接或间接地实现 com. opensymphony. xwork2. interceptor. Interceptor 接口，具体的代码如下：

```
public interface Interceptor extends Serializable {
    void init();
    void destroy();
    String intercept(ActionInvocation invocation)throws Exception;
}
```

该接口提供了以下三个方法。

- void init()：该方法在拦截器被创建后会立即被调用，它在拦截器的生命周期内只被调用一次。可以在该方法中对相关资源进行必要的初始化。
- void destroy()：该方法与 init()方法相对应，在拦截器实例被销毁之前，将调用该方法来释放与拦截器相关的资源。它在拦截器的生命周期内也只被调用一次。
- String intercept(ActionInvocation invocation) throws Exception：该方法是拦截器的核心方法，用来添加真正执行拦截工作的代码，实现具体的拦截操作。它返回一个字符串作为逻辑视图，系统根据返回的字符串跳转到对应的视图资源。每拦截一个动作请求，该方法就会被调用一次。该方法的 ActionInvocation 参数包含了被拦截的 Action 的引用，可以通过该参数的 invoke()方法，将控制权转给下一个拦截器或者转给 Action 的 execute()方法。

如果需要自定义拦截器，只需要实现 Interceptor 接口的三个方法即可。然而在实际开发过程中，除了实现 Interceptor 接口可以自定义拦截器外，更常用的一种方式是继承抽象拦截器类 AbstractIntercepter。该类实现了 Interceptor 接口，并且提供了 init()方法和 destroy()方法的空实现。使用时，可以直接继承该抽象类，而不用实现那些不必要的方法。拦截器类 AbstractInterceptor 中定义的方法如下所示：

```
public abstract class AbstractInterceptor implements Interceptor {
    public void init(){}
    public void destroy(){}
```

```
    public abstract String intercept(ActionInvocation invocation)
    throws Exception;
}
```

从上述代码中可以看出,AbstractInterceptor 类已经实现了 Interceptor 接口的所有方法,一般情况下,只需继承 AbstractInterceptor 类,实现 interceptor()方法就可以创建自定义拦截器。

只有当自定义的拦截器需要打开系统资源时,才需要覆盖 AbstractInterceptor 类的 init()方法和 destroy()方法。与实现 Interceptor 接口相比,继承 AbstractInterceptor 类的方法更为简单。

3.3.2 应用案例——使用拦截器实现权限控制

通过之前对拦截器的学习,可将自定义拦截器的使用过程分为以下 3 步:

(1) 用户自定义的拦截器类,必须实现 Interceptor 接口或继承 AbstractInterceptor 类;

(2) 需要在 struts. xml 中定义自定义的拦截器;

(3) 在 struts. xml 中的 Action 中使用拦截器。

为了让读者更好地掌握自定义拦截器的使用,下面通过一个具体案例来演示自定义拦截器的实现过程:

(1) 在 Eclipse 中创建一个 Web 项目 chapter03,将 Struts2 框架所需的 JAR 包添加到 WEB-INF 目录下的 lib 文件夹中,然后在 WEB-INF 目录下创建一个 web. xml 文件,并在其中注册过滤器和首页,如文件 3-1 所示。

文件 3-1 web. xml

```
<?xml version="1.0" encoding="UTF-8"?>
<web-app version="3.0" xmlns="http://java.sun.com/xml/ns/javaee"
    xmlns:xsi="http://www.w3.org/2001/XMLSchema-instance"
    xsi:schemaLocation="http://java.sun.com/xml/ns/javaee
    http://java.sun.com/xml/ns/javaee/web-app_3_0.xsd">
    <!--定义 filter -->
    <filter>
        <!--filter 名字 -->
        <filter-name>struts2</filter-name>
        <!--fiter 的实现类,此处是 Struts2 的核心过滤器 -->
        <filter-class>org.apache.struts2.dispatcher.ng.filter
          StrutsPrepareAndExecuteFilter</filter-class>
    </filter>
    <filter-mapping>
        <!--filter 的名字,必须是 filter 元素中已经声明过的过滤器的名字 -->
        <filter-name>struts2</filter-name>
        <!--定义 filter 负责拦截的 URL 地址 -->
        <url-pattern>/*</url-pattern>
    </filter-mapping>
    <!--首页 -->
    <welcome-file-list>
        <welcome-file>main.jsp</welcome-file>
```

```
    </welcome-file-list>
</web-app>
```

（2）在 src 目录下创建一个名为 cn. itcast. domain 的包，在该包下创建 User. java 文件，如文件 3-2 所示。

文件 3-2　User. java

```
package cn.itcast.domain;
public class User {
    private String username;                          //用户名
    private String password;                          //密码
    public String getUsername(){
        return username;
    }
    public void setUsername(String username){
        this.username=username;
    }
    public String getPassword(){
        return password;
    }
    public void setPassword(String password){
        this.password=password;
    }
}
```

在文件 3-2 中，定义了 username 和 password 两个属性，及其 getters 和 setters 方法。

（3）在 src 目录下创建包 cn. itcast. action，在该包下创建 LoginAction. java 文件，如文件 3-3 所示。

文件 3-3　LoginAction. java

```
package cn.itcast.action;
import cn.itcast.domain.User;
import com.opensymphony.xwork2.ActionContext;
import com.opensymphony.xwork2.ActionSupport;
import com.opensymphony.xwork2.ModelDriven;
public class LoginAction extends ActionSupport
                        implements ModelDriven<User>        {
    private static final long serialVersionUID=1L;
    private User user=new User();
    public User getModel(){
        return user;
    }
    public String execute()throws Exception {
        //获取 ActionContext
        ActionContext actionContext=ActionContext.getContext();
        if("tom".equals(user.getUsername())
                && "123".equals(user.getPassword())){
            //将用户存储在 session 中
            actionContext.getSession().put("user", user);
```

```
            return SUCCESS;
        } else {
            actionContext.put("msg", "用户名或密码不正确");
            return INPUT;
        }
    }
}
```

(4) 在 cn. itcast. action 包下创建 BookAction. java 文件，如文件 3-4 所示。

文件 3-4 BookAction. java

```
package cn.itcast.action;
import com.opensymphony.xwork2.ActionSupport;
public class BookAction extends ActionSupport {
    public String add(){
        System.out.println("book add");
        return SUCCESS;
    }
    public String del(){
        System.out.println("book del");
        return SUCCESS;
    }
    public String update(){
        System.out.println("book update");
        return SUCCESS;
    }
    public String find(){
        System.out.println("book find");
        return SUCCESS;
    }
}
```

(5) 在 src 目录下创建一个名称为 cn. itcast. interceptor 的包，在该包下创建一个 PrivilegeInterceptor. java 文件，如文件 3-5 所示。

文件 3-5 PrivilegeInterceptor. java

```
package cn.itcast.interceptor;
import com.opensymphony.xwork2.Action;
import com.opensymphony.xwork2.ActionContext;
import com.opensymphony.xwork2.ActionInvocation;
import com.opensymphony.xwork2.interceptor.AbstractInterceptor;
public class PrivilegeInterceptor extends AbstractInterceptor {
private static final long serialVersionUID=1L;
public String intercept(ActionInvocation invocation)throws Exception {
        //得到 ActionContext
        ActionContext actionContext=invocation.getInvocationContext();
        //获取 user 对象
        Object user=actionContext.getSession().get("user");
        if(user !=null){
```

```
                return invocation.invoke();        //继续向下执行
            } else {
                actionContext.put("msg", "您还未登录,请先登录");
                return Action.LOGIN;               //如果用户不存在,返回 login 值
            }
        }
}
```

(6) 在 WebContent 目录下创建 3 个视图页面,分别为主页 main. jsp、登录页面 login. jsp 和操作成功页面 success. jsp,如文件 3-6、文件 3-7 和文件 3-8 所示。

文件 3-6　main. jsp

```
<%@page language="java" import="java.util.*" pageEncoding="UTF-8"%>
<!DOCTYPE HTML PUBLIC "-//W3C//DTD HTML 4.01 Transitional//EN">
<html>
  <head>
    <title>main.jsp</title>
  </head>
  <body>
      <a href="/chapter03/book_del">book del</a><br>
      <a href="/chapter03/book_add">book add</a><br>
      <a href="/chapter03/book_update">book update</a><br>
      <a href="/chapter03/book_find">book find</a><br>
  </body>
</html>
```

在文件 3-6 中,定义了 4 个链接,分别代表对图书的增、删、改、查操作。

文件 3-7　login. jsp

```
<%@page language="java" import="java.util.*" pageEncoding="UTF-8"%>
<!DOCTYPE HTML PUBLIC "-//W3C//DTD HTML 4.01 Transitional//EN">
<html>
<head>
<title>登录</title>
</head>
<body>
<center>
${requestScope.msg}<br>
    <form action="/chapter03/login.action" method="post">
        <table>
            <tr>
                <td><label style="text-align: right;">用户名:</label></td>
                <td><input type="text" name="username"></td>
            </tr>
            <tr>
                <td><label style="text-align: right;">密码:</label></td>
                <td><input type="password" name="password"></td>
            </tr>
            <tr>
```

```
                <td align="right" colspan="2">
                    <input type="submit" value="登录">
                </td>
            </tr>
        </table>
    </form>
</center>
</body>
</html>
```

在文件 3-7 中，分别定义了一个文本框、密码输入框和“登录”按钮，该页面是用户登录的页面。

文件 3-8 success. jsp

```
<%@page language="java" import="java.util.*" pageEncoding="UTF-8"%>
<!DOCTYPE HTML PUBLIC "-//W3C//DTD HTML 4.01 Transitional//EN">
<html>
<head>
<title>成功页面</title>
</head>
<body>
    用户${user.username}操作成功
</body>
</html>
```

在文件 3-8 中，使用了 EL 表达式获取用户名，并提示用户操作成功。

(7) 在 src 目录下创建 struts. xml 文件，此文件用于声明自定义拦截器、拦截器栈以及对 book 操作的 Action，如文件 3-9 所示。

文件 3-9 struts. xml

```
<?xml version="1.0" encoding="UTF-8" ?>
<!DOCTYPE struts PUBLIC
    "-//Apache Software Foundation//DTD Struts Configuration 2.3//EN"
    "http://struts.apache.org/dtds/struts-2.3.dtd">
<struts>
    <package name="struts2" namespace="/" extends="struts-default">
        <!--声明拦截器 -->
        <interceptors>
            <interceptor name="privilege"
                    class="cn.itcast.interceptor.PrivilegeInterceptor"/>
            <interceptor-stack name="myStack">
                <interceptor-ref name="defaultStack" />
                <interceptor-ref name="privilege" />
            </interceptor-stack>
        </interceptors>
        <!--用户登录操作 -->
        <action name="login" class="cn.itcast.action.LoginAction">
            <result>/main.jsp</result>
            <result name="input">/login.jsp</result>
```

```
            </action>
            <!--关于 book 操作 -->
            <action name="book_*" class="cn.itcast.action.BookAction"
                method="{1}">
                <result>/success.jsp</result>
                <result name="login">/login.jsp</result>
                <!--在 action 中使用自定义拦截器 -->
                <interceptor-ref name="myStack" />
            </action>
        </package>
    </struts>
```

在文件 3-9 中，首先声明了一个名称为 privilege 的拦截器，并将该拦截器放入自定义的拦截器栈 myStack 中。然后配置了用户登录的 action 信息。最后定义了关于对页面 book 操作的 action 信息，并在该 action 中引用自定义的拦截器栈 myStack。

(8) 运行程序，查看结果。

启动 chapter03 程序，在浏览器地址栏中输入"http://localhost:8080/chapter03/main.jsp"，成功访问后，浏览器的显示结果如图 3-2 所示。

在单击页面中链接时，由于用户没有登录，所以没有相应的权限，页面会跳转到登录页面要求用户登录，浏览器的显示结果如图 3-3 所示。

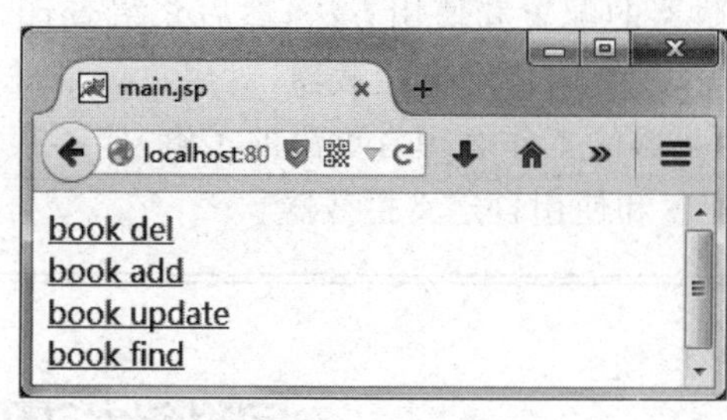

图 3-2　主页

图 3-3　登录页面

如果用户输入错误的用户名和密码，系统也会有相应的错误提示信息，浏览器的显示结果如图 3-4 所示。

输入正确的用户名和密码后，系统会重新跳转到主页，此时单击页面中的链接，系统会跳转到成功页面，提示用户操作成功，浏览器的显示结果如图 3-5 所示。

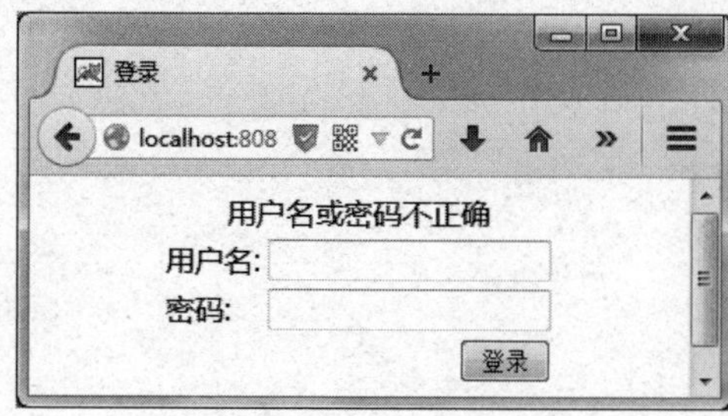

图 3-4　登录失败

图 3-5　操作成功页面

分别单击首页中 book 操作的每个链接，可以看到 Eclipse 控制台输出的信息，如图 3-6 所示。

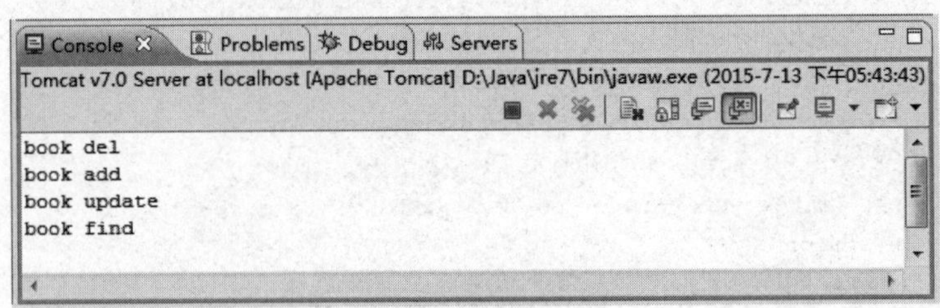

图 3-6　控制台信息

从图 3-6 中可以看出，登录后的用户对页面上的链接都可以进行操作，这说明配置文件中定义的权限拦截器已成功执行。

在上面的案例中，创建了一个方法过滤拦截器 PrivilegeInterceptor，然后在 struts. xml 中配置了该拦截器，如果用户没有登录，将无法对页面链接进行相应操作，只有登录后的用户才有权限操作页面相应功能。

3.4　本章小结

本章首先介绍拦截器的基础知识，讲解了拦截器的配置和使用方法，然后介绍 Struts2 的内置拦截器，最后介绍自定义拦截器的实现方式，并使用自定义拦截器，对用户登录进行权限控制。通过本章的学习，读者需对 Struts2 拦截器的工作原理有更深的了解，能够很好地掌握拦截器的配置和使用方法，并且学会如何配置和使用自定义拦截器。

【思考题】

1. 请简述拦截器的工作原理。
2. 请说明如何对拦截器进行配置。

扫描右方二维码，查看思考题答案！

第 4 章 Struts2的标签库

学习目标

- 了解 Struts2 的标签库
- 掌握 Struts2 常用标签的使用

对于一个 MVC 框架而言，重点是实现两部分：业务逻辑控制器部分和视图页面部分。Struts2 作为一个优秀的 MVC 框架，也把重点放在了这两部分上。控制器主要由 Action 来提供支持，而视图则是由大量的标签来提供支持。本章将详细介绍 Struts2 标签库的构成和常用标签的使用。

4.1 Struts2 标签库概述

在 JavaWeb 中，Struts2 标签库是一个比较完善，而且功能强大的标签库，它将所有标签都统一到一个标签库中，从而简化了标签的使用，它还提供主题和模板的支持，极大地简化了视图页面代码的编写，同时它还提供对 Ajax 的支持，大大丰富了视图的表现效果。与 JSTL(JSP Standard Library，JSP 标准标签库)相比，Struts2 标签库更加易用和强大。

4.1.1 Struts2 标签库的分类

早期的 JSP 页面需要嵌入大量的 Java 脚本来进行输出，这样使得一个简单的 JSP 页面加入了大量的代码，不利于代码的可维护性和可读性。随着技术的发展，逐渐地采用标签库来进行 JSP 页面的开发，这使得 JSP 页面能够在很短的时间内开发完成，而且代码通俗易懂，极大地方便了开发者，Struts2 的标签库就是这样发展起来的。

Struts2 框架对整个标签库进行了分类，按其功能大致可分为两类，如图 4-1 所示。

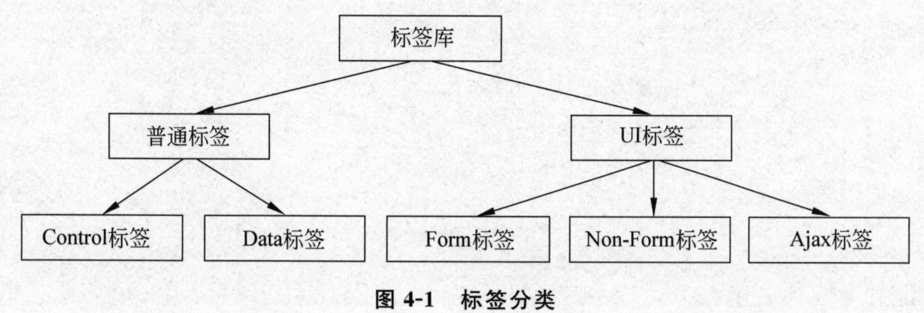

图 4-1　标签分类

由图 4-1 中可以看出，Struts2 标签库主要分为两类：普通标签和 UI 标签。普通标签主要是在页面生成时，控制执行的流程。UI 标签则是以丰富而可复用的 HTML 文件来显示数据。

普通标签又分为控制标签(Control Tags)和数据标签(Data Tags)。控制标签用来完成条件逻辑、循环逻辑的控制，也可用来做集合的操作。数据标签用来输出后台的数据和完成其他数据访问功能。

UI 标签又分为表单标签(Form Tags)、非表单标签(Non-Form Tags)和 Ajax 标签。表单标签主要用来生成 HTML 页面中的表单元素，非表单标签主要用来生成 HTML 的<div>标签及输出 Action 中封装的信息等。Ajax 标签主要用来提供 Ajax 技术支持。

4.1.2 Struts2 标签的使用

Struts2 标签库被定义在 struts-tags.tld 文件中，读者可以在 struts-core-2.3.24.jar 中的 META-INF 目录下找到它。要使用 struts2 的标签库，一般只需在 JSP 文件使用 taglib 指令导入 Struts2 标签库，具体代码如下：

```
<%@ taglib prefix="s" uri="/struts-tags" %>
```

在上述代码中，taglib 指令的 uri 属性用于指定引入标签库描述符文件的 URI(统一资源标识符)，prefix 属性用于指定引入标签库描述符文件的前缀。需要注意的是，在 JSP 文件中，所有的 Struts2 标签都建议使用 s 前缀。

4.2 Struts2 的控制标签

在程序开发中，经常要用流程控制实现分支、循环等操作，为此，Struts2 标签库中提供了控制标签，常用的逻辑控制标签主要包括<s:if>、<s:elseif>、<s:else>和<s:iterator>等。本节将详细介绍这 4 个常用标签。

4.2.1 <s:if>标签、<s:elseif>标签、<s:else>标签

与多数编程语言中的 if、elseif 和 else 语句的功能类似，<s:if>、<s:elseif>、<s:else>这 3 个标签用于程序的分支逻辑控制。其中，只有<s:if>标签可以单独使用，而<s:elseif>、<s:else>都必须与<s:if>标签结合使用，其语法格式如下所示：

```
<s:if test="表达式 1">
    标签体
</s:if>
<s: elseif test="表达式 2">
    标签体
</s: elseif >
<s: else >
    标签体
</s :else >
```

上述语法格式中，<s:if>和<s:elseif>标签必须指定 test 属性，该属性用于设置标签的判断条件，其值为 boolean 型的条件表达式。

4.2.2 <s:iterator>标签

<s:iterator>标签主要用于对集合中的数据进行迭代，它可以根据条件遍历集合中的数据。<s:iterator>标签的属性及相关说明如表 4-1 所示。

表 4-1 Iterator 标签的属性

属性	是否必须	默认值	类型	描述
begin	否	0	Integer	迭代数组或集合的起始位置
end	否	数组或集合的长度大小减 1，假如 step 为负则为 0	Integer	迭代数组或集合的结束位置
status	否	false	Boolean	迭代过程中的状态
step	否	1	Integer	指定每一次迭代后索引增加的值
value	否	无	String	迭代的数组或集合对象
var	否	无	String	将生成的 Iterator 设置为 page 范围的属性
id	否	无	String	指定了集合元素的 id，现已用 var 代替

在表 4-1 中，如果在<s:iterator>标签中指定 status 属性，那么通过该属性可以获取迭代过程中的状态信息，如元素数、当前索引值等。通过 status 属性获取信息的方法如表 4-2 所示（假设其属性值为 st）。

表 4-2 通过 status 属性获取状态信息

方法	说明
st.count	返回当前已经遍历的集合元素的个数
st.first	返回当前遍历元素是否为集合的第一个元素
st.last	返回当前遍历元素是否为集合的最后一个元素
st.index	返回遍历元素的当前索引值
st.even	返回当前遍历的元素的索引是否为偶数
st.odd	返回当前遍历的元素的索引是否为奇数

为了让读者更好地掌握<s:if>、<s:else>和<s:iterator>标签的使用，下面通过一个案例来演示它们的使用方法。

在 Eclipse 中创建 Web 项目 chapter04，将 Struts2 框架所需的 JAR 包添加到 WEB-INF 目录下的 lib 文件夹中，然后在 WEB-INF 目录下添加 web.xml 文件，并在其中注册核心过滤器和首页信息，在 WebContent 下创建一个名称为 iteratorTags.jsp 的文件，如文件 4-1 所示。

文件 4-1 iteratorTags.jsp

```
<%@page language="java" contentType="text/html; charset=UTF-8"
    pageEncoding="UTF-8"%>
```

```
<%@ taglib prefix="s" uri="/struts-tags" %>
<!DOCTYPE html PUBLIC "-//W3C//DTD HTML 4.01 Transitional//EN"
                        "http://www.w3.org/TR/html4/loose.dtd">
<html>
<head>
<meta http-equiv="Content-Type" content="text/html; charset=UTF-8">
<title>控制标签的使用</title>
</head>
<body>
  <center>
    <table border="1px" cellpadding="0" cellspacing="0">
        <s:iterator var="name"
                     value="{'Java','Java Web','Oracle','MySql'}"
                     status="st">
            <s:if test="#st.odd">
                <tr style="background-color: white;">
                    <td><s:property value="name"/></td>
                </tr>
            </s:if>
            <s:else>
                <tr style="background-color: gray;">
                    <td><s:property value="name"/></td>
                </tr>
            </s:else>
        </s:iterator>
    </table>
  </center>
</body>
</html>
```

在文件 4-1 的<table>标签内，首先使用<s:iterator>标签来循环输出集合中的值，然后通过该标签 status 属性的 odd 方法获取的值作为<s:if>、<s:else>标签的判断条件来对行数显示进行控制。需要注意的是，这里使用的是<s:property>标签输出的值，该标签会在 4.3 节中具体讲解，这里读者只需知道该标签的作用是输出值即可。

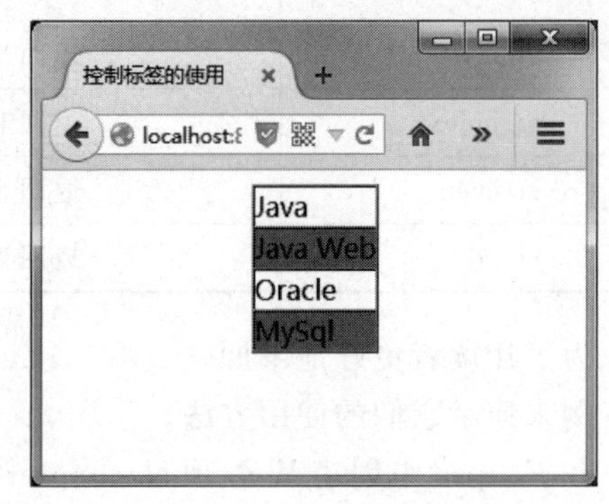

图 4-2 <s:if>、<s:else>和<s:iterator>标签的使用效果

项目正确运行后，在浏览器地址栏中输入"http://localhost:8080/chapter04/iteratorTags.jsp"，成功访问后，浏览器的显示效果如图 4-2 所示。

从图 4-2 的运行结果可以看出，表格的奇数行变为了白色，偶数行变为灰色。这是因为在文件 4-1 中，使用<s:iterator>遍历新创建的 List 集合时，通过判断其所在索引的奇偶来决定表格的颜色。

4.3 Struts2 的数据标签

在 Struts2 标签库中，数据标签主要用于各种数据访问相关的功能以及 Action 的调用等。常用的数据标签有＜s:property＞、＜s:a＞、＜ s:debug＞、＜s:include＞、＜ s:param＞等。

4.3.1 ＜s:property＞标签

＜s:property＞标签用于输出指定的值，通常输出的是 value 属性指定的值，＜s:property＞标签的属性及属性说明如下所示。

- id：可选属性，指定该元素的标识。
- default：可选属性，如果要输出的属性值为 null，则显示 default 属性的指定值。
- escape：可选属性，指定是否忽略 HTML 代码。
- value：可选属性，指定需要输出的属性值，如果没有指定该属性，则默认输出 ValueStack 栈顶的值(关于值栈内容会在第 5 章进行讲解)。

接下来编写一个 propertyTags.jsp 页面，来演示 property 标签的使用，如文件 4-2 所示。

文件 4-2 propertyTags.jsp

```
<%@page language="java" contentType="text/html; charset=UTF-8"
    pageEncoding="UTF-8"%>
<%@taglib prefix="s" uri="/struts-tags" %>
<html>
<head>
<title>property 标签</title>
</head>
 <body>
  输出字符串：
  <s:property value="'www.itcast.cn'"/><br>
  忽略 HTML 代码：
  <s:property value="'<h3>www.itcast.cn</h3>'" escape="true"/><br>
  不忽略 HTML 代码：
  <s:property value="'<h3>www.itcast.cn</h3>'" escape="false"/><br>
  输出默认值：
  <s:property value="" default="true"/><br>
</body>
</html>
```

在文件 4-2 中，定义了 4 个不同属性的＜s:property＞标签。第一个标签中，只有一个 value 属性，所以会直接输出 value 值；第二个标签，使用了 value 和 escape 两个属性，其中 value 属性值中包含了 html 标签，但其 escape 属性值为 true，表示忽略 HTML 代码，所以会直接输出 value 值；第三个标签，同样使用了 value 和 escape 两个属性，其 value 属性值中依然包含了 HTML 标签，但其 escape 属性值为 false，表示不能忽略 HTML 代码，所以输出的 value 值为 3 号标题的值；最后一个标签使用了 value 和 default 两个属性，但 value 的值为空，并且指定了 default 属性，所以最后会输出 default 属性指定的值。

在浏览器地址栏中输入“http://localhost:8080/chapter04/propertyTags.jsp”，成功访问后，浏览器的显示结果如图 4-3 所示。

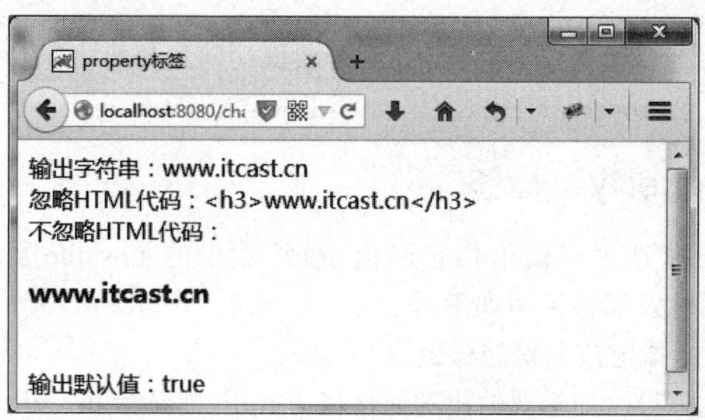

图 4-3 property 标签的输出

从图 4-3 中可以看出，<s:property>标签的属性不同，其输出的结果也不同，读者在使用此标签时一定要注意其属性的设置。

4.3.2 <s:a>标签

<s:a>标签用于构造 HTML 页面中的超链接，其使用方式与 HTML 中的<a>标签类似。<s:a>标签的属性及相关说明如表 4-3 所示。

表 4-3 <s:a>标签的常用属性及描述

属　性	是否必须	类型	描　述
action	否	String	指定超链接 Action 地址
href	否	String	超链接地址
namespace	否	String	指定 Action 地址
id	否	String	指定其 id
method	否	String	指定 Action 调用方法

<s:a>标签的使用格式如下所示：

```
<s:a href="链接地址"></s:a>
<s:a namespace="" action="">itcast.cn</s:a>
```

4.3.3 <s:debug>标签

<s:debug>标签用于在调试程序时输出更多的调试信息，主要输出 ValueStack 和 StackContext 中的信息，该标签只有一个 id 属性，且一般不使用。

在使用 debug 标签后，网页中会生成一个[Debug]的链接，单击该链接，网页中将输出各种服务器对象的信息，如图 4-4 所示。

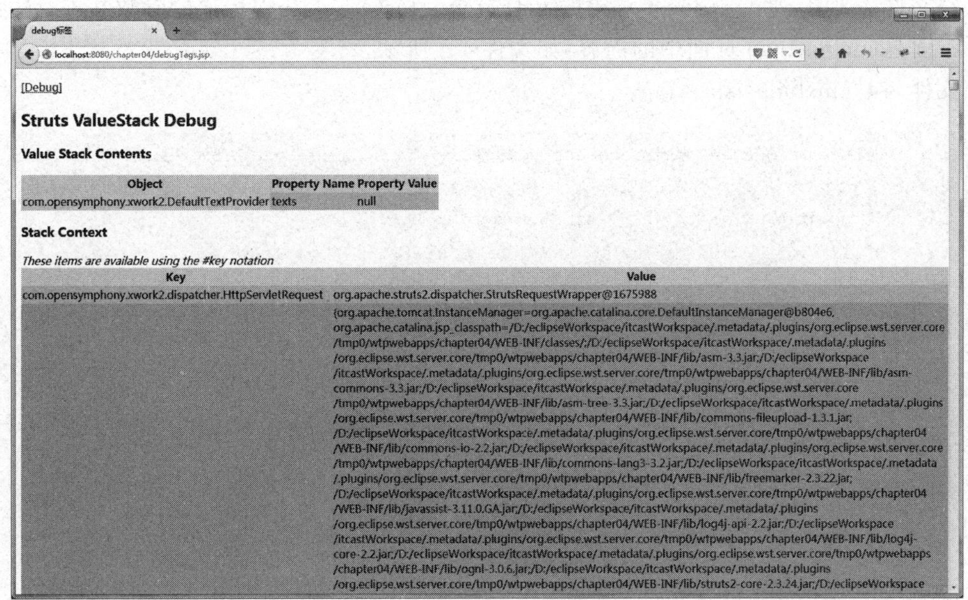

图 4-4　debug 标签

4.3.4　<s:include>标签

<s:include>标签用于在当前页面中包含另一个页面(或 Servlet),类似于 JSP 中的<%@ include file=""%>和<jsp:include file="">指令。该标签有一个 value 属性,用来指定被包含的 JSP 或 Servlet 等资源文件。

另外,在 include 标签中可以指定多个<param.../>子标签,用于将多个参数传入被包含的 JSP 页面或者 Servlet。接下来编写两个 JSP 页面,演示 include 标签的使用,如文件 4-3 和文件 4-4 所示。

在 chapter04 项目中创建一个名称为 include.jsp 的页面和一个名称为 includefile.jsp 的页面,在 include.jsp 页面中使用<s:include>标签包含 includefile.jsp 页面。includefile.jsp 页面内容如文件 4-3 所示。

文件 4-3　includefile.jsp

```
<%@page language="java" contentType="text/html; charset=UTF-8"
    pageEncoding="UTF-8"%>
<%@taglib prefix="s" uri="/struts-tags" %>
<html>
<head>
<title>include</title>
</head>
<body>
    <h4>这是被包含页面 includefile.jsp</h4><br>
    传递的用户为:<%out.print(request.getParameter("user"));%>
</body>
</html>
```

在文件 4-3 中，通过 request 对象的 getParammter()方法获得传递的参数并进行输出。下面是 include. jsp 页面中的内容，如文件 4-4 所示。

文件 4-4 include. jsp

```
<%@page language="java" contentType="text/html; charset=UTF-8"
    pageEncoding="UTF-8"%>
<%@taglib prefix="s" uri="/struts-tags" %>
<html>
<head>
<title>debug标签</title>
</head>
<body>
<h3>这是包含页面 include.jsp</h3><br>
    <s:include value="includefile.jsp">
        <s:param name="user" value="'itcast'"/>
    </s:include>
</body>
</html>
```

在文件 4-4 中，通过 include 标签来包含 includefile. jsp 文件，并通过 param 标签给 includefile. jsp 页面传递 user 参数和参数值。在浏览器地址栏中输入“http://localhost:8080/chapter04/include. jsp”，成功访问后，浏览器的显示结果如图 4-5 所示。

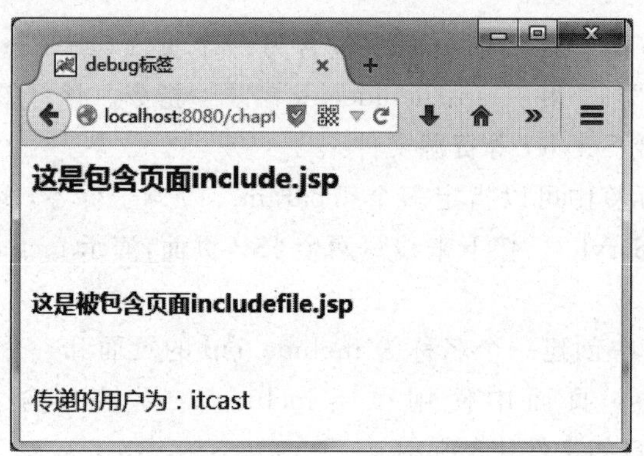

图 4-5 include 标签的使用

从图 4-5 中可以看出，include. jsp 页面使用<s:include>标签已将 includefile. jsp 页面包含在其中，并且通过 param 标签，将参数和参数值传递给了被包含页面 includefile. jsp。

4.3.5 <s:param>标签

<s:param>标签通常要与其他标签合起来使用，主要用来为其他标签提供参数。4. 3. 4 节中，使用<s:include>标签时，就使用了<s:param>标签给被包含的页面传递参数。

<s:param>标签有两种用法，第一种是使用 value 属性指定参数值，用法如下所示：

```
<s:param name="color" value="'red'"></s:param>
```

<s:param>标签的另一种用法是通过标签体来指定参数值，用法如下所示：

```
<s:param name="color">red</s:param>
```

两种语法的功能一样，不同点在于使用 value 属性来设置参数值时，需要加单引号，而使用标签体设置参数值时，则不需要加单引号。

注意：在使用 value 属性指定参数时，如果不添加单引号，则表示该值为一个引用对象，如果该对象不存在，则为其属性赋值为 null。

4.4　Struts2 的模板和主题

Struts2 的 UI 标签都是基于模板和主题的。所谓模板，就是一些代码，Struts2 标签使用这些代码渲染生成相应的 HTML 代码。模板是一个 UI 标签的外在表现形式，并且每个标签都会有自己对应的模板。如果为所有的 UI 标签提供样式和视觉效果相似的模板，那么这一系列的模板就形成了一个主题。

Struts2 默认提供了 4 种主题，分别为 simple、xhtml、css_xhtml 和 Ajax。

- simple 主题：这是最简单的主题，使用该主题时，每个 UI 标签只生成最基本的 HTML 元素，没有任何附加功能。
- xhtml 主题：这是 Struts2 的默认主题，它对 simple 主题进行了扩展，提供了布局功能、Label 显示名称、以及与验证框架和国际化框架的集成。
- css_xhtml ：该主题是对 xhtml 的扩展，在 xhtml 的基础之上添加对 CSS 的支持和控制。
- Ajax ：继承自 xhtml，提供 Ajax 支持。

这 4 种内建主题中，xhtml 为默认主题，但 xhtml 有一定的局限性。因为它使用表格进行布局，并且只支持每一行放一个表单项，这样一来，一旦遇到复杂的页面布局，xhtml 就难以胜任了。此时，就需要改变 Struts2 的默认主题。

通常，通过设置常量 struts. ui. theme 来改变默认主题，具体做法是在 struts. xml 或者 struts. properties 文件中增加相应的配置。例如想要设置使用 simple 的主题，那么需要在 struts. xml 中增加如下配置：

```
<constant name="struts.ui.theme" value="simple"/>
```

或者在 struts. properties 文件中增加如下配置：

```
struts.ui.theme=simple
```

4.5　Struts2 的表单标签

Struts2 的表单标签用来向服务器提交用户输入的信息，绝大多数的表单标签都有其对应的 HTML 标签，通过表单标签可以简化表单开发，还可以实现 HTML 中难以实现的功能。读者可以结合 HTML 的标签对比学习 Struts2 的表单标签。

4.5.1 表单标签的公共属性

Struts2 的表单标签用来向服务器提交用户输入信息，所有表单标签在 org. apache. struts2. components 包中都有一个对应的类，这些对应的类都继承自 UIBean 类。UIBean 类提供了一组公共属性，这些属性是完全通用的，如表 4-4 所示。

表 4-4 表单标签的通用属性

属 性 名	主 题	数据类型	说 明
title	simple	String	设置表单元素的 title 属性
disabled	simple	String	设置表单元素是否可用
label	xhtml	String	设置表单元素的 label 属性
labelPosition	xhtml	String	设置 label 元素的显示位置，可选值：top 和 left(默认)
name	simple	String	设置表单元素的 name 属性，与 Action 中的属性名对应
value	simple	String	设置表单元素的值
cssClass	simple	String	设置表单元素的 class
cssStyle	simple	String	设置表单元素的 style 属性
required	xhtml	Boolean	设置表单元素为必填项
requiredpositon	xhtml	String	设置必填标记(默认为 *)相对于 label 元素的位置，可选值：left 和 right(默认)
tabindex	simple	String	设置表单元素的 tabindex 属性

除了这些常用的通用属性外，还有很多其他属性。由于篇幅有限，这里就不一一列举了。需要注意的是，表单标签的 name 和 value 属性基本等同于 HTML 组件的 name 和 value，但是也有些不同的地方：表单标签在生成 HTML 的时候，如果标签没有设置 value 属性的话，就会从值栈中按照 name 获取相应的值，把这个值设置成 HTML 组件的 value。简单地说，就是表单标签的 value 在生成 HTML 的时候会自动设置值，其值从值栈中获取。关于值栈问题将在第 5 章进行讲解。

4.5.2 <s:form>标签

<s:form>标签用来呈现 HTML 语言中的表单元素，其常用属性如表 4-5 所示。

表 4-5 <form>标签的常用属性及描述

属 性 名	是否必填	类型	说 明
action	否	String	指定提交时对应的 action，不需要. action 后缀
enctype	否	String	HTML 表单 enctype 属性
method	否	String	HTML 表单 method 属性
namespace	否	String	所提交 action 的命名空间

在使用<s:form>标签时，一般会包含其他的表单元素，如<s:textfield>、<s:radio>等

标签，通过这些表单元素对应的 name 属性，在提交表单时，将其作为参数传入 Struts2 框架进行处理。

4.5.3　<s:submit>标签

<s:submit>标签主要用于产生 HTML 中的提交按钮，该表单元素中，可以指定提交时的 Action 对应的方法。通常与<s:form>标签一起使用，该标签的常用属性如表 4-6 所示。

表 4-6　<s:submit>标签的常用属性

属性名	是否必填	类型	说　明
action	否	String	指定提交时对应的 action
method	否	String	指定 action 中调用的方法

4.5.4　<s:textfield>标签和<s:textarea>标签

<s:textfield>和<s:textarea>标签的作用比较相似，都用于创建文本框，区别在于<s:textfield>创建的是单行文本框，而<s:textarea>创建的是多行文本框。二者使用也比较简单，一般指定其 label 和 name 属性即可。两个标签的用法如下所示：

<s:textfield>标签的用法：

```
<s:textfield label="用户名" name="username"/>
```

<s:textarea>标签的用法：

```
<s:textarea label="描述" name="description"/>
```

name 属性用来指定单行/多行文本框的名称，在 Action 中，通过该属性获取单行/多行文本框的值。其 value 属性用来指定单行/多行文本框的当前值。

此外，<s:textarea>标签可以通过使用 cols 和 rows 属性分别指定多行文本框的列数和行数。

4.5.5　<s:password>标签

<s:password>标签用于创建一个密码输入框，它可以生成 HTML 中的<input type="password"/>标签，常用于在登录表单中输入用户的登录密码。<s:password>标签的常用属性说明如表 4-7 所示。

表 4-7　<s:password>标签的常用属性说明

属性名	说　明
name	用于指定密码输入框的名称
size	用于指定密码输入框的显示宽度，以字符数为单位
maxlength	用于限定密码输入框的最大输入字符串个数
showPassword	是否显示初始值，即使显示也仍为密文显示，用掩码代替

<s:password>标签的使用方法如下所示：

```
<s:password label="password" name="password" maxlength="15"/>
```

需要注意的是，Struts2 的<s:password>标签与 HTML 的<input type="password"/>标签有小小的不同，<input type="password"/>标签只要设置 value 属性就可以将 value 属性的值作为默认显示值；而 Struts2 的<s:password>标签除了要设置 value 属性，还要设置 showPassword 属性为 true。

4.5.6 <s:radio>标签

<s:radio>标签用于创建单选按钮，生成 HTML 中的<input type="radio"/>标签。<s:radio>标签的常用属性说明如表 4-8 所示。

表 4-8 <s:radio>标签的属性及说明

属性名	是否必填	类型	说明
list	是	Cellection，MapEnmumeration，Iterator，array	用于生成单选框中的集合
listKey	否	String	指定集合对象中的哪个属性作为选项的 value
listValue	否	String	指定集合对象中的哪个属性作为选项的内容

表 4-8 中的三个属性必须配合使用，由 list 属性指定从集合中获得元素，由 listKey 属性指定获得元素之后使用元素的哪个属性作为生成<input type="radio"/>的 value 属性，由 listValue 属性指定生成的<input type="radio"/>后给用户看的文字。

接下来，通过一个简单的用户注册案例来演示<s:form>标签、<s:textfield>标签、<s:textarea>标签和<s:radio>标签的使用。

在 chapter04 项目中，创建 register.jsp 页面，如文件 4-5 所示。

文件 4-5 register.jsp

```
<%@page language="java" contentType="text/html; charset=UTF-8"
    pageEncoding="UTF-8"%>
<%@taglib prefix="s" uri="/struts-tags"%>
<!DOCTYPE html PUBLIC "-//W3C//DTD HTML 4.01 Transitional//EN"
                    "http://www.w3.org/TR/html4/loose.dtd">
<html>
<head>
<meta http-equiv="Content-Type" content="text/html; charset=UTF-8">
<title>注册</title>
</head>
<body>
<s:form action="login" >
    <s:textfield label="用户名" name="username"/>
    <s:password label="密码" name="password1"/>
    <s:password label="确认密码" name="password2"/>
<s:radio name="sex" label="性别" list="#{'0':'男','1':'女'}" value="0"/>
```

```
        <s:textarea label="个性签名" name="description" rows="5" cols="15"/>
        <s:submit value="提交"/>
    </s:form>
    </body>
    </html>
```

在文件 4-5 中，分别使用了<s:form>、<s:textfield>、<s:textarea>、<s:password>、<s:submit>和<s:radio>6 种标签。其中<s:radio>标签中，使用 list 元素定义了一个 Map 集合，并使用 value 元素指定其默认显示值为“男”，其 0 值代表集合中 key 为 0 的元素。在浏览器地址栏输入“http://localhost:8080/chapter04/register.jsp”，成功访问后，浏览器的显示结果如图 4-6 所示。

图 4-6　注册页

4.5.7　<s:checkbox>标签

<s:checkbox>标签用于创建复选框，产生 HTML 中的<input type=“checkbox”/>标签。该标签通过 name 属性指定其 name，然后通过用户操作返回一个 boolean 类型的值。<s:checkbox>标签的属性说明如表 4-9 所示。

表 4-9　<s:checkbox>标签的属性及说明

属性名	是否必填	类型	说　明
name	否	String	指定该元素的 name
value	否	String	指定该元素的 value
label	否	String	生成一个 label 元素
fieldValue	否	String	指定真实的 value 值，会屏蔽 value 属性值

<s:checkbox>标签的使用方法如下所示：

```
<s:checkbox label="用户" name="user" value="true" fieldValue="user"/>
```

上述代码中，value 属性值是一个“假值”，用来表示复选框是否被选中，如果 value 的值为“true”，其选中框为选中状态，默认情况下 value 的值为“false”，选中框为不选中状态。fieldValue 属性值才是真值，表示提交表单时 name 对应的值。接下来，在项目 chapter04 中创建 checkboxTags.jsp 页面，演示<s:checkbox>标签的使用，如文件 4-6 所示。

文件 4-6 checkboxTags.jsp

```
<%@page language="java" contentType="text/html; charset=UTF-8"
    pageEncoding="UTF-8"%>
<%@taglib prefix="s" uri="/struts-tags"%>
<!DOCTYPE html PUBLIC "-//W3C//DTD HTML 4.01 Transitional//EN"
                    "http://www.w3.org/TR/html4/loose.dtd">
<html>
<head>
<meta http-equiv="Content-Type" content="text/html; charset=UTF-8">
<title>checkboxTags</title>
</head>
<body>
    <s:form action="" >
     <s:checkbox label="普通用户" name="role_user" value="true"
                 fieldValue="role_user"/>
     <s:checkbox label="管理员" name="role_admin"
                 fieldValue="role_admin"/>
    </s:form>
</body>
</html>
```

在文件 4-6 中，创建了两个<s:checkbox>标签，第一个<s:checkbox>标签的 value 属性设置为 true，即默认为选中状态。在浏览器地址栏输入“http://localhost:8080/chapter04/checkboxTags.jsp”，成功访问后，浏览器的显示结果如图 4-7 所示。

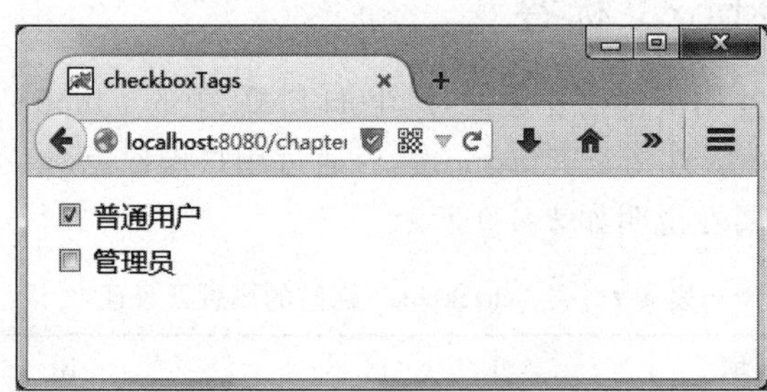

图 4-7 <s:checkbox>标签的使用

4.5.8 <s:checkboxlist>标签

<s:checkboxlist>标签用于一次性创建多个复选框，用户可以选择创建零到多个，它用来产生一组<input type="checkbox"/>标签，<s:checkboxlist>标签的常用属性说明如表 4-10 所示。

表 4-10　<s:checkboxlist>标签的常用属性及说明

属性名	是否必填	类　型	说　明
name	否	String	指定该元素的 name
list	是	Cellection,MapEnmumeration,Iterator,array	用于生成多选框的集合
listKey	否	String	生成 checkbox 的 value 属性
listValue	否	String	生成 checkbox 后面显示的文字

需要注意的是,listKey 和 listValue 属性主要用在集合中,其中存放的是 javabean,可以使用这两个属性从 javabean 众多属性中筛选需要的值。

接下来,在 chapter04 项目中创建一个名称为 checkboxlistTags. jsp 的页面,演示<s:checkboxlist>标签的使用,如文件 4-7 所示。

文件 4-7　checkboxlistTags. jsp

```
<%@page language="java" contentType="text/html; charset=UTF-8"
    pageEncoding="UTF-8"%>
<%@taglib prefix="s" uri="/struts-tags"%>
<!DOCTYPE html PUBLIC "-//W3C//DTD HTML 4.01 Transitional//EN"
                   "http://www.w3.org/TR/html4/loose.dtd">
<html>
<head>
<meta http-equiv="Content-Type" content="text/html; charset=UTF-8">
<title>注册</title>
</head>
<body>
    <s:form>
      <s:checkboxlist label="爱好" name="interesters"
              list="{'足球','篮球','游泳'}" labelposition="left"/>
      <s:checkboxlist label="课程" name="education"
              list="#{'a':'语文','b':'数学','c':'外语'}"
              labelposition="left" listKey="key" listValue="value"/>
    </s:form>
</body>
</html>
```

在文件 4-7 中,创建了两个<s:checkboxlist>标签,标签中,list 表示要显示的集合元素,通过 labelposition 属性将 label 属性的文字内容显示在标签左侧。在浏览器地址栏输入"http://localhost:8080/chapter04/checkboxlistTags. jsp",成功访问后,浏览器的运行效果如图 4-8 所示。

4.5.9　<s:select>标签

<s:select>标签用于创建一个下拉列表框,生成 HTML 中的<select>标签。<s:select>标签的常用属性说明如表 4-11 所示。

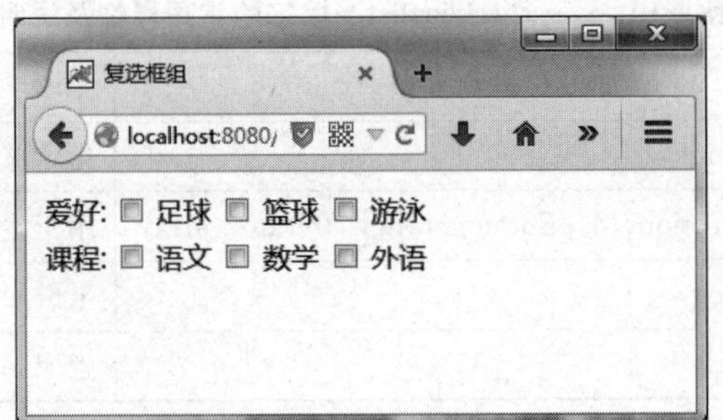

图 4-8 <s:checkboxlist>标签的使用

表 4-11 <s:select>标签的常用属性及说明

属性名	是否必填	类型	说明
list	是	Cellection,MapEnmumeration,Iterator,array	用于生成下拉框的集合
listKey	否	String	生成选项的 value 属性
listValue	否	String	生成选项的显示文字
headerKey	否	String	在所有的选项前再加额外的一个选项作为其标题的 value 值
headerValue	否	String	显示在页面中 header 选项的内容
multiple	否	Boolean	指定是否多选,默认为 false
emptyOption	否	Boolean	是否在标题和真实的选项之间加一个空选项
size	否	Integer	下拉框的高度,即最多可以同时显示多少个选项

在表 4-11 中,headerKey 和 headerValue 属性需要同时使用,可以在所有的真实选项之前加一项作为标题项。例如选择省份的时候,可以在所有的具体省份之前加一项"请选择",这个项不作为备选的值。

multiple 属性和 size 属性类似于 HTML 的<select>标签,size 属性可以让下拉框同时显示多个值,multiple 属性让用户同时选择多个值,只是在后台的 Action 接收下拉框值的时候,不能使用 String 类型,而应该使用 String[]或者 List<String>。

4.5.10 <s:optgroup>标签

<s:optgroup>标签用来生成选项组,经常与<s:select>标签联用。在下拉列表框中可以包含多个选项组,所以<s:select>标签能够包含多个<s:optgroup>标签。<s:optgroup>标签的 label 属性表示选项组的组名,选项组的组名是不能被选中的。

接下来,在项目 chapter04 中创建一个名称为 OptgroupTags.jsp 页面,演示<s:optgroup>标签的使用,如文件 4-8 所示。

文件 4-8 OptgroupTags.jsp

```
<%@page language="java" contentType="text/html; charset=UTF-8"
```

```
    pageEncoding="UTF-8"%>
<%@taglib prefix="s" uri="/struts-tags"%>
<!DOCTYPE html PUBLIC "-//W3C//DTD HTML 4.01 Transitional//EN"
                    "http://www.w3.org/TR/html4/loose.dtd">
<html>
<head>
<meta http-equiv="Content-Type" content="text/html; charset=UTF-8">
<title>optgroup</title>
</head>
<body>
<s:form action="" >
    <s:select label="选择所学内容" name="course"
        list="#{'java web':'java web','数据库':'数据库'}"
        listKey="value" listValue="key">
    <s:optgroup label="Java web"
        list="#{'jsp':'jsp','servlet':'servlet','javaBean':'javaBean'}"
        listKey="value" listValue="key"/>
    <s:optgroup label="数据库"
        list="#{'mysql':'mysql','Oracle':'Oracle','DB2':'DB2'}"
        listKey="value" listValue="key"/>
    </s:select>
</s:form>
</body>
</html>
```

在文件 4-8 中，首先使用了<s:select>标签创建下拉列表框，然后在该标签中，两次使用了<s:optgroup>标签，得到两个选项组，在浏览器地址栏中输入“http://localhost:8080/chapter04/OptgroupTags.jsp”，成功访问后，浏览器的运行结果如图 4-9 所示。

图 4-9　Optgroup 标签的使用

4.5.11　<s:file>标签

<s:file>标签用于创建一个文件选择框，生成 HTML 中的<input type=“file”/>标签，该标签常用的属性及描述如表 4-12 所示。

表 4-12 <s:file>标签常用的属性及描述

属性名	是否必填	类型	说　明
name	否	String	指定表单元素名
accept	否	String	指定可接收的文件 MIME 类型，默认为 input

<s:file>标签的一般用法如下代码所示：

```
<s:file name="upLoadFile" accept="text/*"/>
<s:file name="otherUploadFile" accept="text/html,text/plain"/>
```

4.5.12 <s:hidden>标签

<s:hidden>标签用于创建隐藏表单元素，生成 HTML 中的隐藏域标签<input type="hidden">。该标签在页面上没有任何显示，可以保存或交换数据。其使用也比较简单，通常只设置其 name 和 value 属性即可。其一般用法如下所示：

```
<s:hidden name="id" value="%{id}"/>
```

该标签主要用来将需要提交的表单进行传值时使用，比如需要提交表单时，要传一个值到请求参数中去，就可以使用该标签。

4.5.13 <s:reset>标签

<s:reset>标签用来创建一个重置按钮，会生成 HTML 中的<input type="reset"/>标签，该标签的使用比较简单，其常用属性为 name 和 value。其中，name 属性用于指定重置按钮的名称，在 Action 中，可以通过 name 属性来获取重置按钮的值，value 属性用于显示按钮的值。该标签的用法如下所示：

```
<s:reset value="Reset"/>
<s:reset name="reset" value="重置"/>
```

接下来，通过一个页面注册的案例来演示 Struts2 中表单标签的使用。在 chapter04 项目的 WebContent 目录下创建一个名称为 userRegister.jsp 的文件，如文件 4-9 所示。

文件 4-9 userRegister.jsp

```
<%@page language="java" contentType="text/html; charset=UTF-8"
    pageEncoding="UTF-8"%>
<%@taglib prefix="s" uri="/struts-tags"%>
<!DOCTYPE html PUBLIC "-//W3C//DTD HTML 4.01 Transitional//EN"
                    "http://www.w3.org/TR/html4/loose.dtd">
<html>
<head>
<meta http-equiv="Content-Type" content="text/html; charset=UTF-8">
<title>用户注册</title>
</head>
<body>
```

```
<s:form action="register">
    <s:hidden  name="user"  value="username"/>
    <s:textfield label="用户名" name="username" />
    <s:password label="密码" name="password1" />
    <s:password label="确认密码" name="password2" />
    <s:radio name="sex" label="性别"
                              list="#{'0':'男','1':'女'}" value="0" />
    <s:checkboxlist label="爱好" name="interesters"
                      list="{'足球','篮球','游泳'}" labelposition="left" />
    <s:select label="所在城市" name="city"
        list="#{'beijing':'北京','shanghai':'上海市','guangzhou':'广州'}"
          listKey="key" listValue="value">
    </s:select>
    <s:textarea label="个性签名" name="description" rows="5" cols="15" />
    <s:file name="upLoadFile" label="头像"/>
    <s:reset  value="重置"/>
    <s:submit value="提交" />
</s:form>
</body>
</html>
```

在文件 4-9 中，分别使用了 4.5 节中所讲解的标签来实现不同的功能。启动 Tomcat 服务器，在浏览器地址栏中输入“http://localhost:8080/chapter04/userRegister.jsp”，成功访问后，浏览器的显示效果如图 4-10 所示。

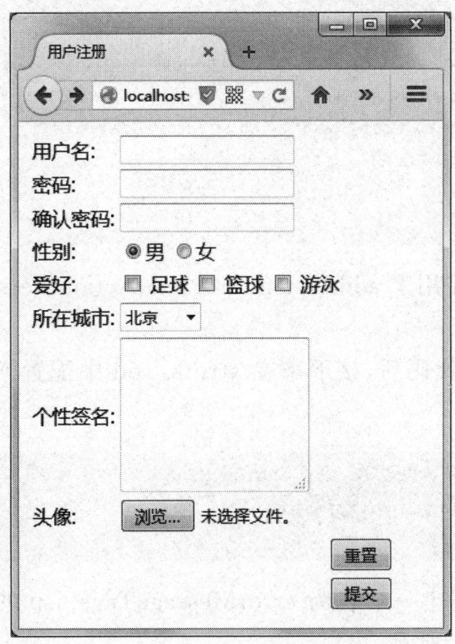

图 4-10　表单标签的使用

4.6 Struts2 的非表单标签

Struts2 的非表单标签主要用来在页面中生成非表单的可视化元素，输出在 Action 中封装的信息，如输出一些错误提示信息等，这些标签给程序开发带来了很多便捷。如<s:actionerror>、<s:actionmessage>和<s:fielderror>标签，分别用于显示动作错误信息、动作信息和字段错误信息。如果信息为空，则不显示。各标签的具体功能介绍如下所示：

- <s:actionerror>标签：如果 action 实例的 getActionError()方法返回不为 null，则该标签负责输出该方法返回的系列错误。
- <s:actionmessage>标签：如果 action 实例的 getActionMessage()方法返回不为 null，则该标签负责输出该方法返回的系列消息。
- <s:fielderror>标签：如果 Action 实例存在表单域的类型转换错误、校验错误，则该标签负责输出这些错误提示。

接下来通过一个具体案例来演示这三个标签的使用，如下所示：

首先在 chapter04 项目中，新建一个名称为 cn. itcast. action 的包，并在包中建立名为 MsgAction 的类，如文件 4-10 所示。

文件 4-10 MsgAction. java

```
package cn.itcast.action;
import com.opensymphony.xwork2.ActionSupport;
public class MsgAction extends ActionSupport{
    public String execute()throws Exception {
        this.addActionError("This is actionerror");
        this.addActionMessage("this is actionmessage");
        this.addFieldError("msg", "this is fielderror");
        return SUCCESS;
    }
}
```

在文件 4-10 中，分别使用了 addActionError、addActionMessage 和 addFieldError 三个方法来输出错误信息。

写完 MsgAction 类的代码后，接下来在 struts. xml 中配置 MsgAction 类，其配置代码如下所示：

```
<action name="msg" class="cn.itcast.action.MsgAction">
    <result>/errorMessageTags.jsp</result>
</action>
```

在 chapter04 项目中创建一个名为 errorMessageTags. jsp 的页面，在页面中使用标签输出相关消息，如文件 4-11 所示。

文件 4-11 errorMessageTags. jsp

```
<%@page language="java" contentType="text/html; charset=UTF-8"
    pageEncoding="UTF-8"%>
<%@taglib prefix="s" uri="/struts-tags"%>
```

```
<!DOCTYPE html PUBLIC "-//W3C//DTD HTML 4.01 Transitional//EN"
                    "http://www.w3.org/TR/html4/loose.dtd">
<html>
<head>
<meta http-equiv="Content-Type" content="text/html; charset=UTF-8">
<title>errorTags</title>
</head>
<body>
    <s:actionerror/>
    <s:actionmessage/>
    <s:fielderror value="msg"/><!--有无 value 效果一样 -->
</body>
</html>
```

在浏览器地址栏中输入"http://localhost:8080/chapter04/msg",成功访问后,浏览器的运行结果如图 4-11 所示。

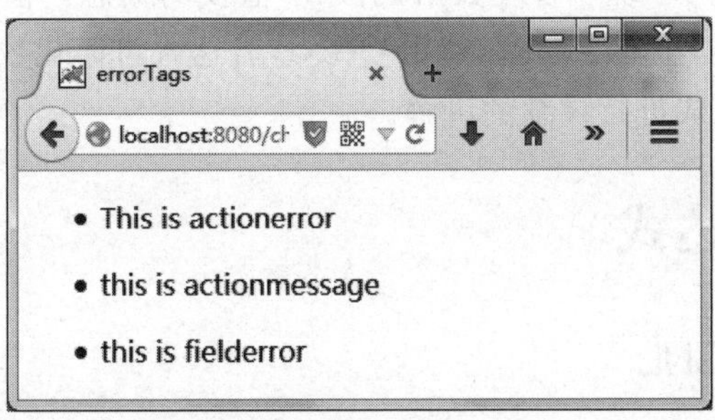

图 4-11　错误信息提示标签

从图 4-11 中可以看到,页面中的 3 个标签分别输出了 action 中相应的提示信息。

4.7　本章小结

本章主要讲解了 Struts2 标签库中常用的标签,其中详细讲解了 Struts2 的控制标签、数据标签、表单标签和非表单标签中的常用标签的作用和意义,并用详细的代码演示了这些标签的使用效果。通过本章的学习,读者可以很好地运用 Struts2 标签库的标签开发出功能强大的视图页面。

【思考题】

1. 请列举 Struts2 的内置主题,并简述它们各自的效果。
2. 请简述 Struts2 标签库中＜s:iterator＞标签的作用及标签属性。

扫描右方二维码,查看思考题答案!

第 5 章 OGNL表达式和值栈

学习目标

- 掌握 OGNL 表达式及其基本使用方法
- 掌握什么是值栈、值栈的内部结构、值栈在开发中的应用
- 了解 EL 为什么能访问值栈中的数据

在 Struts2 框架中，为了统一管理数据，引入了值栈的概念。值栈就是对应每一个请求对象的轻量级的内存数据中心。同时，使用 OGNL 表达式可简化数据的访问操作。本章将针对值栈和 OGNL 表达式进行详细的讲解。

5.1 OGNL 表达式

5.1.1 什么是 OGNL

OGNL 的全称是对象图导航语言(Object-Graph Navigation Language)，它是一种功能强大的开源表达式语言，使用这种表达式语言，可以通过某种表达式语法，存取 Java 对象的任意属性，调用 Java 对象的方法，同时能够自动实现必要的类型转换。如果把表达式看作是一个带有语义的字符串，那么 OGNL 无疑成为这个语义字符串与 Java 对象之间沟通的桥梁。

Struts2 默认的表达式语言就是 OGNL，它具有以下特点：

- 支持对象方法调用。例如：objName.methodName()。
- 支持类静态方法调用和值访问，表达式的格式为@[类全名(包括包路径)]@[方法名 | 值名]。例如：@java.lang.String@format('foo %s', 'bar')。
- 支持赋值操作和表达式串联。

例如：price=100，discount=0.8，在方法 calculatePrice()中进行乘法计算会返回 80。

- 访问 OGNL 上下文(OGNL context)和 ActionContext。
- 操作集合对象。

了解了什么是 OGNL 及其特点后，接下来分析一下 OGNL 的结构。OGNL 的操作实际上就是围绕着 OGNL 结构的三个要素而进行的，分别是表达式(Expression)、根对象(Root Object)、上下文环境(Context)，下面分别讲解这三个要素，具体如下。

1. 表达式

OGNL 的 getValue()方法中有两个参数：第一个参数是表达式。表达式是整个 OGNL

的核心，OGNL 会根据表达式去对象中取值。所有 OGNL 操作都是针对表达式解析后进行的。它表明了此次 OGNL 操作要“做什么”。表达式就是一个带有语法含义的字符串，这个字符串规定了操作的类型和操作的内容。OGNL 支持大量的表达式语法，不仅支持这种“链式”对象访问路径，还支持在表达式中进行简单的计算。

2. 根对象(Root)

OGNL 的 getValue()方法中的第二个参数就是 Root 对象，Root 对象可以理解为 OGNL 的操作对象，表达式规定了“做什么”，而 Root 对象则规定了“对谁操作”。OGNL 称为对象图导航语言，所谓对象图，即以任意一个对象为根，通过 OGNL 可以访问与这个对象关联的其他对象。为了让大家更好地理解 Root 对象，接下来通过一个案例进行说明。

(1) 在 Eclipse 中创建一个名称为 chapter05 的 Web 项目，在项目的 WEB-INF/lib 目录中添加 Struts2 所需的 JAR 包，然后在项目的 src 目录下创建一个名称为 cn.itcast.chapter05.ognl 的包，在包中新建一个名称为 Branch.java 的类文件，如文件 5-1 所示。

文件 5-1　Branch.java

```
package cn.itcast.chapter05.ognl;
public class Branch {
    private String branchId;
    public String getBranchId(){
        return branchId;
    }
    public void setBranchId(String branchId){
        this.branchId=branchId;
    }
}
```

在文件 5-1 中，定义了一个 String 类型的 baranchId 属性，以及它的 getter 和 setter 方法。

(2) 在 cn.itcast.chapter05.ognl 包中创建一个名称为 Group 的实体类，如文件 5-2 所示。

文件 5-2　Group.java

```
package cn.itcast.chapter05.ognl;
public class Group {
    private String name;
    private Branch branch;
    public String getName(){
       return name;
    }
    public void setName(String name){
       this.name=name;
    }
    public Branch getBranch(){
        return branch;
    }
```

```
    public void setBranch(Branch branch){
        this.branch=branch;
    }
}
```

在文件 5-2 中，定义了一个 String 类型的 name 属性和 Branch 类型的 branch 属性，以及它们的 getter 和 setter 方法。

(3) 在 cn. itcast. chapter05. ognl 包中创建一个名称为 User 的实体类，如文件 5-3 所示。

文件 5-3 User. java

```
package cn.itcast.chapter05.ognl;
public class User {
    private String username;
    private Group group;
      public String getUsername(){
      return username;
    }
    public void setUsername(String username){
      this.username=username;
    }
    public Group getGroup(){
      return group;
    }
    public void setGroup(Group group){
      this.group=group;
    }
}
```

在文件 5-3 中，包含一个 String 类型的 username 属性和 Group 类型的 group 属性，以及它们的 getter 和 setter 方法。

(4) 在 cn. itcast. chapter05. ognl 包中创建一个名称为 TestOgnl 的类，如文件 5-4 所示。

文件 5-4 TestOgnl. java

```
package cn.itcast.chapter05.ognl;
import ognl.Ognl;
import ognl.OgnlException;
public class TestOgnl {
    public static void main(String[] args)throws OgnlException {
        User user=new User();
        Group g=new Group();
        Branch b=new Branch();
        b.setBranchId("BRANCHID");
        g.setBranch(b);
        user.setGroup(g);
        //用 Java 来导航访问
        System.out.println("java 方式-"
```

```
                +user.getGroup().getBranch().getBranchId());
        //利用 OGNL 表达式访问
        System.out.println("OGNL 方式-"
                +(String)Ognl.getValue("group.branch.branchId", user));
    }
}
```

在文件 5-4 中，分别创建了 User、Group 和 Branch 三个对象，然后将 Branch 对象的 branchId 属性设值为 BRANCHID，再将 Branch 对象放到 Group 对象中，并将 Group 对象放到 User 对象中。最后通过 Java 访问方式和 OGNL 表达式方式分别获取 branchId 的属性值。

运行 TestOgnl 类，控制台输出的结果如图 5-1 所示。

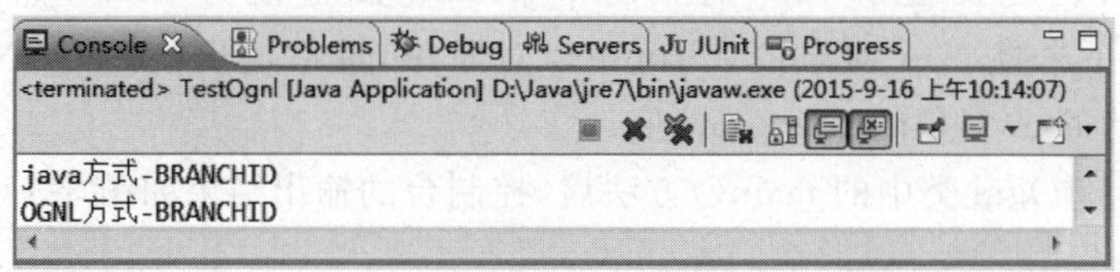

图 5-1　输出结果

从图 5-1 中可以看出，使用两种方式都获取到了 branchId 的值。在上述代码的 OGNL 表达式输出中，Ognl.getValue()方法的第一个参数，就是一条 OGNL 表达式，第二个参数是指定在表达式中需要用到的 root 对象。以 User 对象为根的对象图如图 5-2 所示。

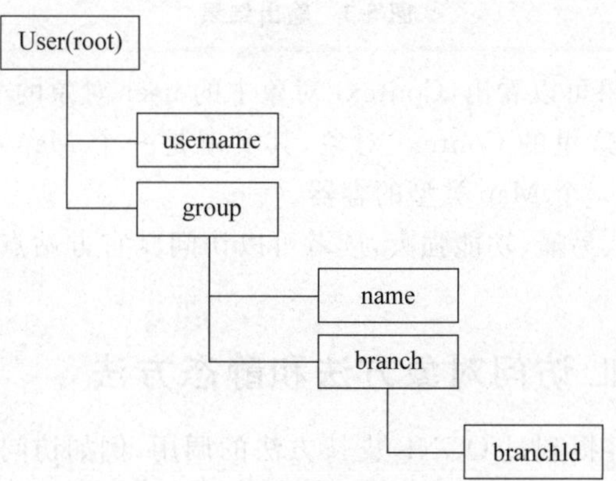

图 5-2　以 User 对象为根的对象图

在实际开发中，这个对象图可能会极其复杂，但是通过基本的 getter 方法，都能够访问到某个对象的其他关联对象。

3. Context 对象

实际上 OGNL 的取值还需要一个上下文环境。设置了 Root 对象，OGNL 可以对 Root 对象进行取值或写值等操作，Root 对象所在环境就是 OGNL 的上下文环境(Context)。上下文环境规定了 OGNL 的操作“在哪里进行”。上下文环境 Context 是一个 Map 类型的对象，在表达式中访问 Context 中的对象，需要使用“#”号加上对象名称，即“#对象名称”的形式。下面通过一个案例来演示，如何使用OGNL表达式获取Context对象中的内容。

在文件5-4的main()方法第18行代码下添加如下代码：

```
//设置 user 对象的 username 的属性值为 itcast
user.setUsername("itcast");
//创建 context 对象
Map context=new HashMap();
//将 user 对象放入 context 对象中
context.put("u", user);
//输出使用 OGNL 表达式获取 context 对象中的 user 对象的 username 值
System.out.println("获取 Context 中数据结果为-"
    +(String)Ognl.getValue("#u.username", context,user));
```

上述代码中，首先设置了user对象的username属性值为itcast，然后创建了一个context对象，接下来将user对象放入context对象中，最后输出使用OGNL表达式获取context对象中的user对象的username值。

再次运行TestOgnl类中的main()方法后，控制台的输出结果如图5-3所示。

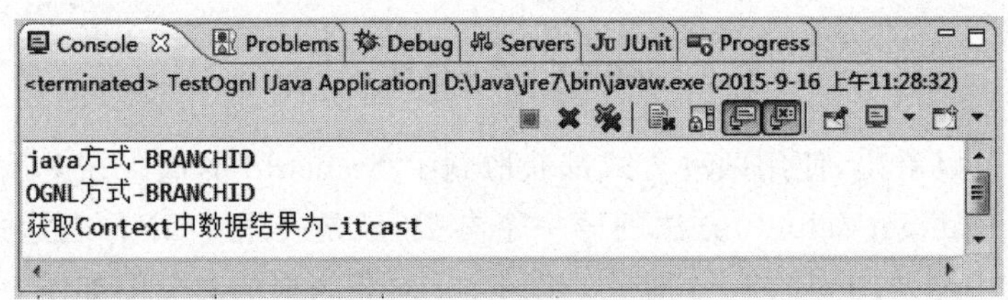

图5-3 输出结果

由图5-3的输出结果可以看出，Context对象中的user对象的username属性值已被成功取出，需要注意的是，这里的Context对象，其实就是一个Map类型的对象，也就是说，OGNL上下文其实就是一个Map类型的容器。

OGNL表达式简单、易懂、功能强大，读者可以访问其官方站点www.ognl.org获取更多相关资料。

5.1.2 使用OGNL访问对象方法和静态方法

在5.1.1节中，已经提到过OGNL支持方法的调用，例如访问对象方法和访问静态方法，这里结合一些案例来演示OGNL是如何调用方法的。

1. OGNL访问对象方法

OGNL表达式是通过“对象名.方法名()”的形式来调用对象方法表达式的，如果是调用根对象的方法，可以直接使用方法的名称来调用，其调用语法如下所示：

```
Ognl.getValue("方法名", 对象名);
```

上述语法是OGNL表达式在Java代码中取值时使用的语法，OGNL表达式还可以在JSP页面中使用，后面讲解静态方法调用时会有介绍，这里不做过多的描述。其实无论OGNL表达式以哪种方式取值或者调用方法，最终都是调用其本身的getValue()方法。接下来，通过一个案例来演示，OGNL 如何在 Java 代码中调用对象方法。

在 chapter05 项目的 cn. itcast. chapter05. ognl 包中创建一个名为 TestOgnl01 的类，如文件 5-5 所示。

文件 5-5　TestOgnl01. java

```
package cn.itcast.chapter05.ognl;
import ognl.Ognl;
import ognl.OgnlException;
public class TestOgnl01 {
    public static void main(String[] args)throws OgnlException {
        //创建 user 对象
        User user=new User();
        //将 user 对象的 username 属性设值为 itcast
        user.setUsername("itcast");
        //使用 OGNL 表达式获取 user 对象的 username 值
        System.out.println("username="
                        +(String)Ognl.getValue("getUsername()", user));
    }
}
```

在文件 5-5 的输出语句中，使用了 OGNL 表达式的方式来获取 user 对象中的 username 属性值，运行 main()方法后，控制台的输出结果如图 5-4 所示。

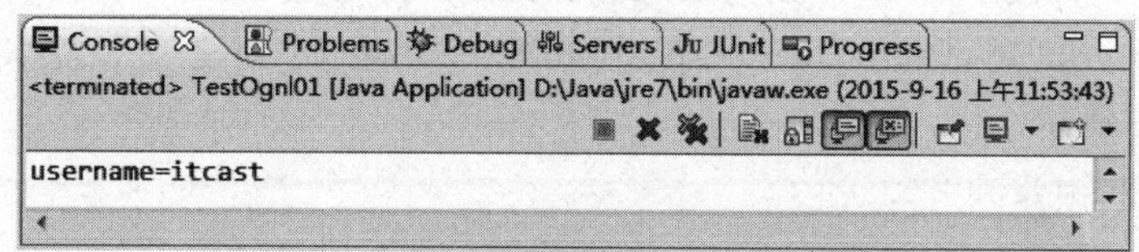

图 5-4　使用 OGNL 调用对象的输出结果

从图 5-4 的输出结果可以看出，User 对象的 username 属性值被成功取出了。那么如果根对象关联其他对象的方法时要怎么调用呢？下面通过一个小案例来演示根对象关联其他对象方法的调用。

在文件 5-5 的 main()方法中添加如下代码：

```
Group g=new Group();                        //创建 Group 对象
g.setName("gjcpyab");                       //设置 Group 对象的 name 值
user.setGroup(g);                           //将 Group 对象添加到 user 对象中
//输出 Group 对象中的 name 值
System.out.println("groupName="+(String)Ognl.getValue("getGroup().getName()", user));
```

上述代码的输出语句中，调用了 user 根对象的 getGroup()方法得到 group 对象，然后调用 group 对象的 getName()方法，获取 user 对象中 group 对象的 name 属性值。运行 TestOgnl01. java 类的 main()方法后，控制台的输出结果如图 5-5 所示。

2. OGNL 访问静态方法和静态属性

OGNL 同时支持静态方法和静态属性的调用，其语法格式如下：

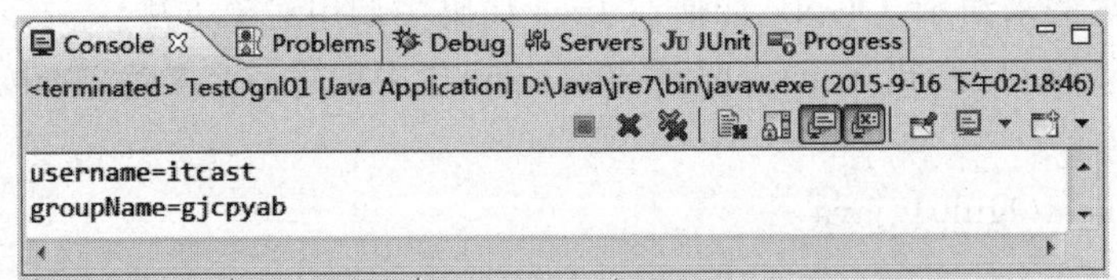

图 5-5 根对象关联其他对象方法时的输出结果

```
@类的全路径名@方法名称(参数列表)
@类的全路径名@属性名称
```

需要注意的是，在低版本的 Struts2 中，默认开启了访问类静态方法的支持，但是高版本的 Struts2 中，默认是关闭了这项支持的，也就是说，要想访问类的静态方法，需要手动开启设置。其开启方法是在 struts. xml 中进行如下配置，配置方式如下所示：

```
<constant name="struts.ognl.allowStaticMethodAccess" value="true">
</constant>
```

在上述代码中，配置了一个名称为“struts. ognl. allowStaticMethodAccess”的常量，并将其值设置为 true，这就表示开启访问静态方法的支持。需要注意的是，在 Struts2 中，OGNL 表达式需要配合 Struts2 标签才可以使用，如：＜s:property value＝"name"/＞。接下来通过一个案例来演示 OGNL 如何访问静态方法和静态属性。

(1) 在 chapter05 项目的 cn. itcast. chapter05. ognl 包中，创建一个名称为 TestOgnl02 的类，如文件 5-6 所示。

文件 5-6 TestOgnl02 . java

```
package cn.itcast.chapter05.ognl;
public class TestOgnl02 {
    //静态属性
    public static String staticvalue="get staticvalue success";
    //静态方法
    public static void testMethod(){
        System.out.println("A static method call success ");
    }
}
```

在文件 5-6 中，首先创建了一个 String 类型的静态属性 staticvalue，并将其属性值设为"get staticvalue success"，然后创建了一个静态方法，在方法中输出打印信息。

(2) 在项目的 src 下，新建一个名称为 struts. xml 的配置文件，用于开启对静态方法访问的支持，如文件 5-7 所示。

文件 5-7 struts. xml

```
<?xml version="1.0" encoding="UTF-8" ?>
<!DOCTYPE struts PUBLIC
    "-//Apache Software Foundation//DTD Struts Configuration 2.3//EN"
    "http://struts.apache.org/dtds/struts-2.3.dtd">
<struts>
```

```
    <!--  开启访问静态方法的支持 -->
    <constant name="struts.ognl.allowStaticMethodAccess" value="true" />
</struts>
```

(3) 在 WEB-INF 目录下,新建一个名称为 web.xml 的文件,在该文件中加入 Struts2 的核心过滤器信息,如文件 5-8 所示。

文件 5-8　web.xml

```
<?xml version="1.0" encoding="UTF-8"?>
<web-app xmlns:xsi="http://www.w3.org/2001/XMLSchema-instance"
        xmlns="http://java.sun.com/xml/ns/javaee"
        xmlns:web="http://java.sun.com/xml/ns/javaee/web-app_2_5.xsd"
        xsi:schemaLocation="http://java.sun.com/xml/ns/javaee
        http://java.sun.com/xml/ns/javaee/web-app_3_0.xsd"
        version="3.0">
  <filter>
    <filter-name>struts2</filter-name>
    <filter-class>
  org.apache.struts2.dispatcher.ng.filter.StrutsPrepareAndExecuteFilter
    </filter-class>
  </filter>
  <filter-mapping>
    <filter-name>struts2</filter-name>
    <url-pattern>/*</url-pattern>
  </filter-mapping>
  <welcome-file-list>
    <welcome-file>index.jsp</welcome-file>
  </welcome-file-list>
</web-app>
```

(4) 在 WebContent 目录下,创建一个名称为 index.jsp 的页面,如文件 5-9 所示。

文件 5-9　index.jsp

```
<%@page language="java" contentType="text/html; charset=UTF-8"
    pageEncoding="UTF-8"%>
<%@taglib prefix="s" uri="/struts-tags"%>
<!DOCTYPE html PUBLIC "-//W3C//DTD HTML 4.01 Transitional//EN"
                    "http://www.w3.org/TR/html4/loose.dtd">
<html>
<head>
 <title>首页</title>
</head>
<body>
    静态属性值为:
<s:property value="@cn.itcast.chapter05.ognl.TestOgnl02@staticvalue"/>
    </br>调用静态方法结果请查看控制台
<s:property value="@cn.itcast.chapter05.ognl.TestOgnl02@testMethod()"/>
</body>
</html>
```

在文件 5-9 中，首先引入了 Struts2 的标签库，然后在其<body>元素内，分别使用 OGNL 访问了 TestOgnl02 类中定义的静态属性 staticvalue 和静态方法 testMethod()。

(5) 启动项目，在浏览器地址栏中输入"http://localhost:8080/chapter05/index.jsp"，成功访问后，浏览器的显示结果如图 5-6 所示。

图 5-6 使用 OGNL 访问静态属性和静态方法的浏览器输出

Eclipse 控制台的输出结果如图 5-7 所示。

图 5-7 使用 OGNL 访问静态属性和静态方法的控制台输出

从图 5-6 和图 5-7 的输出结果可以看出，已成功在页面中使用 OGNL 访问 Java 类中的静态属性和静态方法。

5.2 值栈

5.2.1 什么是值栈

值栈就是 OGNL 表达式存取数据的地方，Struts2 是在有请求到达的时候为每个请求创建一个新的值栈，也就是说值栈和请求是一一对应的，值栈封装了一次请求所需要的所有数据，这种一一对应的关系使值栈能够线程安全地为每个请求提供公共的数据存取服务。

1. 值栈的作用

值栈可以作为一个数据中转站，用于在前台-后台之间传递数据，最典型的做法就是将 Struts2 标签与 OGNL 表达式结合，ValueStack(值栈)实际上是一个接口，在 Struts2 中利用 OGNL 时，实际上使用的是实现了该接口的 OgnlValueStack 类，这个类是 OGNL 的基础。

2. 值栈的生命周期

ValueStack 贯穿整个 Action 的生命周期，每个 Action 类的对象实例都拥有一个 ValueStack 对象，在其中保存当前 Action 对象和其他相关对象。Struts2 框架把 ValueStack 对象保存在名为"struts. valueStack"的 request 属性中，也就是说，ValueStack

与 Action 的生命周期保持一致，ValueStack 的生命周期是随着 request 的创建而创建，随着 request 的销毁而销毁的。

3. 值栈的获取方式

值栈封装了一次请求所需要的所有相关数据，要获取值栈中存储的数据，首先应该获取值栈，值栈有两种获取方式，具体如下。

(1) 在 request 中获取值栈

通过前文可知，ValueStack 对象存储在 request 范围内，名称为 struts. valueStack，也就是说，ValueStack 的存储方式为“request. setAttribute("struts. valueStack",valuestack 对象)”，这样一来就可以从 request 中取出值栈的信息，获取方式如下所示：

```
//获取 ValueStack 对象,通过 request 对象获取
  ValueStack valueStack= (ValueStack)ServletActionContext.getRequest()
          .getAttribute(ServletActionContext.STRUTS_VALUESTACK_KEY);
```

在上述示例代码中，ServletActionContext. STRUTS_VALUESTACK_KEY 这个参数为 ServletActionContext 类中的常量，它的值为 struts. valueStack。

(2) 在 ActionContext 中获取值栈

OGNL 中含有一个上下文对象 Context，程序中可以使用 OGNL 操作这个上下文对象，从 ValueStack 中存储和取出数据，这就说明可以从上下文对象中获取到 ValueStack 对象。在 Struts2 中，这个 Context 对象其实就是 ActionContext。ActionContext 获取 ValueStack 对象的方式如下所示：

```
//通过 ActionContext 获取 valueStack 对象
ValueStack valueStack=ActionContext.getContext().getValueStack();
```

ActionContext 对象是在 StrutsPrepareAndExcuteFilter 的 doFilter()方法中被创建的，查看源码中用于创建 ActionContext 对象的 createActionContext()方法，可以看到在此方法中获取了 ValueStack 对象，并且其中有这样一段代码“ctx = new ActionContext(stack. getContext( ))”，ValueStack 对象中的 Context 对象被作为参数传递给了 ActionContext 对象，也就是说，ActionContext 对象中持有了 ValueStack 对象的引用，因此可以通过 ActionContext 对象获取 ValueStack 对象。

5.2.2 值栈的内部结构

对值栈有了初步的了解后，接下来分析一下值栈的内部结构。在 ValueStack 对象的内部有以下两个逻辑部分。

- ObjectStack(对象栈)：是 CompoundRoot 类型，用 ArrayList 定义，Struts2 把动作和相关对象压入 ObjectStack 中。
- ContextMap(Map 栈)：是 OgnlContext 类型，是个 Map 集合，Struts2 把各种各样的映射关系(一些 Map 类型的对象)压入 ContextMap 中。

接下来，通过运行项目来查看 ValueStack 中的信息。

首先，在 chapter05 项目中，新建一个名称为 cn. itcast. action 的包，在包中新创建一个

名称为 ValueStackAction 的类,在该类中编写了一个获取 ValueStack 对象的方法,如文件 5-10 所示。

文件 5-10 ValueStackAction. java

```
1    package cn.itcast.action;
2    import com.opensymphony.xwork2.ActionContext;
3    import com.opensymphony.xwork2.ActionSupport;
4    import com.opensymphony.xwork2.util.ValueStack;
5    public class ValueStackAction extends ActionSupport {
6        public String execute()throws Exception {
7        //通过 ActionContext 获取 valueStack 对象
8        ValueStack valueStack=ActionContext.getContext().getValueStack();
9            System.out.println(valueStack);
10           return SUCCESS;
11       }
12   }
```

然后,将新建的 action 信息添加到 struts. xml 中,所添加的代码如下所示:

```
<package name="struts2" namespace="/" extends="struts-default">
    <action name="valueStack" class="cn.itcast.action.ValueStackAction">
        <result name="success">index.jsp</result>
    </action>
</package>
```

最后,在文件 5-10 中的第 9 行处设置断点,以 Debug 模式运行项目,然后在浏览器地址栏中输入"http://localhost:8080/chapter05/valueStack. action",成功访问后,Eclipse 进入 Debug 模式。查看 Variables 窗口,可以看到 ValueStack 的结构信息,如图 5-8 所示。

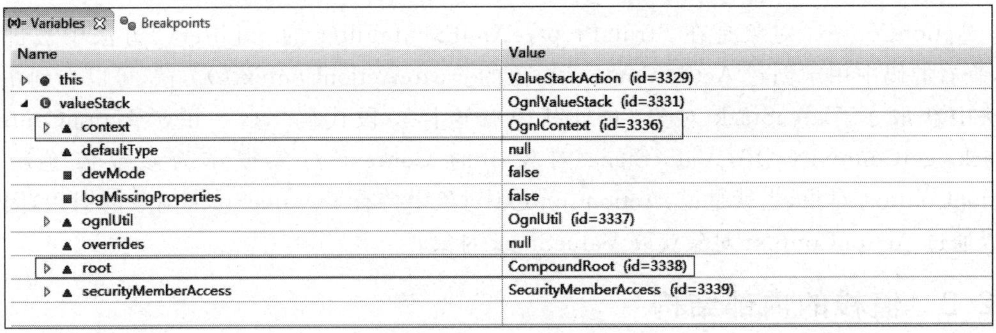

(x)= Variables ⊠ Breakpoints

Name	Value
▷ ● this	ValueStackAction (id=3329)
◢ ● valueStack	OgnlValueStack (id=3331)
▷ ▲ context	OgnlContext (id=3336)
▲ defaultType	null
■ devMode	false
■ logMissingProperties	false
▷ ▲ ognlUtil	OgnlUtil (id=3337)
▲ overrides	null
▷ ▲ root	CompoundRoot (id=3338)
▷ ▲ securityMemberAccess	SecurityMemberAccess (id=3339)

图 5-8 ValueStack 结构

在图 5-8 所示的 ValueStack 结构中,只需关注 context 对象和 root 对象即可。从图中可以看到 context 对象的类型为 OgnlContext,root 对象的类型为 CompoundRoot,分别查看这两个类的源码,可以看到如下语句:

```
OgnlContext extends Object implements MAP
CompoundRoot extends ArrayList
```

从上述两个类的源码可以看出,context 对象实际上是一个 Map,root 对象实际上是一个 ArrayList。也就是前文中提到的 ValueStack 的两个逻辑部分 ObjectStack 对应 ArrayList(root),ContextMap 对应 Map(context)。

一般情况下,在 Struts2 中,root 对象用来存储 Action 的相关信息,同时会把相关映射压入 ContextMap 中,相关映射具体如下。

- parameters:该 Map 中包含当前请求的请求参数。
- request:该 Map 中包含当前 request 对象中的所有属性。
- session:该 Map 中包含当前 session 对象中的所有属性。
- application:该 Map 中包含当前 application 对象中的所有属性。
- attr:该 Map 按如下顺序来检索某个属性:request,session,application。

需要注意的是,Context 对象中包含 root 对象,在 ValueStack 的结构中可以查看到。如图 5-9 所示信息。

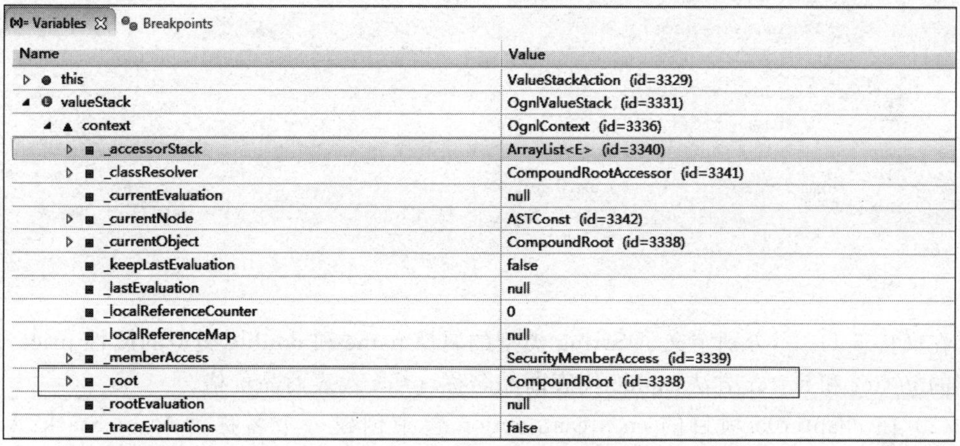

(x)= Variables　Breakpoints

Name	Value
▷ ● this	ValueStackAction (id=3329)
◢ ● valueStack	OgnlValueStack (id=3331)
◢ ▲ context	OgnlContext (id=3336)
▷ ■ _accessorStack	ArrayList<E> (id=3340)
▷ ■ _classResolver	CompoundRootAccessor (id=3341)
■ _currentEvaluation	null
▷ ■ _currentNode	ASTConst (id=3342)
▷ ■ _currentObject	CompoundRoot (id=3338)
■ _keepLastEvaluation	false
■ _lastEvaluation	null
■ _localReferenceCounter	0
■ _localReferenceMap	null
▷ ■ _memberAccess	SecurityMemberAccess (id=3339)
▷ ■ _root	CompoundRoot (id=3338)
■ _rootEvaluation	null
■ _traceEvaluations	false

图 5-9　Context 对象结构

从图 5-9 中可以看到,在 Context 对象的结构中包含了 root 对象,该对象类型为 CompoundRoot。

5.2.3　值栈在开发中的应用

Strus2 是一个 MVC 框架,从 Action 到页面会涉及数据交换的问题,例如将 Action 中的数据在页面显示出来。值栈的作用就在于解决这样的问题。

其实 Strus2 引入值栈最主要的目的,就是在页面与 Action 之间进行数据交换。采用以下两种方式交换数据时,Struts2 会将对象自动存储到 ValueStack 中。

- 属性驱动:每次请求访问 Action 的对象时,Action 中的属性对象会被自动压入 ValueStack 中。
- 模型驱动:Action 如果实现了 ModelDriven 接口,那么 ModelDrivenInterceptor 拦截器会生效,会将 model 对象压入到 ValueStack 中。

对象存储到 ValueStack 中后,页面所需的数据可以直接从 ValueStack 中获取。接下来,通过具体案例来演示以上两种从 ValueStack 中获取数据的方式,具体如下:

1. 属性驱动

(1) 在 chapter05 项目的 src 下创建包 cn. itcast. domain，在该包下创建类 Product，如文件 5-11 所示。

文件 5-11 Product. java

```
package cn.itcast.domain;
public class Product {
    private String name;                            //商品名称
    private double price;                           //商品价格
    public String getName(){
        return name;
    }
    public void setName(String name){
        this.name=name;
    }
    public double getPrice(){
        return price;
    }
    public void setPrice(double price){
        this.price=price;
    }
}
```

在文件 5-11 中，分别定义了 String 类型的属性 name 和 double 类型的属性 price，以及它们的 getter 和 setter 方法，name 代表商品名称，price 代表商品价格。

(2) 在 chapter05 项目的 cn. itcast. action 包中创建一个名称为 ValueStack2Action . java 的类文件，如文件 5-12 所示。

文件 5-12 ValueStack2Action. java

```
package cn.itcast.action;
import cn.itcast.domain.Product;
import com.opensymphony.xwork2.ActionSupport;
//属性驱动
public class ValueStack2Action extends ActionSupport {
    private Product p3;
    public Product getP3(){
        return p3;
    }
    public void setP3(Product p3){
        this.p3=p3;
    }
    @Override
    public String execute()throws Exception {
        return SUCCESS;
    }
}
```

在文件 5-12 中，定义了一个 Product 类型的属性 p3 及其 getter 和 setter 方法，由于只做存取值的操作，所以直接使用 Action 的 excute()方法返回 SUCCESS 即可。

(3) 在项目的 WebContent 目录下创建一个名称为 valueStack2. jsp 的文件，如文件 5-13 所示。

文件 5-13　valueStack2. jsp

```
<%@page language="java" import="java.util.*" pageEncoding="UTF-8"%>
<%@taglib prefix="s" uri="/struts-tags"%>
<!DOCTYPE HTML PUBLIC "-//W3C//DTD HTML 4.01 Transitional//EN">
<html>
<head>
<title>查看 valueStack 信息</title>
</head>
<body>
    <s:debug />
    商品名称:<s:property value="p3.name" /></br>
    商品价格:<s:property value="p3.price" />
</body>
</html>
```

在文件 5-13 中，首先定义了一个<s:debug>标签，用来查看值栈的信息，然后分别使用<s:property>标签获取商品的名称和价格。

(4) 在配置文件 struts. xml 的<package>元素中，增加 action 的配置信息，具体如下：

```
<action name="valueStack2" class="cn.itcast.action.ValueStack2Action">
   <result>/valueStack2.jsp</result>
</action>
```

(5) 启动项目，在浏览器的地址栏中输入"http://localhost:8080/chapter05/valueStack2? p3. name=phone&p3. price=6000"，成功访问后，浏览器的显示结果如图 5-10 所示。

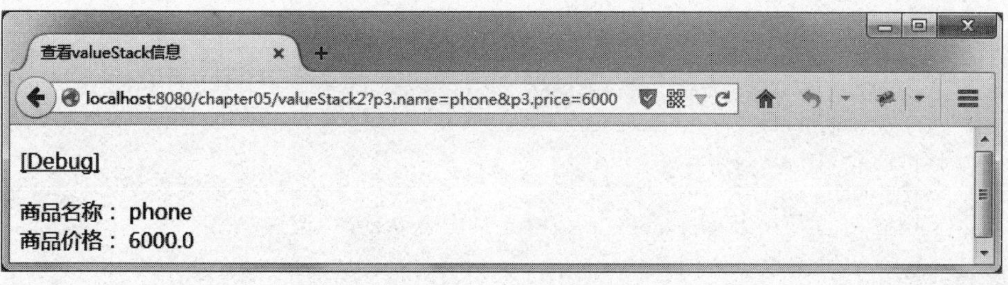

图 5-10　访问结果

从图 5-10 中可以看出，从浏览器地址中传入的参数 p3. name 和 p3. price，已成功在页面中显示出来，这就是使用属性驱动获取 ValueStack 中对象的方式。Product 对象传入 Action 对象时，会被自动压入 ValueStack 中，所以在 Action 的 excute()方法中不存值也能在页面取出。单击 Debug 标签链接可以查看值栈中参数的传递情况，如图 5-11 所示。

从图 5-11 的参数列表可以看出，Property Name 的第 4 个参数 p3，就是在页面获取的对象，其中 Property Value 中包含了 p3 的属性值。

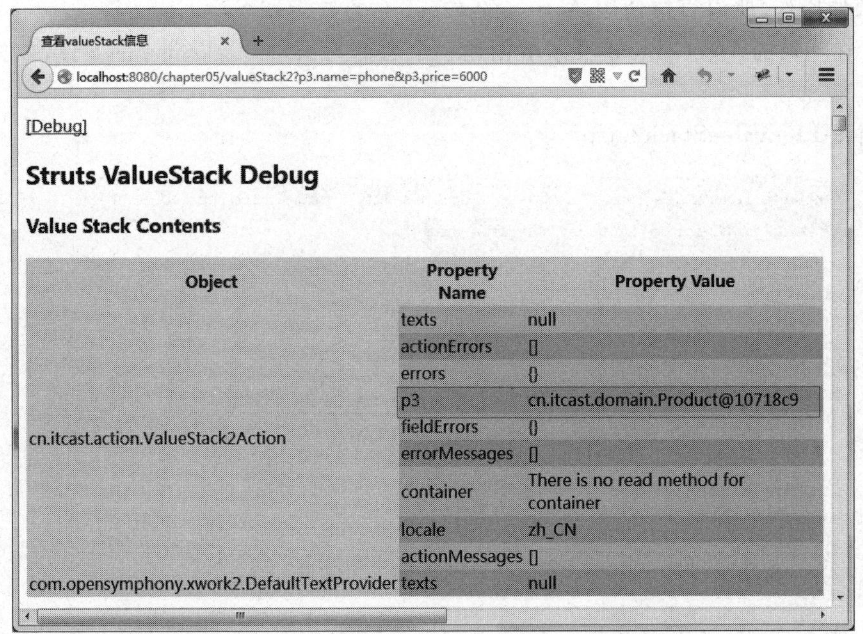

图 5-11 参数列表

2. 模型驱动

除了采用属性驱动时，Action 中的属性对象会被自动存储在值栈中外，采用模型驱动的方式时，同样会将 Action 中的 model 信息存入到值栈中。下面通过具体案例来演示，使用模型驱动时获取 ValueStack 中值的方式。具体如下：

(1) 在 chapter05 项目的 cn. itcast. action 包中，创建一个名称为 ValueStack3Action .java 类文件，如文件 5-14 所示。

文件 5-14 ValueStack3Action. java

```
package cn.itcast.action;
import com.opensymphony.xwork2.ActionSupport;
import com.opensymphony.xwork2.ModelDriven;
import cn.itcast.domain.Product;
//模型驱动
public class ValueStack3Action extends ActionSupport implements
        ModelDriven<Product>{
    private Product p3=new Product();
    @Override
    public Product getModel(){
        return p3;
    }
    @Override
    public String execute()throws Exception {
        return SUCCESS;
    }
}
```

在文件 5-14 中，创建了一个 Product 类型的对象 p3，实现了 ModelDriven<Product>接口 getModel()方法，并在 getModel()方法中返回 p3 对象，这样就可以接收到和 p3 对象中属性名称相同的参数的值。

(2) 在项目的 WebContent 目录下，创建一个名称为 valueStack3. jsp 的页面，如文件 5-15 所示。

文件 5-15　valueStack3. jsp

```
<%@page language="java" import="java.util.*" pageEncoding="UTF-8"%>
<%@taglib prefix="s" uri="/struts-tags"%>
<!DOCTYPE HTML PUBLIC "-//W3C//DTD HTML 4.01 Transitional//EN">
<html>
<head>
<title>查看 valueStack 信息</title>
</head>
<body>
    <s:debug />
商品名称:<s:property value="model.name" /></br>
商品价格:<s:property value="model.price" />
</body>
</html>
```

在文件 5-15 中，首先定义了一个<s:debug>标签，用于查看 ValueStack 中的信息，然后使用<s:property>标签输出获取到的值。

(3) 在配置文件 Struts. xml 的<package>元素中，增加 action 的配置信息，具体如下：

```
<action name="valueStack3" class="cn.itcast.action.ValueStack3Action">
    <result>/valueStack3.jsp</result>
</action>
```

(4) 启动项目后，在浏览器地址栏中输入“http://localhost:8080/chapter05/valueStack3.action?name=phone&price=5288”，成功访问后，浏览器的显示如图 5-12 所示。

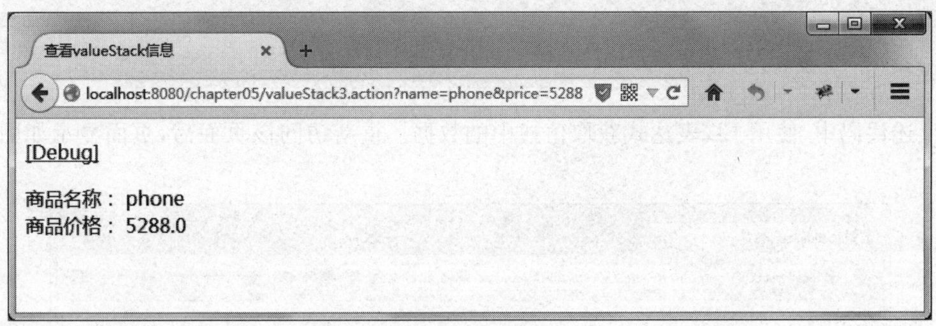

图 5-12　访问结果

从图 5-12 中可以看到，从浏览器地址栏中传入的参数 name 和 price，已成功在页面中显示出来。由于是模型驱动，不需要用 p3. name 的形式传递参数。接下来单击 Debug 链接查看 ValueStack 中存储的参数值，如图 5-13 所示。

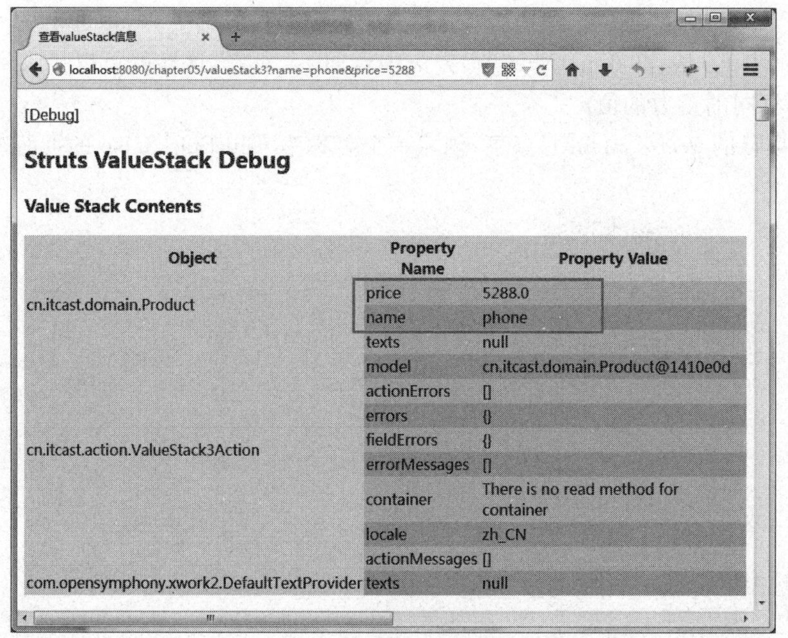

图 5-13 参数列表

以上是模型驱动的方式，将 Product 对象以 model 方式直接存储在值栈的栈顶。由于 Action 中提供了一个 getModel()方法，所以使用模型驱动时可以从 Action 中获取 model 对象，需要注意的是：传递参数直接用 name 和 price 就可以，还要注意页面取值的写法。

5.2.4 通过 EL 访问值栈的数据

在 Struts2 中，同样支持使用 EL 表达式直接访问值栈中的数据。在文件 5-15 valueStack3.jsp 中，添加如下代码：

```
以下是使用 EL 表达式访问值栈中的数据:</br>
商品名称:${model.name}
</br>
商品价格:${model.price}
```

上述代码中，使用 EL 表达式获取值栈中的数据。重新访问该页面后，页面显示如图 5-14 所示。

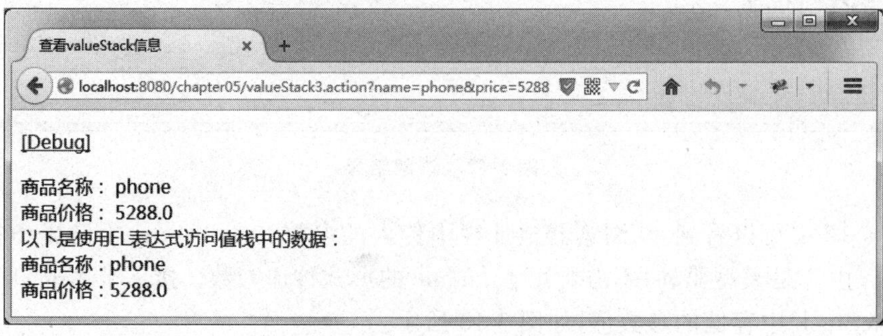

图 5-14 访问结果

从图 5-14 可以看出，直接用 EL 表达式的方式也成功地取出了值栈中的数据。EL 表达式默认支持在 4 个作用域取值，分别为 page、request、session 和 application，EL 表达式能够访问值栈中数据的原因，就是因为 Struts2 对 request 进行了增强，如果在 request 作用域中没有查找到对应的值，就去值栈中查找，找到后会将数据取出。在请求范围中找不到时，先作为属性在 root 中找，找不到会作为 key 到 contextMap 中找对应的 value。

5.3　本章小结

本章主要讲解了 OGNL 和值栈知识，包括什么是 OGNL、OGNL 访问对象方法和静态方法、什么是值栈、值栈的内部结构以及在开发中的应用，最后扩展了 EL 访问值栈中的数据。通过本章的学习，读者可以掌握 OGNL 表达式的应用，掌握值栈的内部结构以及值栈在开发中的应用。

【思考题】

1. 请简述 OGNL 表达式语言的特点。
2. 请描述 Struts2 中值栈的获取方式。

扫描右方二维码，查看思考题答案！

第 6 章 Struts2的文件上传和下载

学习目标

- 熟练使用 Struts2 实现单文件上传
- 熟练使用 Struts2 对上传文件进行限制
- 熟练使用 Struts2 实现文件下载

文件上传和下载是 Web 应用中的常用功能，例如：在个人空间或博客中，将照片上传到相册；在网站上下载图片、音乐、电影等。Struts2 也提供了对文件上传和下载功能的支持。本章将对 Struts2 环境中文件的上传和下载进行详细的讲解。

6.1 文件上传

6.1.1 文件上传的概述

文件上传是指将本地文件上传到服务器的指定目录下。要使用 Struts2 进行文件上传，首先要将 form 表单的 enctype 属性值设置为 multipart/form-data。文件上传还需要用到<s:file>标签，该标签是一个表单标签，要放在<s:form>标签中。文件上传页面的示例代码如下所示：

```
<s:form action="XXX" method="post" enctype="multipart/form-data">
    <s:file name="XXX" label="XXX"/>
    <s:submit value="上传"/>
    <s:reset value="重置"/>
</s:form>
```

在上述代码中，<s:form>标签中包含 3 个属性：action、method 和 enctype。其中 action 属性用于指定提交时对应的 action 方法，method 属性用于设置表单的提交方式，而 enctype 属性的取值决定了表单数据的编码方式。通常 enctype 属性有 3 个属性值，具体如下。

- application/x-www-form-urlencoded：该值为默认的编码方式，它只处理表单域里的 value 属性，采用这种编码方式的表单会将表单域的值处理成 URL 编码方式。这种编码方式按 ISO—8859—1 的编码方式将表单上传到服务器，只是此种编码方式不能上传文件。
- multipart/form-data：这种编码方式会以二进制流的方式来处理表单数据，并且它会把文件域指定文件的内容也封装到请求参数里。在进行文件上传时，采用的就是此种方式。

• text/plain：这种方式主要用于直接通过表单发送邮件的方式，目前已不再采用。

需要注意的是，如果要实现文件的上传，则表单的 method 属性必须设置成 post 提交方式，表单的 enctype 属性必须设置成 multipart/form-data。

要使用 Struts2 进行文件上传，除了要对 form 表单进行设置，其 Action 类的编写也有相应的规定。文件上传时的 Action 类的示例代码如下所示：

```
package cn.itcast.action;
import java.io.File;
import com.opensymphony.xwork2.ActionSupport;
public class FileUploadAction extends ActionSupport{
    private static final long serialVersionUID=1L;
     private File xxx;                                    //用户上传的文件
     private String xxxFileName;                          //上传文件的文件名
     private String xxxContentType;                       //上传文件的类型
     //此处省略 3 个属性的 getter 和 setter 方法
     public String execute()throws Exception
     {
         //此处省略具体执行的方法
          return SUCCESS;
     }
}
```

在上述代码中，除了自定义的属性外，一般还包括 3 个类型的属性，具体如下：

- File 类型的属性，该属性指定上传文件的内容，假设该属性指定为 xxx。
- String 类型的属性，该属性名称必须为 xxxFileName，其中 xxx 为 File 类型的属性名称，该属性指定上传文件名。
- String 类型的属性，该属性名称必须为 xxxContentType，该属性指定上传文件的文件类型。

其中，xxx 指的是 JSP 页面中 file 标签的名字，在 execute()方法中，定义了文件上传的具体执行方法。

最后，要在 struts.xml 中对 Action 进行配置，其配置与普通 Action 的配置相似，只是一般要在 Action 配置中加入文件过滤拦截器 fileUpload。fileUpload 拦截器在 struts-default 中已经配置，使用时需要重新配置。struts.xml 的配置信息如下所示：

```
<package name="struts2" namespace="/" extends="struts-default">
 <action name="Xxx" class="cn.itcast.Xxx">
    <result name="success">/result.jsp</result>  <!--返回结果-->
    <interceptor-ref name="defaultStack"><!--引用拦截器-->
      <!--限制上传文件最大值为 4M -->
      <param name="fileUpload.maximumSize">4194304</param>
       <!--限制上传文件的扩展名 -->
      <param name="fileUpload.allowedExtensions">
         .txt,.doc,.jpg
      </param>
      <!--限制上传文件的类型 -->
      <param name="fileUpload.allowedTypes">
```

```
        text/plain,application/msword,image/jpeg
      </param>
    </interceptor-ref>
  </action>
</package>
```

上述配置文件中，使用了 fileUpload 的 maximumSize、allowedExtension 和 allowedTypes 3 个参数，分别对上传文件进行了限制。其中 maximumSize 参数指定允许上传文件的文件大小，单位是字节。allowedExtension 参数用于指定上传文件的扩展名。allowedTypes 参数指定允许上传文件的类型，多个文件类型之间用逗号隔开。

6.1.2 应用案例——单文件上传

在 6.1.1 节中，对 Struts2 文件上传的一些配置做了讲解，接下来通过具体案例来演示在 Struts2 中如何实现单个文件上传。

（1）在 Eclipse 中创建 Web 项目 chapter06，添加相应的 JAR 包和 web.xml 文件，并在 web.xml 中配置好 Struts2 的核心过滤器。

（2）新建上传单个文件的 JSP 页面 fileUpload.jsp，在页面中创建 form 表单，并修改 form 表单的 enctype 属性值为“multipart/form-data”，同时设置 method 属性值为“post”。表单中包含一个文本域和两个按钮，如文件 6-1 所示。

文件 6-1 fileUpload.jsp

```
<%@page language="java" contentType="text/html; charset=UTF-8"
    pageEncoding="UTF-8"%>
<%@taglib prefix="s" uri="/struts-tags"%>
<!DOCTYPE html PUBLIC "-//W3C//DTD HTML 4.01 Transitional//EN"
                    "http://www.w3.org/TR/html4/loose.dtd">
<html>
<head>
<meta http-equiv="Content-Type" content="text/html; charset=UTF-8">
<title>上传页面</title>
</head>
<body>
<s:form action="fileUpload" method="post" enctype="multipart/form-data">
    <s:file name="file" label="上传文件"/>
    <s:submit value="上传"/>
    <s:reset value="重置"/>
</s:form>
</body>
</html>
```

（3）在 src 目录下新建 cn.itcast.action 包，在此包中建立 FileUploadAction.java 文件。此文件用来接收上传的文件，在其执行方法中，完成文件上传功能，如文件 6-2 所示。

文件 6-2 FileUploadAction.java

```
package cn.itcast.action;
import java.io.File;
```

```java
import java.io.FileInputStream;
import java.io.FileOutputStream;
import java.io.InputStream;
import java.io.OutputStream;
import org.apache.struts2.ServletActionContext;
import com.opensymphony.xwork2.ActionSupport;
public class FileUploadAction extends ActionSupport{
    private static final long serialVersionUID=1L;
     //提交过来的文件
     private File file;
     //提交过来的 file 的名字
     private String fileFileName;
     //提交过来的 file 的类型
     private String fileContentType;
    //此处省略三个属性的 getter 和 setter 方法
     public String execute()throws Exception
     {
         //文件输入流
         InputStream is=new FileInputStream(file);
         //设置文件保存的目录
         String uploadPath=ServletActionContext.getServletContext()
                                 .getRealPath("/upload");
         //设置目标文件
         File toFile=new File(uploadPath, this.getFileFileName());
         //文件输出流
         OutputStream os=new FileOutputStream(toFile);
         byte[] buffer=new byte[1024];
         int length=0;
         //读取 file 文件输出到 toFile 文件中
         while(-1 != (length=is.read(buffer, 0, buffer.length)))
         {
             os.write(buffer);
         }
         //关闭输入流和输出流
         is.close();
         os.close();
         return SUCCESS;
     }
}
```

在文件 6-2 中，包含 3 个属性，分别为 file(上传的文件)、fileFileName(上传的文件名称)、fileContentType(上传的文件类型)，file 属性的名称与表单中文本域的参数必须相同，其类型为 File，它用来保存封装的上传文件。一般来说，Action 中的属性与表单中提交的参数是相对应的，但在此表单中并没有提交 fileFileName 和 fileContentType 这两个参数，因为这两个参数是由 FileUploadIntercepter（文件上传拦截器）来负责填充的，由 FileUploadIntercepter 对其属性值进行设置。fileFileName 属性用来保存上传文件名称，fileContentType 属性用来保存上传文件的类型。在 execute()方法中通过输入流来读取 File 文件中的数据，通过取得上传文件名和上传目录，构造了一个目标文件，并通过循环输出流将数据写入到目标文件，最后关闭输入输出流。

(4) 新建上传结果页面 result.jsp，此文件用来显示上传的结果，包括上传文件的名称及类型，如文件 6-3 所示。

文件 6-3 result.jsp

```
<%@page language="java" contentType="text/html; charset=UTF-8"
    pageEncoding="UTF-8"%>
<%@taglib prefix="s" uri="/struts-tags"%>
<!DOCTYPE html PUBLIC "-//W3C//DTD HTML 4.01 Transitional//EN"
                    "http://www.w3.org/TR/html4/loose.dtd">
<html>
<head>
<meta http-equiv="Content-Type" content="text/html; charset=UTF-8">
<title>result</title>
</head>
<body>
文件上传成功!<br>
上传文件名: ${fileFileName}<br>
上传文件类型:${fileContentType}
</body>
</html>
```

(5) 配置 struts.xml 文件，在 package 节点下添加一个 action 节点，在 action 节点中配置文件上传控制器对应的视图文件，如文件 6-4 所示。

文件 6-4 struts.xml

```
<?xml version="1.0" encoding="UTF-8" ?>
<!DOCTYPE struts PUBLIC
    "-//Apache Software Foundation//DTD Struts Configuration 2.3//EN"
    "http://struts.apache.org/dtds/struts-2.3.dtd">
<struts>
 <package name="struts2" namespace="/" extends="struts-default">
  <action name="fileUpload" class="cn.itcast.action.FileUploadAction">
      <result name="success">/result.jsp</result>
  </action>
 </package>
</struts>
```

(6) 部署项目，在浏览器地址栏中输入"http://localhost:8080/chapter06/fileUpload.jsp"，成功访问页面后，上传页面的显示结果如图 6-1 所示。

单击图 6-1 中的"浏览"按钮，打开文件选择框，选择需要上传的文件后，单击"上传"按钮进行文件上传操作，成功后跳转到上传结果页面，如图 6-2 所示。

打开上传结果目录，可以看到新上传的文件，如图 6-3 所示。

从图 6-3 中可以看出，文件上传操作成功。需要注意的是，在上传文件前，需要在 Eclipse 中，本项目的 WebContent 路径下新建一个 upload 文件夹，作为上传目录。否则会出现系统找不到文件路径的异常。

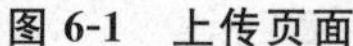
图 6-1　上传页面

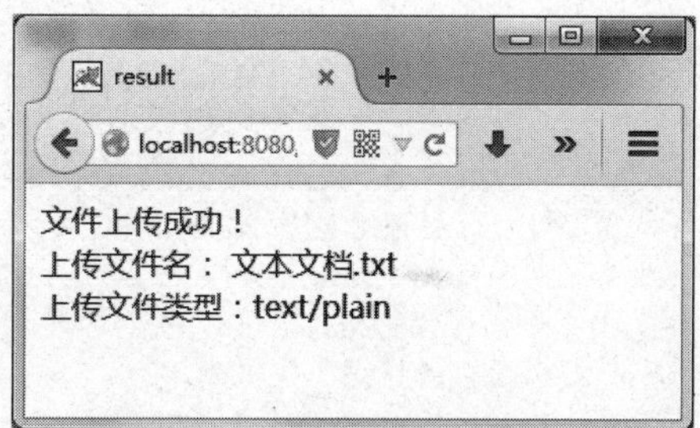

图 6-2　上传结果页面

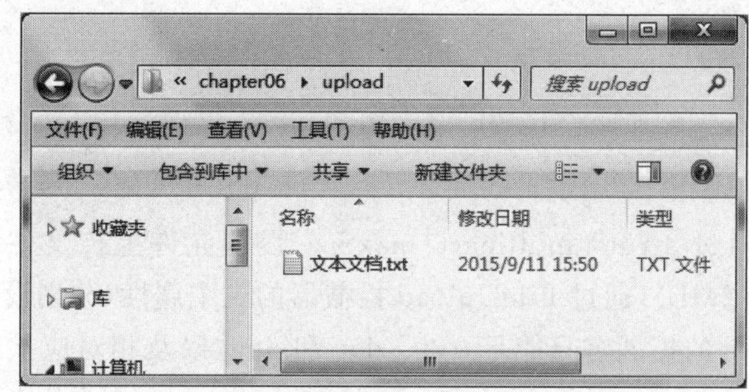

图 6-3　上传目录 upload

6.1.3　限制文件的大小和类型

在实际开发中，除了完成上传功能，通常，还需要对文件的大小和类型进行限制。在 Struts2 中，可以通过上传拦截器 FileUpload 来实现该功能。

在 FileUpload 中，有 3 个属性可以设置，具体如下。

- maximumSize：上传文件的最大长度(以字节为单位)，默认值为 2MB。
- allowedTypes：允许上传文件的类型，各类型之间以逗号分隔。
- allowedExtensions：允许上传文件的扩展名，各扩展名之间以逗号分隔。

要对上传的文件大小和类型进行限制，可以在 struts. xml 中覆盖这三个属性。修改 6.1.2 节中的 struts. xml 文件，在 FileUploadAction 中添加拦截器，如文件 6-5 所示。

文件 6-5　struts. xml

```
<?xml version="1.0" encoding="UTF-8" ?>
<!DOCTYPE struts PUBLIC
    "-//Apache Software Foundation//DTD Struts Configuration 2.3//EN"
    "http://struts.apache.org/dtds/struts-2.3.dtd">
<struts>
<!--设置文件上传允许最大值为 10MB-->
<constant name="struts.multipart.maxSize" value="10485760"></constant>
<package name="struts2" namespace="/" extends="struts-default">
 <action name="fileUpload" class="cn.itcast.action.FileUploadAction">
    <result name="success">/result.jsp</result>
    <!--定义上传出错要跳转的页面 -->
    <result name="input">/fileUpload.jsp</result>
```

```
        <interceptor-ref name="defaultStack">
          <!--限制上传文件最大值为 4MB -->
          <param name="fileUpload.maximumSize">4194304</param>
           <!--当下面两个配置同时存在时,要同时满足下面两个条件,才能上传 -->
           <!--限制上传文件的扩展名 -->
          <param name="fileUpload.allowedExtensions">
             .txt,.doc,.jpg
          </param>
          <!--限制上传文件的类型 -->
          <param name="fileUpload.allowedTypes">
             text/plain,application/msword,image/jpeg
          </param>
        </interceptor-ref>
    </action>
  </package>
  </struts>
```

在文件 6-5 中，通过 struts. multipart. maxSize 设置允许上传文件的最大值为 10MB（Struts2 默认大小为 2MB），通过 FileUpload 拦截器的三个属性，分别设置了上传文件的最大值为 4MB、上传文件的扩展名只能是. txt、. doc 和. jpg，以及相对应扩展名的上传文件的类型为 text/plain、application/msword 和 image/jpeg，并且增加了上传文件出错时会跳转到的 fileUpload. jsp 页面的配置。

重新发布项目，在浏览器地址栏中输入“http://localhost:8080/chapter06/fileUpload. jsp”，访问成功后，选择超过 4MB 的文件，浏览器页面的显示结果如图 6-4 所示。

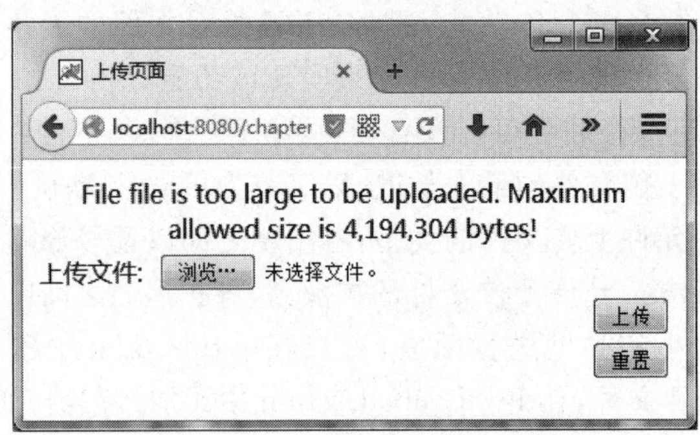

图 6-4　上传文件超过设定值

从图 6-4 中可以看出，页面中提示了文件太大的英文错误信息，由于设定的允许最大值是 4MB，当上传的文件超过此数值时，就会报图 6-4 中所示错误。

在 struts. xml 中，还设置了对文件类型和扩展名的限制，当上传一个不符合所设置的文件类型的时候，浏览器页面的显示结果如图 6-5 所示。

从图 6-5 中可以看出，当上传的文件类型与设定值不匹配时，将提示上传文件不符合要求的提示信息。

注意：allowedExtensions 的配置和 allowedTypes 的配置可以单独配置也可以同时配置，当两个配置同时存在时，要同时满足这两个条件才能上传文件。对于文件的扩展名所对应的文件类型，读者可以打开 Tomcat 目录下的 conf 文件夹，找到其中的 web. xml 文件，在

图 6-5　上传文件类型不符合设定值

该文件中列出了几乎所有的文件类型。读者可以通过文件后缀名找到相对应的文件类型。

多学一招：中文显示浏览器中的错误提示信息

在图 6-4 和图 6-5 中，可以看出 Struts2 自带的错误提示信息都是英文的，对于国内的网站开发，为了提高用户体验，通常会使用国际化信息来替代默认的错误提示信息。

Struts2 默认的错误提示信息配置在 struts-messages. properties 文件中，读者可以在 chapter06 项目的 Web App Libraries 中，打开 struts2-core-2. 3. 24. jar 后，在 org. apache . struts2 包下即可找到此文件。

此文件以 key-value 的形式配置，打开此文件，找到与文件上传相关的配置信息，如下所示：

- struts. messages. error. uploading=Error uploading：{0}
- struts. messages. error. file. too. large=File too large：{0} "{1}" "{2}" {3}
- struts. messages. error. content. type. not. allowed=Content-Type not allowed：{0} "{1}" "{2}" {3}
- struts. messages. error. file. extension. not. allowed = File extension not allowed：{0} "{1}" "{2}" {3}

从上面配置信息中可以看出，图 6-4 和图 6-5 中浏览器页面中所显示的错误提示信息，就是上面配置信息的 value 值，在其值的后面的{数字}是表示显示的其他信息，其具体含义如下所示：

- {0}：<input type="file" name="uploadImage">中 name 属性的值。
- {1}：上传文件的真实名称。
- {2}：上传文件保存到临时目录的名称。
- {3}：上传文件的类型（对 struts. messages. error. file. too. large 是上传文件的大小）。

要使错误提示信息显示为中文，只需新建国际化资源文件，重写上面 4 个配置，将错误提示信息改为中文即可。具体做法如下。

(1) 创建新的资源文件 FileUploadMessage. properties 放置在 src 目录下的 cn. itcast . action 包中，在该资源文件中增加如下信息：

```
struts.messages.error.uploading=上传错误: {0}
struts.messages.error.file.too.large=上传文件太大: {0} "{1}" "{2}" {3}
struts.messages.error.content.type.not.allowed=上传文件的类型不允许: {0} "{1}" "{2}" {3}
struts.messages.error.file.extension.not.allowed=上传文件的后缀名不允许: {0} "{1}" "{2}"
{3}
```

(2) 在struts.xml文件中加载该资源文件,其增加代码如下所示:

```
<!--配置上传文件的出错信息的资源文件 -->
<constant name="struts.custom.i18n.resources"
        value="cn.itcast.action.FileUploadMessage"/>
```

(3) 重新发布项目,上传文件大小不符合要求(如图6-6所示),以及文件类型不符合上传要求的文件(如图6-7所示),将会输出自定义的错误信息。

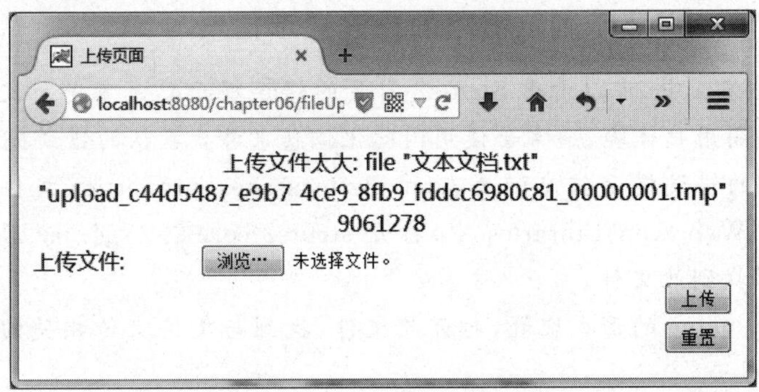

图 6-6　文件大小不符合的错误提示

图 6-7　类型不允许的错误提示信息

6.2 文件下载

6.1节中讲述了Struts2的单文件上传,以及如何对上传文件的大小和类型进行限制的功能。本节将针对Struts2框架中的文件下载进行讲解。

6.2.1　文件下载的概述

文件下载是将文件从服务器上下载到本地机器上，在 Struts2 框架中，已经提供了对文件下载功能的支持。

要使用 Struts2 框架的文件下载，首先要在 Action 类中添加一个新方法，该方法返回值为一个 InputStream 流，InputStream 流代表了被下载文件的入口。其示例代码如下所示：

```
public class DownLoadAction extends ActionSupport{
    //定义了返回 InputStream 的方法，该方法作为被下载文件的入口
    public InputStream getDownloadFile(){
        return ServletActionContext.getServletContext()
                .getResourceAsStream("/upload/Struts.txt");
    }
    @Override
    public String execute()throws Exception {
        return SUCCESS;
    }
}
```

上述示例代码中，定义了一个返回 InputStream 流的方法 getDownloadFile()，并指定了下载文件的路径以及下载文件名称。

编写完 Action 后，还需要在配置文件中为 Action 的返回值 stream 类型配置结果映射，当指定 stream 结果类型时，要指定一个 inputName 参数，该参数指定了被下载文件的入口。

配置 stream 类型的结果，可以指定几个属性，具体如下。

- contentType：指定下载文件的文件类型，该文件类型要与互联网 MIME 标准中规定的类型相一致，例如 text/plain 代表纯文本。
- inputName：指定下载文件的输入流入口，在 Action 中需要指定该输入流入口。
- contentDisposition：指定文件下载的处理方式，有内联（Inline，直接显示文件）和附件（Attachment，弹出文件保存对话框）两种方式，默认为内联。
- bufferSize：用于设置下载文件时的缓存大小，默认为 1024。

文件下载的 Action 配置信息通常如下所示：

```
<!--文件下载 action -->
<action name="XXX"  class="XXX">
    <result type="stream">
        <!--文件类型 -->
         <param name="contentType">text/plain</param>
        <!--指定文件名 -->
         <param name="contentDisposition">
             attachment;filename="XXX.txt"
         </param>
        <!--输入流 -->
         <param name="inputName">downloadFile</param>
         <!--文件大小 -->
         <param name="bufferSize">1024</param>
    </result>
</action>
```

6.2.2 应用案例——文件下载

了解了 Struts2 的文件下载功能后，接下来通过具体案例来演示在 Struts2 中，如何实现文件下载。

(1) 在 chapter06 项目中创建提供文件下载链接的页面 simpledownload.jsp，在页面中添加如下代码：

```
<a href="simpledownload">Struts2.txt</a>
```

(2) 在 struts.xml 中增加 action 的配置，其代码如下所示：

```
<action name="simpledownload"
        class="cn.itcast.action.SimpleDownLoadAction">
  <result type="stream">
    <!--文件类型 -->
    <param name="contentType">text/plain</param>
    <!--指定文件名 -->
    <param name="contentDisposition">
      attachment;filename="Struts2.txt"
    </param>
    <!--输入流 -->
    <param name="inputName">downloadFile</param>
  </result>
</action>
```

(3) 在 cn.itcast.action 包中新建 SimpleDownLoadAction.java 文件，此文件用于处理文件下载的核心操作，如文件 6-6 所示。

文件 6-6 SimpleDownLoadAction.java

```
package cn.itcast.action;
import java.io.InputStream;
import org.apache.struts2.ServletActionContext;
import com.opensymphony.xwork2.ActionSupport;
public class SimpleDownLoadAction  extends ActionSupport{
    //定义了返回 InputStream 的方法，该方法作为被下载文件的入口
    public InputStream getDownloadFile(){
        return ServletActionContext.getServletContext()
               .getResourceAsStream("/upload/Struts2.txt");
    }
    @Override
    public String execute()throws Exception {
        return SUCCESS;
    }
}
```

(4) 部署项目，在浏览器地址栏中输入"http://localhost:8080/chapter06/simpledownload.jsp"，成功访问后，页面中会展示出 Struts2.txt 的超链接，当单击此超链接后，会弹出文件下载对话框，如图 6-8 所示。

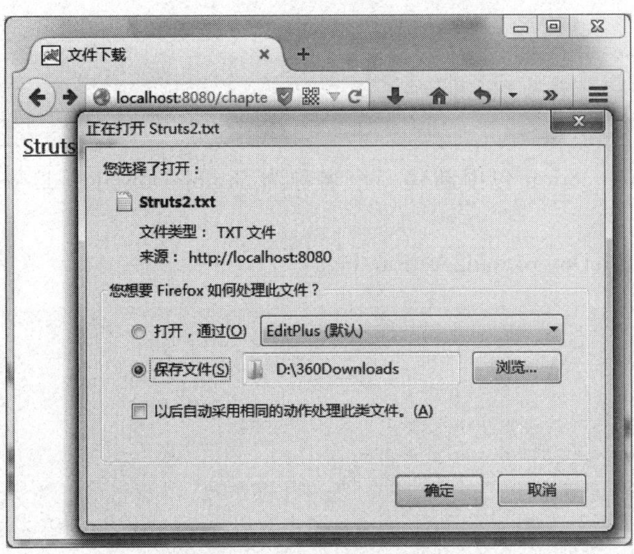

图 6-8　Struts2 的文件下载

6.2.3　中文文件的下载

在 6.2.2 节中，通过 Struts2 实现了简单的文件下载功能，但此功能只适用于英文名称的文件，如果所下载的文件名称中有中文，浏览器将无法显示出相应的文件名称。中文文件名在 IE 和火狐浏览器中的显示效果如图 6-9 所示。

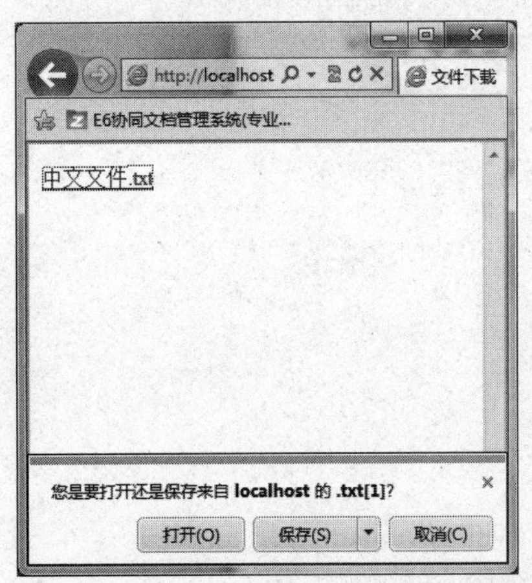

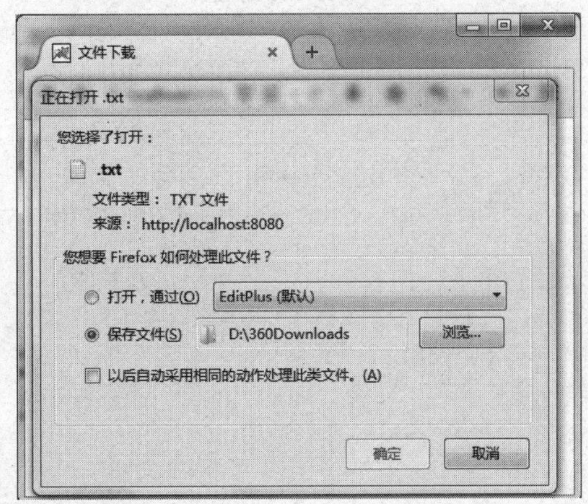

图 6-9　中文文件下载

然而在实际的应用中，下载中文文件是不可避免的。接下来，通过具体案例来讲解如何在 Struts2 中下载中文名称的文件。

(1) 在 chapter06 项目中创建 simpledownload2.jsp 文件，在文件中添加一个中文链接和一个英文链接，其代码如下所示：

```
<a href="/chapter06/simpledownload2.action?filename=文本文档.txt">
  文本文档.txt
```

```
</a><br>
<a href="/chapter06/simpledownload2.action?filename=Struts2.txt">
    Struts2.txt
</a>
```

（2）在 cn. itcast. action 包中新建一个名称为 SimpleDownLoad2Action. java 的文件，如文件 6-7 所示。

文件 6-7 SimpleDownLoad2Action. java

```
package cn.itcast.action;
import java.io.IOException;
import java.io.InputStream;
import java.io.UnsupportedEncodingException;
import java.net.URLEncoder;
import org.apache.struts2.ServletActionContext;
import sun.misc.BASE64Encoder;
import com.opensymphony.xwork2.ActionSupport;
public class SimpleDownLoad2Action  extends ActionSupport{
    private String filename;                          //代表下载文件的名称
    private String contentType;                       //下载文件的 MimeType
    /**
     * 获取文件的名称
     */
    public String getFilename()throws IOException {
        //对不同浏览器传过来的文件名进行编码
        return encodeDownloadFilename(filename,ServletActionContext
                          .getRequest().getHeader("User-Agent"));
    }
    public void setFilename(String filename)
                      throws UnsupportedEncodingException{
        //对文件名称编码
        filename=new String(filename.getBytes("iso8859-1"), "utf-8");
        this.filename=filename;
    }
    /**
     * 获取文件的类型
     */
    public String getContentType(){
        return  ServletActionContext.getServletContext()
                            .getMimeType(filename);
    }
    public void setContentType(String contentType){
        this.contentType=contentType;
    }
    //定义了返回 InputStream 的方法,该方法作为被下载文件的入口
    public InputStream getDownloadFile2()throws IOException{
         //要下载的文件的路径
        String filepath="/upload/"+filename;
        return ServletActionContext.getServletContext()
              .getResourceAsStream(filepath);
```

```
    }
    public String execute()throws Exception {
        return SUCCESS;
    }
    /**
     * 对不同浏览器传过来的文件名称进行转码
     * @param name 文件名称
     * @param agent 浏览器
     * @return 转码后的名称
     */
    public String encodeDownloadFilename(String name, String agent)
            throws IOException {
    if(agent.contains("Firefox")){ //火狐浏览器
     name="=?UTF-8?B?"
        +new BASE64Encoder().encode(name.getBytes("utf-8"))+"?=";
    } else { //IE 及其他浏览器
        name=URLEncoder.encode(name, "utf-8");
    }
    return name;
    }
}
```

在文件 6-7 中，定义了 filename 和 contentType 两个属性，分别代表所要下载文件的名称和类型。在 filename 属性的 getter 方法中，通过 encodeDownloadFilename(String name, String agent)方法对不同浏览器传过来的名称进行编码，在其 setter 方法中，对其文件名称又进行了一次编码，使文件名称统一为 UTF-8 编码格式。通过 contentType 属性的 getContentType()方法获取文件类型。在 getDownloadFile2()方法中，定义了要下载的文件路径，并返回一个输入流。

(1) 在 struts. xml 文件中，增加 action 的配置信息，如下所示：

```
<action name="simpledownload2"
        class="cn.itcast.action.SimpleDownLoad2Action">
  <result type="stream">
    <!--文件类型 -->
    <param name="contentType">${contentType}</param>
    <!--指定文件名 -->
    <param name="contentDisposition">
      attachment;filename=${filename}
    </param>
    <!--输入流 -->
    <param name="inputName">downloadFile2</param>
  </result>
</action>
```

在上述配置代码中，${contentType}和${filename}是在项目运行的时候，将 action 中的对象属性动态地填充在${}中间部分，相当于 action. getContentType()和 action. getFilename()，通过此种方式来动态地获取文件的类型和名称。

(2) 重新发布项目，打开 IE 和火狐浏览器，分别在两个浏览器的地址栏中输入 "http://localhost:8080/chapter06/simpledownload2. jsp"，成功访问后，单击各自页面中的中文名称链接，其效果如图 6-10 所示。

再单击各自页面的英文链接，其效果如图 6-11 所示。

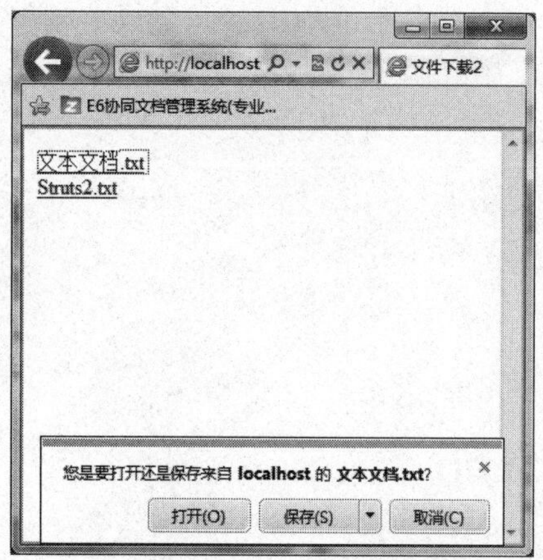

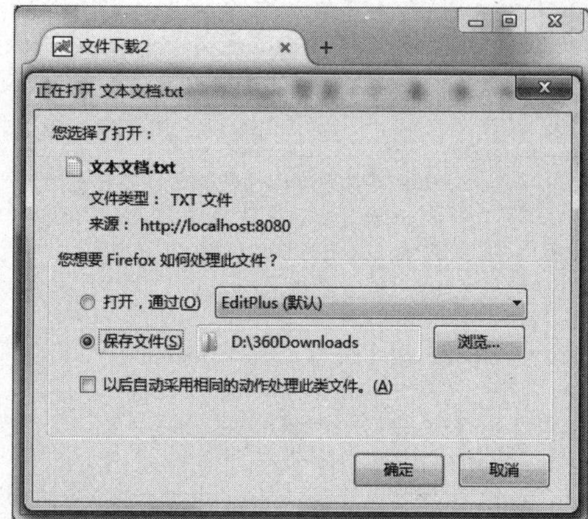

图 6-10 IE 和火狐浏览器中文文件下载

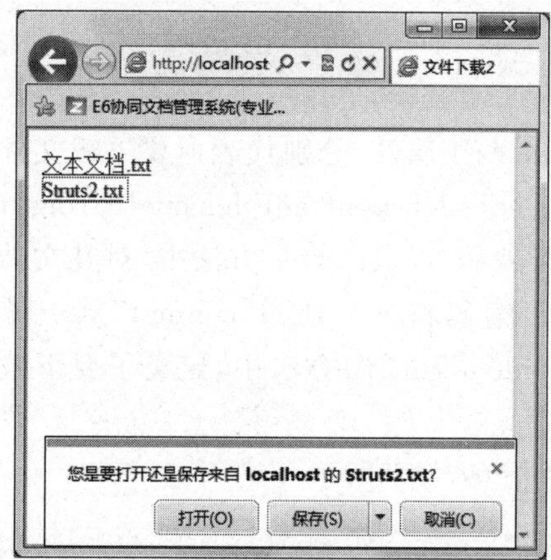

图 6-11 IE 和火狐浏览器英文文件下载

6.3 本章小结

本章主要介绍了 Struts2 的文件上传和下载。通过本章的学习，读者可以学会如何使用 Struts2 实现单文件上传、如何对上传文件的大小和类型进行限制以及如何使用 Struts2 实现中英文文件的下载。

【思考题】

1. 请编写一个程序，实现 Struts2 的单文件上传。
2. 请编写一个程序，实现 Struts2 文件下载。

扫描右方二维码，查看思考题答案！

第 7 章 初识Hibernate

学习目标

- 了解 Hibernate 的基础知识
- 学会搭建 Hibernate 环境
- 掌握 Hibernate 的核心配置和核心 API

Hibernate 框架是当今主流的 Java 持久层框架之一，由于它具有简单易学、灵活性强、扩展性强等特点，能够大大地简化程序的代码量，提高工作效率，因此受到广大开发人员的喜爱。从本章开始，将对 Hibernate 的相关知识进行讲解。

7.1 Hibernate 简介

Hibernate 是一个开放源代码的 ORM（Object Relational Mapping，对象关系映射）框架，它对 JDBC 进行了轻量级的对象封装，使得 Java 开发人员可以使用面向对象的编程思想来操作数据库。

7.1.1 为什么使用 Hibernate

使用传统的 JDBC 开发应用系统时，如果是小型应用系统，并不觉得有什么麻烦，但是对于大型应用系统的开发，使用 JDBC 就会显得力不从心。例如对几十、几百张包含几十个字段的表进行插入操作时，编写的 SQL 语句不但很长，而且烦琐，容易出错；在读取数据时，需要写多条 getXxx 语句从结果集中取出各个字段的信息，不但枯燥重复，并且工作量非常大。为了提高数据访问层的编程效率，Gavin King 开发出了一个当今最流行的 ORM 框架，它就是 Hibernate 框架。

所谓的 ORM 就是利用描述对象和数据库表之间映射的元数据，自动把 Java 应用程序中的对象，持久化到关系型数据库的表中。通过操作 Java 对象，就可以完成对数据库表的操作。可以把 ORM 理解为关系型数据和对象的一个纽带，开发人员只需要关注纽带一端映射的对象即可，ORM 原理如图 7-1 所示。

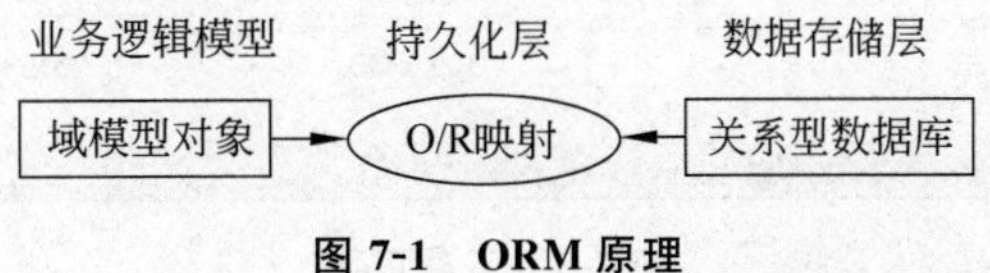

图 7-1 ORM 原理

与其他操作数据库的技术相比，Hibernate 具有以下几点优势：

- Hibernate 对 JDBC 访问数据库的代码做了轻量级封装，大大简化了数据访问层烦琐的重复性代码，并且减少了内存消耗，加快了运行效率。
- Hibernate 是一个基于 JDBC 的主流持久化框架，是一个优秀的 ORM 实现，它很大程度地简化了 DAO(Data Access Object，数据访问对象)层的编码工作。
- Hibernate 使用 Java 的反射机制，而不是使用字节码增强程序类并实现透明性。
- Hibernate 的性能非常好，映射的灵活性很出色。它支持很多关系型数据库，从一对一到多对多的各种复杂关系。
- 可扩展性强，由于源代码的开源以及 API 的开放，当本身功能不够用时，可以自行编码进行扩展。

7.1.2 Hibernate 的下载和目录结构

目前企业主流使用的 Hibernate 版本以 Hibernate 3. x 版本为主，所以本书也以 Hibernate 3. 6. 10 为例进行讲解。读者可以从网址 http://sourceforge. net/projects/hibernate/files/hibernate3/下载 Hibernate 3. x 版本。在浏览器输入网址后，在打开的页面下方找到 3. 6. 10. Final 链接，如图 7-2 所示。

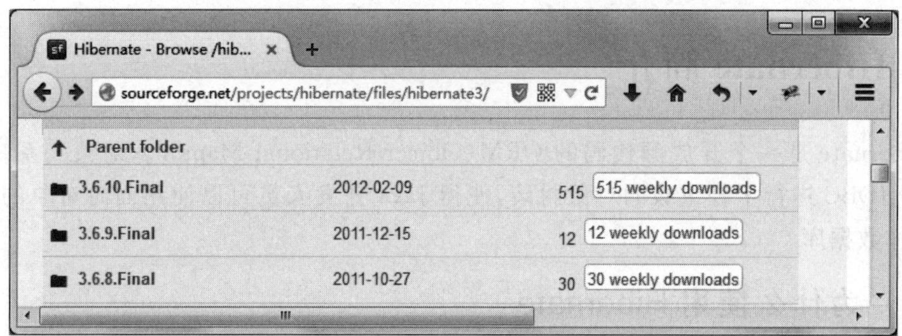

图 7-2 **Hibernate 下载地址**

单击此链接，进入此版本的下载页面，在页面中有两个压缩包链接，如图 7-3 所示。

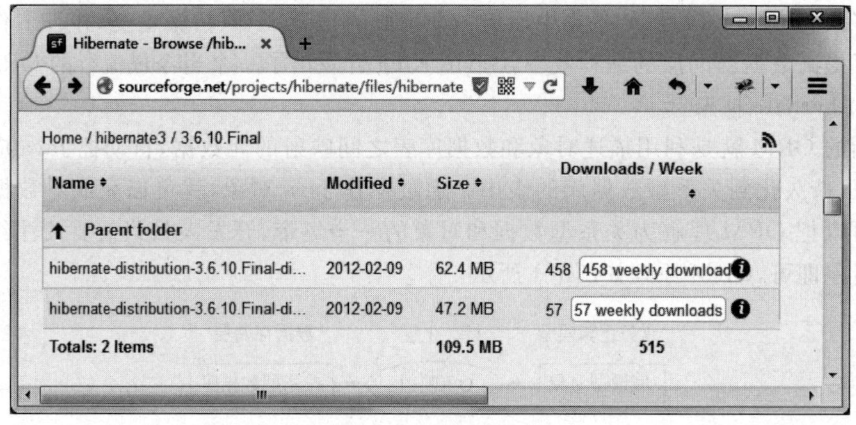

图 7-3 下载页面

在图 7-3 中，hibernate-distribution-3. 6. 10. Final-dist. zip 是 Windows 下的版本，Final 表示版本号为正式版。hibernate-distribution-3. 6. 10. Final-dist. tar. gz 是 Linux 下的版本，读者可以根据实际需要下载相应版本。

除了上述方式下载之外，读者还可以从 Hibernate 官网 http://hibernate. org 下载 Hibernate 的最新版本。由于不同版本的 Hibernate 有一些差异，建议读者学习本书的时候，使用与本书一致的版本。

Hibernate 3. 6. 10 版本下载后，解压完的目录结构如图 7-4 所示。

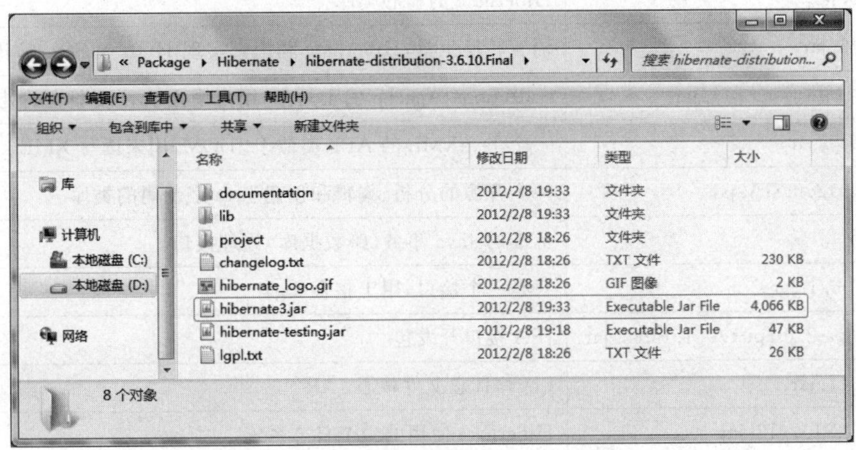

图 7-4　Hibernate 压缩包的文件结构

从图 7-4 可以看出，Hibernate 3. 6. 10 安装目录中包含一系列的子目录，这些子目录分别用于存放不同功能的文件，接下来针对这些子目录进行简单介绍，具体如下。

- documentation 文件夹：存放 Hibernate 的相关文档，包括参考文档的 API 文档。
- lib 文件夹：存放 Hibernate 编译和运行所依赖的 JAR 包。其中 required 子目录下包含了运行 Hibernate3 项目必需的 JAR 包。
- project 文件夹：存放 Hibernate 各种相关的源代码。
- hibernate3. jar 文件：此 JAR 包是 Hibernate3 的核心 JAR。

在 lib/required 子目录中，包含的 JAR 包如图 7-5 所示。

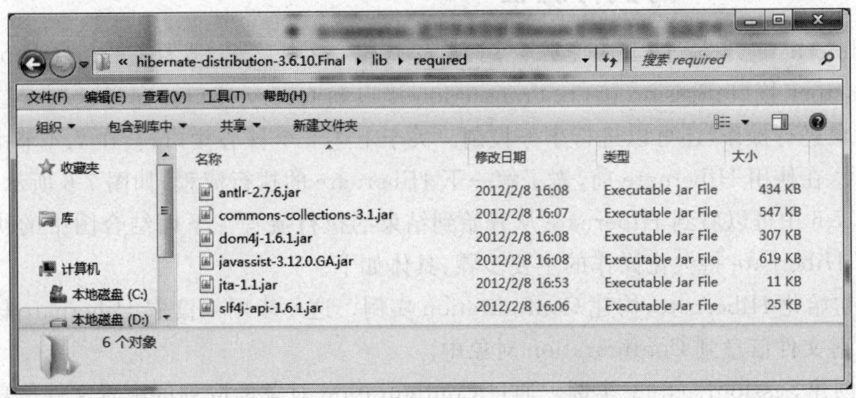

图 7-5　required 子目录中的 JAR 包

从图7-5可以看出，required子目录中，包含了运行Hibernate3项目必需的JAR包，实际开发中，除了required目录中的JAR包外，通常还需要添加Hibernate3对JPA支持的JAR，以及实现日志功能的JAR。使用Hibernate3开发项目时，所需的JAR包及其说明如表7-1所示。

表7-1 Hibernate3所需的JAR包及其说明

JAR包名	说明
hibernate3.jar	Hibernate的核心类库
antlr-2.7.6.jar	语言转换工具，Hibernate利用它实现HQL到SQL的转换
commons-collections-3.1.jar	collections Apache的工具集，用来增强Java对集合的处理能力
dom4j-1.6.1.jar	一个JavaXML的API，类似于JDOM，用来读写XML
javassist-3.12.0.GA.jar	一个开源的分析、编辑和创建Java字节码的类库
jta-1.1.jar	标准的Java事务(跨数据库)处理接口
slf4j-api-1.6.1.jar	只是一个接口，用于整合log4j
hibernate-jpa-2.0-api-1.0.1.Final.jar	JPA接口开发包
log4j-1.2.17.jar	Log4j日志文件核心JAR
slf4j-log4j12-1.7.12.jar	Hibernate使用的一个日志系统

从表7-1中可以看出，除了添加Hibernate3的核心JAR以及required目录中的JAR外，还添加了hibernate-jpa-2.0-api-1.0.1.Final.jar、log4j-1.2.17.jar和slf4j-log4j12-1.7.12.jar。其中hibernate-jpa-2.0-api-1.0.1.Final.jar是JPA接口的开发包，它位于Hibernate的lib子目录jpa文件夹中。另外，由于Hibernate并没有提供对日志的实现，所以需要slf4j和log4j开发包整合Hibernate的日志系统到log4j。

Hibernate的环境搭建非常简单，如果创建的是Java项目，需要在该项目下创建一个lib目录，然后选中所有的JAR包复制到lib目录下，并添加到类路径中。如果创建的是Web项目，可直接选中所有的JAR包复制到WEB-INF/lib目录下即可。

7.1.3 Hibernate的执行流程

在Hibernate开发过程中通常会用到5个核心接口，分别为Configuration接口、SessionFactory接口、Session接口、Transaction接口和Query接口。通过这些接口可以对持久化对象进行操作，还可以进行事务控制。关于上述5个核心接口，会在7.4节中进行详细的讲解。在使用Hibernate前，先了解一下Hibernate的执行流程，如图7-6所示。

从图7-6中可以看到Hibernate从开始到结束的执行流程。下面结合图中的执行流程介绍一下Hibernate持久化操作的主要步骤，具体如下。

(1) 初始化Hibernate，构建Configuration实例。这一步用来读取Hibernate核心配置文件和映射文件信息到Configuration对象中。

(2) 创建SessionFactory实例。通过Configuration对象读取到的配置文件信息并创建SessionFactory，并将Configuration对象中的所有配置文件信息存入SessionFactory内

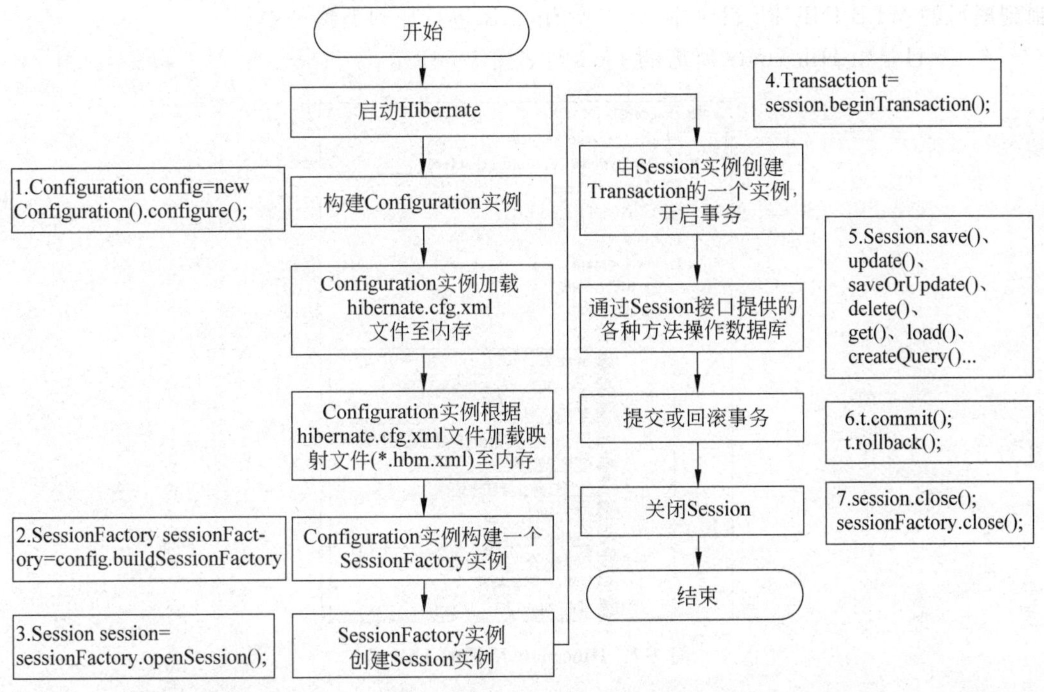

图 7-6 Hibernate 的执行流程

存中。

(3) 创建 Session 实例，建立数据库连接。Session 是通过 SessionFactory 打开的，创建一个 Session 对象就相当于建立一个新的数据库连接。

(4) 创建 Transaction 实例，开启一个事务。Transaction 用于事务管理，一个 Transaction 对象对应的事务可以包含多个操作。在使用 Hibernate 进行增、删、改操作的时候，必须先创建 Transaction 对象。

(5) 利用 Session 接口通过的各种方法进行持久化操作。

(6) 提交事务。对实体对象持久化操作后，必须提交事务。

(7) 关闭 Session，断开与数据库的连接。

需要注意的是，Hibernate 的事务默认是不开启的，如果执行增删改操作，需要手动开启事务来控制。如果只做查询操作，可以不开启事务。

7.2 第一个 Hibernate 程序

通过 7.1 节的学习，读者已经对 Hibernate 有了初步的了解，接下来，通过一个简单的案例来学习和使用 Hibernate。此案例使用 Hibernate 对 MySQL 数据库中的表数据进行增删改查操作。在讲解每个步骤时，会对与项目有关的一些 Hibernate 应用细节问题做一个概要阐述，其深入的知识会在后面详细讲解，现阶段读者只需关注项目的开发过程即可。

7.2.1 创建项目并导入 JAR 包

首先在 Eclipse 中创建一个 Web 项目 chapter07，将表 7-1 中 Hibernate 所需 JAR 包复

制到项目的 WEB-INF/lib 目录中,并将所有 JAR 包添加到类路径中。

在 lib 目录中 Hibernate 所需的 JAR 包如图 7-7 所示。

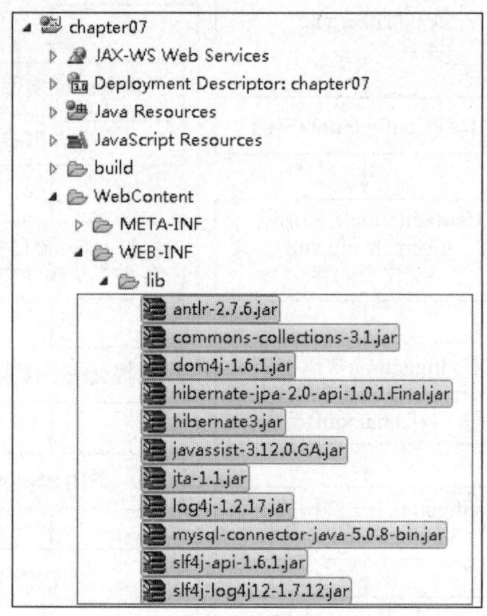

图 7-7 Hibernate 所需的 JAR 包

从图 7-7 中可以看出,除了运行 Hibernate 所需的 10 个 JAR 包外,还添加了 MySQL 的驱动包,本书中使用的 MySQL 驱动的版本是 mysql-connector-java-5.0.8-bin.jar。

7.2.2 创建数据库及表

本书中使用的数据库为 MySQL 5.5。在 MySQL 中创建一个名称为 hibernate 的数据库,在此数据库中创建一张名为 customer 的数据表。表中有 5 个字段,分别为 id、name、age、sex、city,其中主键为 id。在 MySQL 中创建 customer 表的 SQL 语句如下所示:

```
CREATE TABLE customer(
  id INT(11)NOT NULL AUTO_INCREMENT COMMENT '主键 id',
  name VARCHAR(20)DEFAULT NULL COMMENT '姓名',
  age INT(11)DEFAULT NULL COMMENT '年龄',
  sex VARCHAR(2)DEFAULT NULL COMMENT '性别',
  city VARCHAR(20)DEFAULT NULL COMMENT '城市',
  PRIMARY KEY('id')
);
```

在 MySQL 中,查看 customer 表的表结构,如图 7-8 所示。

7.2.3 编写实体类(持久化类)

持久化类是应用程序中的业务实体类,这里的持久化是指类的对象能够被持久化保存到数据库中。Hibernate 使用普通 Java 对象(Plain Old Java Object),即 POJO 的编程模式来进行持久化。POJO 类中包含的是与数据库表相对应的各个属性,这些属性通过 getter 和 setter 方法来访问,对外部隐藏了内部的实现细节。下面就来编写 Customer 持久化类。

在项目 src 目录下,创建 cn.itcast.domain 包,并在包中创建实体类 Customer(对应数

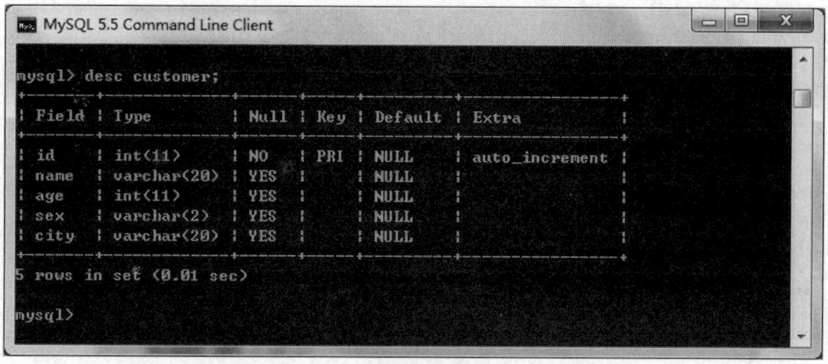

```
MySQL 5.5 Command Line Client

mysql> desc customer;
+-------+-------------+------+-----+---------+----------------+
| Field | Type        | Null | Key | Default | Extra          |
+-------+-------------+------+-----+---------+----------------+
| id    | int(11)     | NO   | PRI | NULL    | auto_increment |
| name  | varchar(20) | YES  |     | NULL    |                |
| age   | int(11)     | YES  |     | NULL    |                |
| sex   | varchar(2)  | YES  |     | NULL    |                |
| city  | varchar(20) | YES  |     | NULL    |                |
+-------+-------------+------+-----+---------+----------------+
5 rows in set (0.01 sec)

mysql>
```

图 7-8 MySQL 中查看 customer 表的表结构

据库表 customer)，Customer 类包含与 customer 数据表字段对应的属性，以及相应的 getter 和 setter 方法，如文件 7-1 所示。

文件 7-1 Customer. java

```
package cn.itcast.domain;
public class Customer {
    private Integer id;                     //主键 id
    private String name;                    //姓名
    private Integer age;                    //年龄
    private String sex;                     //性别
    private String city;                    //所在城市
    public Integer getId(){
        return id;
    }
    public void setId(Integer id){
        this.id=id;
    }
    public String getName(){
        return name;
    }
    public void setName(String name){
        this.name=name;
    }
    public Integer getAge(){
        return age;
    }
    public void setAge(Integer age){
        this.age=age;
    }
    public String getSex(){
        return sex;
    }
    public void setSex(String sex){
        this.sex=sex;
    }
    public String getCity(){
```

```
            return city;
        }
        public void setCity(String city){
            this.city=city;
        }
        //重写 Object 类下的 toString()方法
        public String toString(){
            return "Customer [id="+id+", name="+name+", age="+age
                    +", sex="+sex+", city="+city+"]";
        }
}
```

在文件 7-1 中，包含 5 个属性，以及相对应的 getter 和 setter 方法，这 5 个属性分别与数据表中的字段相对应。由于 Hibernate 默认访问的是各个属性的 getter 和 setter 方法，所以为了实现类的封装性，建议为持久化类的各个属性添加 getter 和 setter 方法。

通常持久化类的编写应该遵循一些规则，具体如下：

- 持久化类中必须提供无参数 public 构造器(如果没有提供任何构造方法，虚拟机会自动提供默认构造方法，但是如果提供了其他有参数的构造方法的话，虚拟机就不再提供默认构造方法，必须要手动编写无参构造方法)。
- 持久化类中所有属性使用 private 修饰，提供 public 的 getters 和 setters 方法。
- 必须提供标识属性 OID，与数据库表中主键对应，例如 Customer 类 id 属性。
- 持久化类属性应尽量使用基本数据类型的包装类型。例如 int 类型需要使用 Integer 、long 类型的使用 Long，目的是为了与数据库表的字段默认值 null 一致。
- 持久化类不要用 final 修饰，使用 final 将无法生成代理对象进行优化。

7.2.4 编写映射文件 Customer. hbm. xml

实体类 Customer 目前还不具备持久化操作的能力，而 Hibernate 需要知道实体类 Customer 映射到数据库 Hibernate 中的哪个表，以及类中的哪个属性对应数据库表中的哪个字段，这些都需要在映射文件中配置。

在实体类 Customer 所在的包中，创建一个名称为 Customer. hbm. xml 的映射文件，在该文件中定义了实体类 Customer 的属性是如何映射到 customer 表的列上的，如文件 7-2 所示。

文件 7-2 Customer. hbm. xml

```
<?xml version="1.0" encoding="UTF-8"?>
<!DOCTYPE hibernate-mapping PUBLIC
    "-//Hibernate/Hibernate Mapping DTD 3.0//EN"
    "http://www.hibernate.org/dtd/hibernate-mapping-3.0.dtd">
<hibernate-mapping>
  <!--name 代表的是实体类名,table 代表的是表名 -->
  <class name="cn.itcast.domain.Customer" table="customer">
    <!--name=id 代表的是 customer 类中属性
```

```
            column=id 代表的是 table 表中的字段 -->
        <id name="id" column="id">
            <generator class="native"/><!--主键生成策略 -->
        </id>
        <!--其他属性使用 property 标签来映射 -->
        <property name="name" column="name" type="string" />
        <property name="age" column="age" type="integer" />
        <property name="sex" column="sex" type="string"/>
        <property name="city" column="city" type="string"/>
    </class>
</hibernate-mapping>
```

在文件 7-2 中，展示了实体类 Customer 与数据库表 customer 的映射。

在 Customer. hbm. xml 映射文件中有一些重要元素节点，为了便于读者理解，下面对这些节点进行简单的介绍，具体如下。

- <class>节点：用于配置一个实体类的映射信息，其 name 属性对应实体类名，table 属性对应数据库中的表名。
- <id>节点：<class>节点下，必须有一个<id>节点，用于定义实体的标识属性(对应数据库表中的主键)，<id>节点的 name 属性对应实体类的属性，<column>用于对应数据库表中的列，这里即表的主键，<generator>子节点用于指定主键的生成策略。
- <property>子节点：<class>节点下的<property>子节点用于映射普通属性。其 name 属性对应实体中的属性，column 属性对应数据库表中的字段，type 属性表示其属性的类型。

关于 *. hbm. xml 映射文件，将在本章的 7. 3. 1 节中进行更为详细的讲解。

7.2.5　编写核心配置文件 hibernate. cfg. xml

Hibernate 的映射文件反映了持久化类和数据库表的映射信息，而 Hibernate 的配置文件则主要用来配置数据库连接以及 Hibernate 运行时所需要的各个属性的值。在项目的 src 下创建一个名称为 hibernate. cfg. xml 的文件，如文件 7-3 所示。

文件 7-3　hibernate. cfg. xml

```
<?xml version="1.0" encoding="UTF-8"?>
<!DOCTYPE hibernate-configuration PUBLIC
    "-//Hibernate/Hibernate Configuration DTD 3.0//EN"
    "http://www.hibernate.org/dtd/hibernate-configuration-3.0.dtd">
<hibernate-configuration>
    <session-factory>
        <!--指定方言 -->
        <property name="hibernate.dialect">
            org.hibernate.dialect.MySQLDialect
        </property>
        <!--数据库驱动 -->
        <property name="hibernate.connection.driver_class">
```

```
            com.mysql.jdbc.Driver
        </property>
        <!--连接数据库的 url -->
        <property name="hibernate.connection.url">
            jdbc:mysql:///hibernate
        </property>
        <!--数据库的用户名 -->
        <property name="hibernate.connection.username">
            root
        </property>
        <!--数据库的密码 -->
        <property name="hibernate.connection.password">
            itcast
        </property>
        <!--其他配置 -->
        <!--显示 SQL 语句 -->
        <property name="hibernate.show_sql">true</property>
        <!--格式化 SQL 语句 -->
        <property name="format_sql">true</property>
        <!--用来关联 hbm 配置文件 -->
        <mapping resource="cn/itcast/domain/Customer.hbm.xml" />
    </session-factory>
</hibernate-configuration>
```

在上述配置文件代码中，设置了数据库连接的相关属性以及其他的一些常用属性，并且通过 mapping 的 resource 属性将对象的映射信息加入到了 Hibernate 的配置文件中。

7.2.6 编写测试类，进行增删改查操作

在项目中新建一个名称为 test 的 source folder 源文件夹，并在此文件夹中创建一个名称为 cn.itcast.test 的包，然后在包中建立一个名为 CustomerTest.java 的文件，该文件是用来测试的类文件。接下来，在该文件中分别演示增删改查操作，具体如下：

1. 添加数据

首先，在 CustomerTest 类中编写添加数据的操作，如文件 7-4 所示。

文件 7-4 CustomerTest.java

```
package cn.itcast.test;
import org.hibernate.Session;
import org.hibernate.SessionFactory;
import org.hibernate.Transaction;
import org.hibernate.cfg.Configuration;
import org.junit.Test;
import cn.itcast.domain.Customer;
//测试类
public class CustomerTest {
    //添加操作
    @Test
```

```
    public void insertTest(){
        //1.加载 hibernate.cfg.xml 配置
        Configuration config=new Configuration().configure();
        //2.获取 SessionFactory
        SessionFactory sessionFactory=config.buildSessionFactory();
        //3.得到一个 Session
        Session session=sessionFactory.openSession();
        //4.开启事务
        Transaction t=session.beginTransaction();
        //5.操作
        Customer c=new Customer();     //5.1 创建对象并为对象中的属性赋值
        c.setName("王五");
        c.setAge(20);
        c.setCity("上海");
        c.setSex("男");
        //5.2 将数据存储到表中
        session.save(c);
        //6.提交事务
        t.commit();
        //7.关闭资源
        session.close();
        sessionFactory.close();
    }
}
```

在文件 7-4 中，首先创建 Configuration 类的实例，并通过它来读取并解析配置文件 hibernate.cfg.xml。然后创建 SessionFactory 读取解析映射文件信息，并将 Configuration 对象中的所有配置信息复制到 SessionFactory 内存中。接下来，打开 Session，让 SessionFactory 提供连接，并开启一个事务，之后创建对象，向对象中添加数据，通过 session.save()方法完成向数据库中保存数据的操作。最后提交事务，并关闭资源。

多学一招：添加 JUnit 测试

在软件开发过程中，需要有相应的测试工作。依据测试目的不同，可以将软件测试分为单元测试、集成测试、确认测试和系统测试等。其中单元测试在软件开发阶段是最底层的测试，它易于及时发现并解决问题。JUnit 就是一个进行单元测试的开源框架。

本程序使用的就是单元测试框架 JUnit4，使用此框架测试时，不需要 main 方法，就可以直接对类中的方法进行运行测试。其中@Test 是用来测试的注解，要测试哪个方法，只需要在相应测试的方法上添加此注解即可。当在需要测试的方法上写入@Test 后，Eclipse 会在@Test 处报出 Test cannot be resolved to a type 的错误，将鼠标移到@Test 处，在显示的弹出窗口中，单击 Add JUnit4 library to the build path，程序会自动将 JUnit4 的支持包加入到项目中，如图 7-9 所示。

添加后在项目中会多出两个关于 JUnit4 的 JAR 包，在 Eclipse 中的显示如图 7-10 所示。

在 CustomerTest 类中，使用鼠标右键单击 insertTest 方法，在弹出的快捷菜单中选择 Run As→JUnit Test 选项来运行测试，如图 7-11 所示。

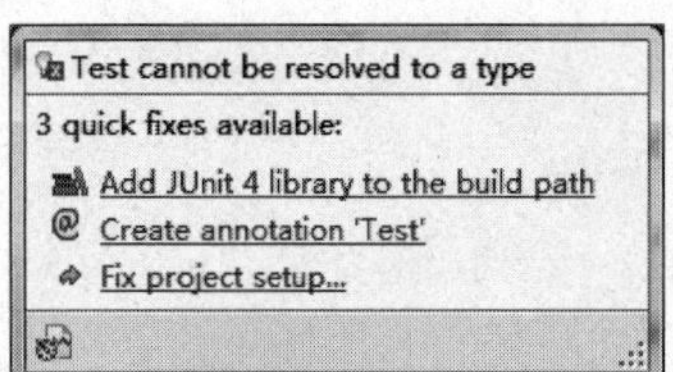

图 7-9 添加 JUnit4

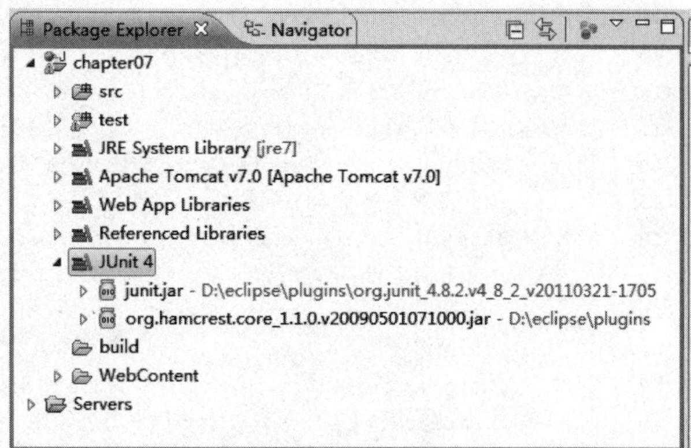

图 7-10 JUnit 框架支持包

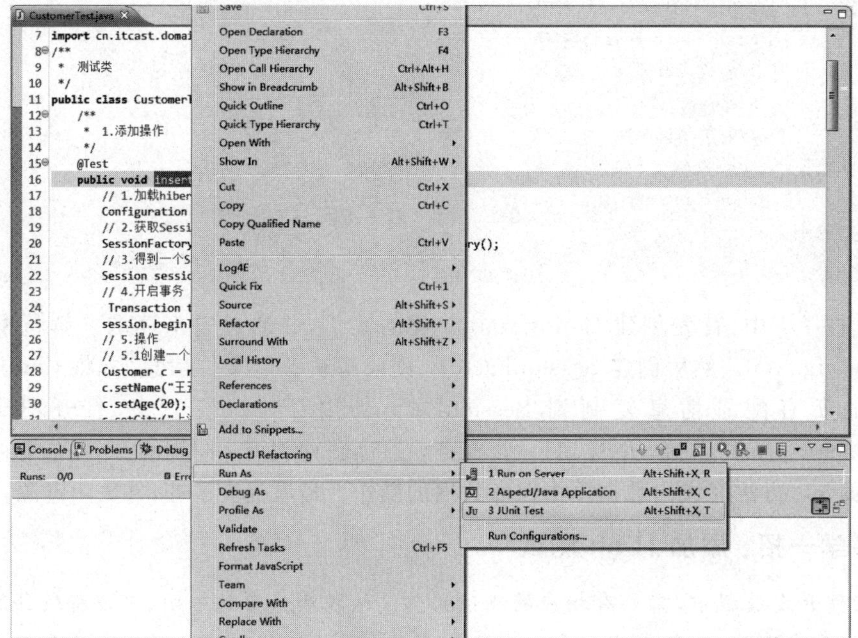

图 7-11 运行 JUnit

单击 JUnit Test 选项后，测试结果如图 7-12 所示。

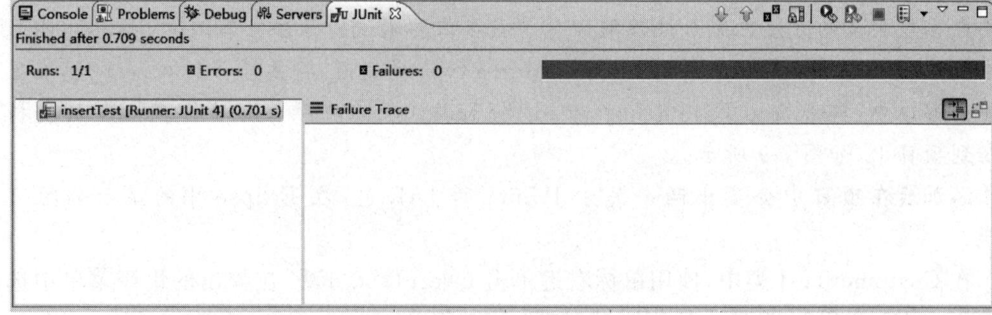

图 7-12 运行结果

在图 7-12 中,JUnit 选项卡的进度条为绿色表明运行结果正确,如果进度条为红色则表示有错误,并且会在窗口中显示所报的错误信息。

测试执行通过后,在 MySQL 数据库中查询 customer 表的数据,结果如图 7-13 所示。

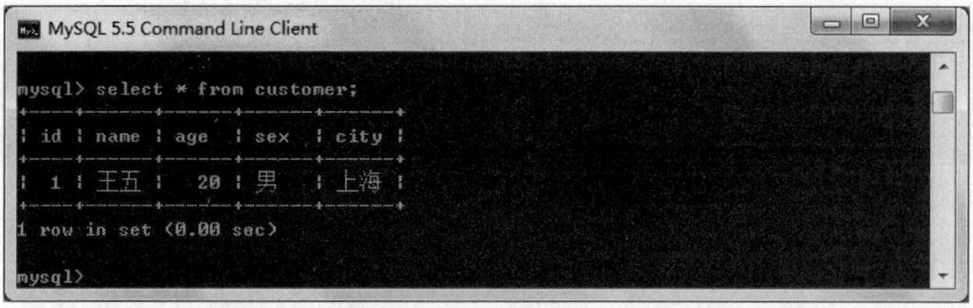

```
MySQL 5.5 Command Line Client
mysql> select * from customer;
+----+------+------+------+------+
| id | name | age  | sex  | city |
+----+------+------+------+------+
|  1 | 王五 |   20 | 男   | 上海 |
+----+------+------+------+------+
1 row in set (0.00 sec)

mysql>
```

图 7-13　执行 save()方法后 customer 表中的数据

从图 7-13 中可以看出,向 customer 表中添加数据成功。

2. 修改数据

上面已经通过 Hibernate 向数据库表中添加了一条数据,接下来学习如何使用 Hibernate 修改数据库表中的数据。

在文件 7-4 CustomerTest.java 中,添加一个名为 updateTest()的方法,此方法中编写了使用 Hibernate 修改数据表的方法,其代码如下所示:

```
@Test
public void updateTest(){
    //1.加载 hibernate.cfg.xml 配置
    Configuration config=new Configuration().configure();
    //2.获取 SessionFactory
    SessionFactory sessionFactory=config.buildSessionFactory();
    //3.得到一个 Session
    Session session=sessionFactory.openSession();
    //4.开启事务
    Transaction t=session.beginTransaction();
    //5.操作
    Customer c=new Customer();        //5.1 创建一个对象
    c.setId(1);
    c.setName("李四");
    c.setAge(20);
    c.setSex("男");
    c.setCity("广州");
    session.update(c);                //5.2 将数据存储到表中
    //6.提交事务
    t.commit();
    //7.关闭资源
    session.close();
    sessionFactory.close();
}
```

从上述代码可以看出,Hibernate 修改数据的方法与其保存数据的方法类似,只是在其第5步操作的时候，重新设置了对象的数据，将id为1的Customer对象的名称改为李四、城市改为广州，并通过session.update()方法执行更新操作。

选中updateTest()方法，通过JUnit4运行此方法，其控制台显示如图7-14所示。

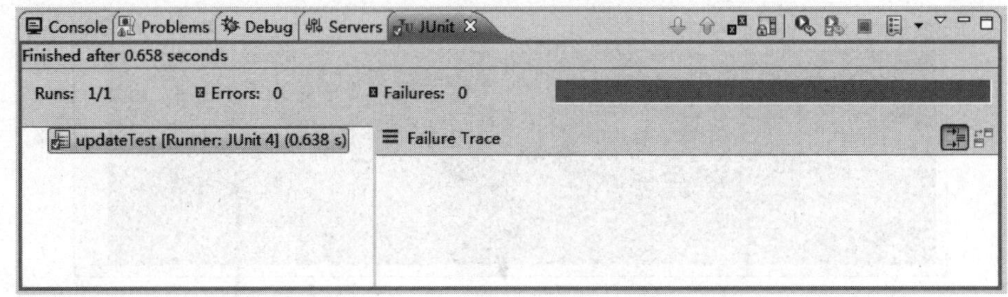

图 7-14　updateTest()方法测试

从图7-14中可以看出，其进度条为绿色，表明运行结果正确，再次查询MySQL数据库中customer表中数据，其结果如图7-15所示。

```
MySQL 5.5 Command Line Client
mysql> select * from customer;
+----+------+------+-----+------+
| id | name | age  | sex | city |
+----+------+------+-----+------+
|  1 | 李四 |   20 | 男  | 广州 |
+----+------+------+-----+------+
1 row in set (0.01 sec)

mysql>
```

图 7-15　更新数据后的数据表

从图7-15中可以看出，数据已被更改，说明向customer表中更新数据成功。

3. 查询数据

在文件7-4 CustomerTest.java中，添加一个名称为findByIdTest()的查询数据的方法，用于根据指定id查询数据库中的数据，其方法代码如下所示：

```
@Test
public void findByIdTest(){
    //1.加载 hibernate.cfg.xml 配置
    Configuration config=new Configuration().configure();
    //2.获取 SessionFactory
    SessionFactory sessionFactory=config.buildSessionFactory();
    //3.得到一个 Session
    Session session=sessionFactory.openSession();
    //4.开启事务
    Transaction t=session.beginTransaction();
    //5.操作
    //对于 hibernate 中根据 id 的查找操作,可以使用两个方法 get()、load()
     Customer c= (Customer)session.get(Customer.class, 1);
    //Customer c= (Customer)session.load(Customer.class, 1);
```

```
        System.out.println("姓名:"+c.getName());
        System.out.println("年龄:"+c.getAge());
        System.out.println("性别:"+c.getSex());
        System.out.println("所在城市:"+c.getCity());
        //6.提交事务
        t.commit();
        //7.关闭资源
        session.close();
        sessionFactory.close();
}
```

从上述代码可以看出，与增加和修改数据相比，查询操作在第 5 步中使用 session.get()的方法，通过 Customer 类以及 id 来获取对象数据，然后将查询出的对象数据输出到控制台。使用 JUnit4 测试运行 findByIdTest()方法后，控制台的显示如图 7-16 所示。

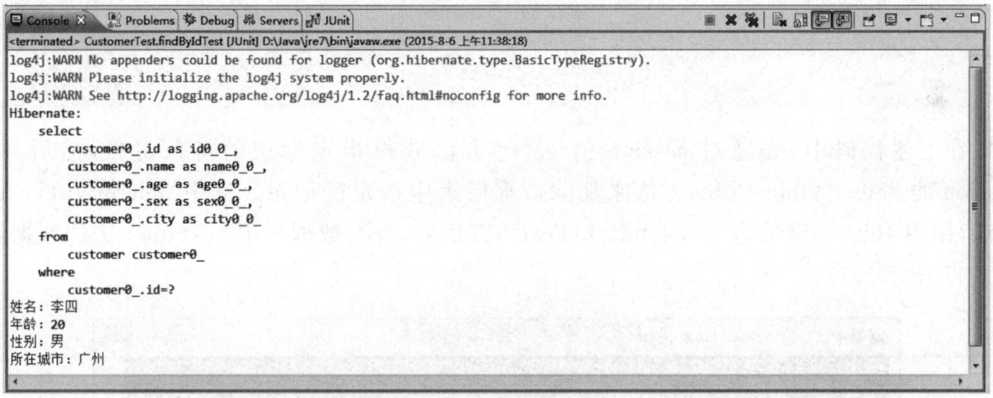

```
Console ✕  Problems  Debug  Servers  JUnit
<terminated> CustomerTest.findByIdTest [JUnit] D:\Java\jre7\bin\javaw.exe (2015-8-6 上午11:38:18)
log4j:WARN No appenders could be found for logger (org.hibernate.type.BasicTypeRegistry).
log4j:WARN Please initialize the log4j system properly.
log4j:WARN See http://logging.apache.org/log4j/1.2/faq.html#noconfig for more info.
Hibernate:
    select
        customer0_.id as id0_0_,
        customer0_.name as name0_0_,
        customer0_.age as age0_0_,
        customer0_.sex as sex0_0_,
        customer0_.city as city0_0_
    from
        customer customer0_
    where
        customer0_.id=?
姓名：李四
年龄：20
性别：男
所在城市：广州
```

图 7-16　查询结果

从图 7-16 中可以看出，控制台开始处出现警告部分，这是由于没有配置 log4j 配置文件所显示的，此处可先不必理会。中间部分是 Hibernate 生成的 SQL 语句信息，此处是由于在 hibernate.cfg.xml 中增加了显示 SQL 语句和格式化 SQL 的配置信息，才显示出来的。最后就是所查询数据代码的输出信息。

注意：在 Hibernate 中，Session 实例提供了 get()和 load()两种加载数据的方式，它们都能将数据从数据库中取出。两者的区别是使用 get()方法加载数据时，如果指定的记录不存在，则返回 null，而使用 load()方法加载数据时，如果指定记录不存在，则会报出 ObjectNotfountException 异常，这一异常说明使用 load()方法加载数据时，要求记录必须存在。

4．删除数据

最后，使用 Hibernate 对数据库中的表数据进行删除操作。在文件 7-4 中增加一个名称为 deleteByIdTest()的方法，在该方法中使用 Hibernate 将一条记录从数据表中删除，其方法代码如下所示：

```
@Test
public void deleteByIdTest(){
    //1.加载 hibernate.cfg.xml 配置
    Configuration config=new Configuration().configure();
    //2.获取 SessionFactory
    SessionFactory sessionFactory=config.buildSessionFactory();
    //3.得到一个 Session
    Session session=sessionFactory.openSession();
    //4.开启事务
    Transaction t=session.beginTransaction();
    //5.操作
    Customer c=(Customer)session.get(Customer.class, 1);          //先查询
    session.delete(c);                                             //删除
    //6.提交事务
    t.commit();
    //7.关闭资源
    session.close();
    sessionFactory.close();
}
```

在上述代码中，先通过 session 的 get()方法获得指定标识的持久对象，然后通过 session 的 delete(Object obj)方法来删除数据库表中指定的记录。选中 deleteByIdTest()方法，使用 JUnit4 测试运行 deleteByIdTest()方法后，查看数据库中 customer 表的数据，如图 7-17 所示。

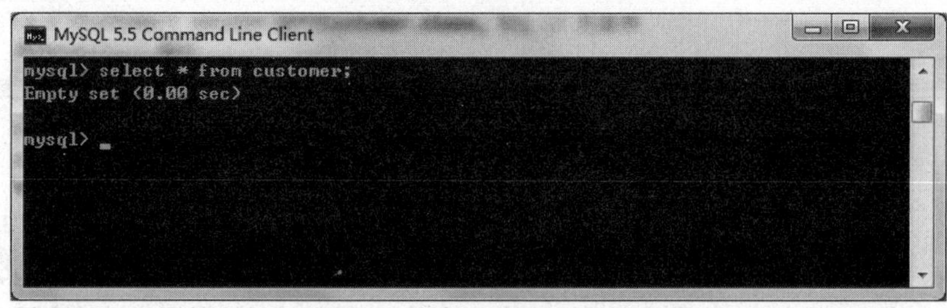

图 7-17 删除操作后的 customer 表

从图 7-17 中可以看出，customer 表中的数据为空，说明表中的唯一一条数据已被成功删除了。

7.3 Hibernate 的核心文件

7.2 节中，使用 Hibernate 实现了一个简单的增删改查案例，在案例中，已经接触过 Hibernate 的映射文件和配置文件。接下来，本节中将对这些文件进行详细的讲解。

7.3.1 Hibernate 的映射文件 *.hbm.xml 详解

映射文件用于向 Hibernate 提供将对象的持久化到关系型数据库中的相关信息，每个映射文件的结构基本都是相同的，其普遍的代码形式如下所示：

```
<?xml version="1.0" encoding="UTF-8"?>
<!-映射文件的 dtd 信息 -->
<!DOCTYPE hibernate-mapping PUBLIC
    "-//Hibernate/Hibernate Mapping DTD 3.0//EN"
    "http://www.hibernate.org/dtd/hibernate-mapping-3.0.dtd">
<hibernate-mapping>
    <!--name 代表的是实体类名 talbe 代表的是表名 -->
  <class name="XXX" table="xxx">
    <!--name=id 代表的是 XXX 类中属性 column=id 代表的是 xxx 表中的字段 -->
    <id name="id" column="id">
        <generator class="native"/><!--主键生成策略 -->
    </id>
    <!--其他属性使用 property 标签来映射 -->
    <property name="XXX" column="xxx" type="string" />
    </class>
</hibernate-mapping>
```

在上述代码中，首先进行了 XML 声明，然后定义了映射文件的 dtd 信息，此 dtd 信息读者不需要去手写，可以在项目的 Web App Libraries 目录(或 Referenced Libraries 目录)中，找到 hibernate 的核心 JAR 包 hibernate3. jar，然后打开此 JAR 包后，在 org. hibernate 包中即可找到 hibernate-mapping-3. 0. dtd 文件。打开此文件后，在文件的最上方即有此 dtd 信息，只需要将此 dtd 信息复制到映射文件中使用即可。hibernate-mapping-3. 0. dtd 文件中的 dtd 信息如图 7-18 所示。

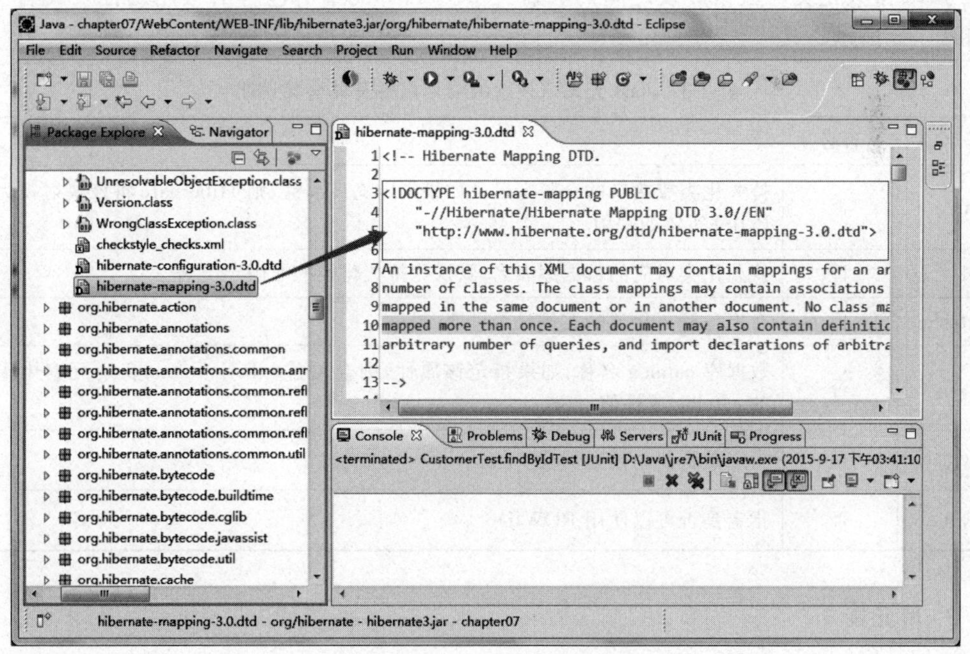

图 7-18 映射文件的 dtd 信息

在上述映射文件的 dtd 信息下面，就是 Hibernate 映射的具体配置。下面将对其配置中的每个元素的常用属性进行详细讲解，具体如下。

1. hibernate-mapping 元素

该元素定义了 XML 配置文件的基本属性,它所定义的属性在映射文件的所有节点都有效。hibernate-mapping 元素所包含的常用属性及其含义说明如表 7-2 所示。

表 7-2 hibernate-mapping 元素所包含的常用属性及其含义说明

属 性 名	是否必须	说　明
package	否	为映射文件中的类指定一个包前缀,用于非全限定类名
schema	否	指定数据库 schema 名
catalog	否	指定数据库 catalog 名
default-access	否	指定 Hibernate 用来访问属性时所使用的策略,默认为 property。当 default-access="property"时,使用 getter 和 setter 方法访问成员变量;当 default-access="field"时,使用反射访问成员变量
default-cascade	否	指定默认的级联样式,默认为空
default-lazy	否	指定 Hibernate 默认所采用的延迟加载策略,默认为 true

2. class 元素

该元素用来声明一个持久化类,它是 XML 配置文件中的主要配置内容。通过它可以定义 Java 持久化类与数据库表之间的映射关系。class 元素所包含的常用属性及其含义说明如表 7-3 所示。

表 7-3 class 元素所包含的常用属性及其含义说明

属性名	是否必须	说　明
name	否	持久化类或接口的全限定名。如果未定义该属性,则 Hibernate 将该映射视为非 POJO 实体的映射
table	否	持久化类对应的数据库表名,默认为持久化类的非限定类名
mutable	否	指出该持久化类的实例是否可变
catalog	否	数据库 catalog 名称,如果指定该属性,则会覆盖 hibernate-mapping 元素中指定的 catalog 属性值
lazy	否	指定是否使用延迟加载
rowid	否	指定是否可以使用 ROWID

3. id 元素

持久化类的标识属性在 Hibernate 的映射文件中使用<id>元素来描述。该属性用来设定持久化类的 OID(Object identifier 对象标识符)和表的主键的映射。id 元素所包含的常用属性及其含义说明如表 7-4 所示。

表 7-4　id 元素所包含的常用属性及其含义说明

属性名	是否必须	说　明
name	否	标识持久化类 OID 的属性名
type	否	持久化类中标识属性的数据类型。如果没有为某个属性显式设定映射类型，Hibernate 会运用反射机制先识别出持久化类的特定属性的 Java 类型，然后自动使用与之对应的默认的 Hibernate 映射类型。Java 的基本数据类型和包装类型对应相同的 Hibernate 映射类型，基本数据类型无法表达 null，所以对于持久化类的 OID，推荐使用包装类型(integer、long、string 等)
column	否	设置标识属性所映射的数据列的列名(主键字段的名字)
unsaved-value	否	若设定了该属性，Hibernate 会通过比较持久化类的 OID 值和该属性值来区分当前持久化类的对象是否为临时对象，在 Hibernate 3 中几乎不再需要
access	否	指定 Hibernate 对标识属性的访问策略，默认为 property。若此处指定了该属性，则会覆盖＜hibernate-mapping＞元素中指定的 default-access 属性

除了上面 5 个元素外，＜id＞元素还可以包含一个可选的子元素＜generator＞。＜generator＞元素指定了主键的生成方式。对于不同的关系型数据库和业务应用来说，其主键的生成方式往往也是不同的，有的可能是依赖数据库自增字段生成主键，有的是按照具体的应用逻辑来决定的，通过＜generator＞元素，就可以指定这些不同的实现方式。这些实现方式在 Hibernate 中，又称之为主键生成策略。

在讲解 Hibernate 的主键生成策略之前，先来了解两个概念，即自然主键和代理主键，具体如下。

- 自然主键：把具有业务含义的字段作为主键，称之为自然主键。例如在 customer 表中，如果把 name 字段作为主键，其前提条件必须是：每一个客户的姓名不允许为 null，不允许客户重名，并且不允许修改客户姓名。尽管这也是可行的，但是不能满足不断变化的业务需求，一旦出现了允许客户重名的业务需求，就必须修改数据模型，重新定义表的主键，这给数据库的维护增加了难度。
- 代理主键：把不具备业务含义的字段作为主键，称之为代理主键。该字段一般取名为“ID”，通常为整数类型，因为整数类型比字符串类型要节省更多的数据库空间。在上面例子中，显然更合理的方式是使用代理主键。

Hibernate 中，提供了几个内置的主键生成策略，其常用主键生成策略的名称和描述如表 7-5 所示。

表 7-5　主键生成策略

名　称	描　述
increment	用于 long、short 或 int 类型，由 Hibernate 自动以递增的方式生成唯一标识符，每次增量为 1。只有当没有其他进程向同一张表中插入数据时才可以使用，不能在集群环境下使用。适用于代理主键
identity	采用底层数据库本身提供的主键生成标识符，条件是数据库支持自动增长数据类型。在 DB2、MySQL、MS SQL Server、Sybase 和 HypersonicSQL 数据库中可以使用该生成器，该生成器要求在数据库中把主键定义成为自增长类型。适用于代理主键
sequence	Hibernate 根据底层数据库序列生成标识符。条件是数据库支持序列。适用于代理主键

续表

名 称	描 述
hilo	使用一个高/低位算法高效的生成long、short或int类型的标识符。给定一个表和字段(默认的表和字段分别为hibernate_unique_key和next_hi)作为高位值的来源。高/低位算法产生的标识符仅在特定数据库中是唯一的
native	根据底层数据库对自动生成表示符的能力来选择identity、sequence、hilo三种生成器中的一种,适合跨数据库平台开发。适用于代理主键
uuid	Hibernate采用128位的UUID算法来生成标识符。该算法能够在网络环境中生成唯一的字符串标识符,其UUID被编码为一个长度为32位的十六进制字符串。这种策略并不流行,因为字符串类型的主键比整数类型的主键占用更多的数据库空间。适用于代理主键
assigned	由Java程序负责生成标识符,如果不指定id元素的generator属性,则默认使用该主键生成策略。适用于自然主键

4. property元素

在映射文件中,通常使用property元素的name、column和type三个属性将持久化类中的普通属性映射到数据库表的对应字段上,其代码片段如下所示。

```
<!--其他属性使用property标签来映射 -->
<property name="name" column="name" type="string " />
```

在上述代码中,name指定映射类中的属性名,column指定数据库表中的对应字段名,type指定映射字段的数据类型。除了这三个常用的属性外,property元素还包含一些其他属性,其他常用属性说明如表7-6所示。

表7-6 property元素的其他常用属性

属性名	是否必须	说 明
lazy	否	指定当持久化类的实例首次被访问时,是否对该属性使用延迟加载。其默认值是false
unique	否	是否对映射列产生一个唯一性约束。常在产生DDL语句或创建数据库对象时使用
not-null	否	是否允许映射列为空
access	否	Hibernate访问该持久化类属性值所使用的策略。其默认值为property。若此处指定了access属性,则会覆盖<hibernate-mapping>元素中指定的default-access属性

7.3.2 Hibernate的配置文件hibernate.cfg.xml详解

Hibernate的配置文件包含了连接持久层与映射文件所需的基本信息,其配置文件有两种格式,具体如下:

- 一种是properties属性文件格式的配置文件,它使用键值对的形式存放信息,默认文件名称为hibernate.properties。

• 另一种是 XML 格式的配置文件，XML 配置文件的默认名称为 hibernate. cfg. xml。

上述两种格式的配置文件是等价的，具体使用哪个可以自由选择。只是如果 hibernate. properties 和 hibernate. cfg. xml 这两个配置文件同时存在，hibernate. cfg. xml 会覆盖 hibernate. properties 文件。XML 格式的配置文件更易于修改，配置能力更强，当改变底层应用配置时不需要改变和重新编译代码，只修改配置文件的相应属性即可，而 properties 格式的文件则不具有此优势，因此，在实际开发项目中，大多数情况会使用 XML 格式的配置文件。本教材中的案例和项目，都是使用 XML 格式的配置文件。下面将对 XML 格式的配置文件进行详细介绍。

hibernate. cfg. xml 配置文件一般在开发时会放置在 src 的源文件夹下，发布后，该文件会在项目的 WEB-INF/classes 路径下。配置文件的常用配置信息如下所示：

```
<?xml version="1.0" encoding="UTF-8"?>
<!--配置文件的 dtd 信息 -->
<!DOCTYPE hibernate-configuration PUBLIC
    "-//Hibernate/Hibernate Configuration DTD 3.0//EN"
    "http://www.hibernate.org/dtd/hibernate-configuration-3.0.dtd">
<hibernate-configuration>
<session-factory>
    <!--指定方言 -->
    <property name="hibernate.dialect">
        org.hibernate.dialect.MySQLDialect
    </property>
    <!--数据库驱动 -->
    <property name="hibernate.connection.driver_class">
        com.mysql.jdbc.Driver
    </property>
    <!--连接数据库的 URL -->
    <property name="hibernate.connection.url">
        jdbc:mysql:///hibernate
    </property>
    <!--数据库的用户名 -->
    <property name="hibernate.connection.username">
        root
    </property>
    <!--数据库的密码 -->
    <property name="hibernate.connection.password">
        itcast
    </property>
     <!--其他配置 -->
    <!--显示 SQL 语句 -->
    <property name="hibernate.show_sql">true</property>
    <!--格式化 SQL 语句 -->
    <property name="format_sql">true</property>
    <!--用来关联 hbm 配置文件 -->
    <mapping resource="cn/itcast/domain/Customer.hbm.xml" />
  </session-factory>
</hibernate-configuration>
```

在上述代码中，首先进行了 XML 声明，然后是配置文件的 dtd 信息，该信息同样可以在核心包 hibernate3. jar 下的 org. hibernate 包中的 hibernate-configuration-3. 0. dtd 文件中找到，读者只需要复制过来用即可，不需要刻意记忆。

Hibernate 配置文件的根元素是 hibernate-configuration，该元素包含子元素 session-factory，在 session-factory 元素中又包含多个 property 元素，这些 property 元素用来对 Hibernate 连接数据库的一些重要信息进行配置。例如，上面的配置文件中，使用了 property 元素配置了数据库的方言、驱动、URL、用户名、密码等信息。最后通过 mapping 元素的配置，加载出映射文件的信息。

Hibernate 配置文件的一些常用属性名称及用途如表 7-7 所示。

表 7-7 Hibernate 常用配置属性

名　称	用　途
hibernate. dialect	操作数据库方言
hibernate. connection. driver_class	连接数据库驱动程序
hibernate. connection. url	连接数据库 URL
hibernate. connection. username	数据库用户名
hibernate. connection. password	数据库密码
hibernate. show_sql	在控制台上输出 SQL 语句
hibernate. format_sql	格式化控制台输出的 SQL 语句
hibernate. hbm2ddl. auto	当 SessionFactory 创建时是否根据映射文件自动验证表结构或自动创建、自动更新数据库表结构。该参数的取值为 validate、update、create 和 create-drop
hibernate. connection. autocommit	事务是否自动提交

Hibernate 实现了一种插件结构，它可以集成任何连接池软件。Hibernate 对 C3P0 连接池提供了内嵌支持，所以可以在 Hibernate 中直接配置和使用 C3P0。下面就介绍在 hibernate. cfg. xml 中是如何配置和使用 C3P0 的。

首先，导入 C3P0 的 JAR 包，此 JAR 包可以在已下载的 Hibernate 包的 lib 文件夹下的子目录 optional 中找到(c3p0-0. 9. 1. jar)。

然后，在 hibernate. cfg. xml 中添加 C3P0 的配置信息，其添加代码如下所示：

```
<!--C3P0 连接池设定 -->
<!--使用 c3po 连接池 配置连接池提供的供应商 -->
<property name="connection.provider_class">
  org.hibernate.connection.C3P0ConnectionProvider
</property>
<!--在连接池中可用的数据库连接的最少数目 -->
<property name="c3p0.min_size">5</property>
<!--在连接池中所有数据库连接的最大数目 -->
<property name="c3p0.max_size">20</property>
<!--设定数据库连接的过期时间,以毫秒为单位,
```

```
如果连接池中的某个数据库连接处于空闲状态的时间超过了 timeout 时间,
就会从连接池中清除 -->
<property name="c3p0.timeout">120</property>
<!--每 3000 秒检查所有连接池中的空闲连接 以秒为单位 -->
<property name="c3p0.idle_test_period">3000</property>
```

在上述配置代码中，首先声明了 C3P0 的供应商信息，然后配置了连接池中的连接最小数目、最大数目等。配置完这些信息后，C3P0 连接池就可以使用了。

最后，运行测试类 CustomerTest.java 中的 insertTest()方法，测试配置效果。运行后的控制台显示如图 7-19 所示。

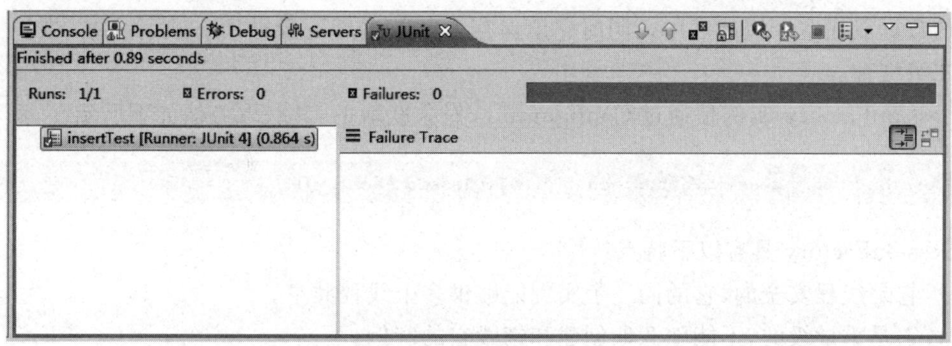

图 7-19　使用 C3P0 连接池测试

从图 7-19 中可以看出，插入数据的操作已经成功，这表明 C3P0 连接池的配置已经成功。

7.4　Hibernate 的核心 API

在 Hibernate 中有 6 个常用的核心接口，它们分别是 Configuration、SessionFactory、Session、Transaction、Query 和 Criteria。接下来，将对这 6 个核心接口进行详细讲解。

7.4.1　Configuration

在使用 Hibernate 时，首先要创建 Configuration 实例，Configuration 实例主要用于启动、加载、管理 hibernate 的配置文件信息。在启动 Hibernate 的过程中，Configuration 实例首先确定 Hibernate 配置文件的位置，然后读取相关配置，最后创建一个唯一的 SessionFactory 实例。Configuration 对象只存在于系统的初始化阶段，它将 SessionFactory 创建完成后，就完成了自己的使命。

Hibernate 通常使用 Configuration config＝new Configuration().configure();的方式创建实例，此种方式默认会去 src 下读取 hibernate.cfg.xml 配置文件。如果不想使用默认的 hibernate.cfg.xml 配置文件，而是使用指定目录下(或自定义)的配置文件，则需要向 configure()方法中传递一个文件路径的参数，其代码写法如下：

```
Configuration config=new Configuration().configure("xml 文件位置");
```

此种写法 hibernate 会去指定位置查找配置文件，例如，想要使用 src 下 config 包中的 hibernate.cfg.xml 文件，只需将文件位置加入 configure()中即可，其代码如下所示：

```
Configuration config=new Configuration()
            .configure("/config/hibernate.cfg.xml");
```

7.4.2 SessionFactory

SessionFactory 接口负责 Hibernate 的初始化和建立 Session 对象。它在 Hibernate 中起到一个缓冲区的作用，Hibernate 可以将自动生成的 SQL 语句、映射数据以及某些可重复利用的数据放在这个缓冲区中。同时它还保存了对数据库配置的所有映射关系，维护了当前的二级缓存。

SessionFactory 实例是通过 Configuration 对象获取的，其获取方法如下所示。

```
SessionFactory sessionFactory=config.buildSessionFactory();
```

SessionFactory 具有以下特点：

- 它是线程安全的，它的同一个实例能够供多个线程共享。
- 它是重量级的，不能随意地创建和销毁它的实例。

由于 SessionFactory 的这些特点，一般情况下，一个项目中只需要一个 SessionFactory，只有当应用中存在多个数据源时，才为每个数据源建立一个 SessionFactory 实例。因此，在实际项目使用中，通常会抽取出一个 HibernateUtils 的工具类，用来提供 Session 对象。下面就介绍一个简单的抽取方式，代码如下所示：

```
public class HibernateUtils {
    //声明一个私有的静态 final 类型的 Configuration 对象
    private static final Configuration config;
    //声明一个私有的静态 final 类型的 SessionFactory 对象
    private static final SessionFactory factory;
    //通过静态代码块构建 SessionFactory
    static {
        config=new Configuration().configure();
        factory=config.buildSessionFactory();
    }
    //提供一个公有的静态方法供外部获取,并返回一个 Session 对象
    public static Session getSession(){
        return factory.openSession();
    }
}
```

在上述代码中，首先声明了一个私有的静态 final 类型的 Configuration 对象和 SessionFactory 对象，来供类中的其他成员使用，接下来通过静态方法构建 SessionFactory 实例，最后提供了一个公有的静态方法供外部获取 Session 对象。通过此工具类，在项目中就可以直接通过 HibernateUtils.getSession()的方式获取 Session 对象。

7.4.3 Session

Session 是应用程序与数据库之间交互操作的一个单线程对象，是 Hibernate 运作的中心，它的主要作用是为持久化对象提供创建、读取和删除等功能，所有持久化对象必须在 Session 的管理下才可以进行持久化操作。

创建 SessionFactory 实例后，就可以通过它获取 Session 实例。获取 Session 实例有两种方式，一种是通过 openSession()方法，另一种是通过 getCurrentSession()方法。两种方法获取 Session 的代码如下所示：

```
//采用 openSession 方法创建 Session
Session session=sessionFactory.openSession();
//采用 getCurrentSession()方法创建 Session
Session session=sessionFactory.getCurrentSession();
```

以上两种获取 Session 实例方式的主要区别是：采用 openSession 方法获取 Session 实例时，SessionFactory 直接创建一个新的 Session 实例，并且在使用完成后需要调用 close 方法进行手动关闭。而 getCurrentSession 方法创建的 Session 实例会被绑定到当前线程中，它在提交或回滚操作时会自动关闭。

Session 是线程不安全的，多个并发线程同时操作一个 Session 实例时，就可能导致 Session 数据存取的混乱(方法内部定义和使用 Session 时，不会出现线程问题)。因此设计软件架构时，应避免多个线程共享一个 Session 实例。同时它也是轻量级的，实例的创建和销毁不需要消耗太多的资源。它还有一个缓存，即 Hibernate 的一级缓存，这个缓存主要用于存放当前工作单元加载的对象。

在 Session 中提供了大量的常用方法，具体如下。

- save()、update()和 saveOrUpdate()方法：用于增加和修改对象。
- delete()方法：用于删除对象。
- get()和 load()方法：根据主键查询。
- createQuery()和 createSQLQuery()方法：用于数据库操作对象。
- createCriteria()方法：条件查询。

7.4.4 Transaction

Transaction 接口主要用于管理事务，它是 Hibernate 的数据库事务接口，且对底层的事务接口进行了封装。Transaction 接口的事务对象是通过 Session 对象开启的，其开启方式如下所示。

```
Transaction transaction=session.beginTransaction();
```

在 Transaction 接口中，提供了事务管理的常用方法，具体如下。

- commit()方法：提交相关联的 Session 实例。
- rollback()方法：撤销事务操作。
- wasCommitted()方法：检查事务是否提交。

Session 执行完数据库操作后，要使用 Transaction 接口的 commit()方法进行事务提交，才能真正地将数据操作同步到数据库中。发生异常时，需要使用 rollback()方法进行事务回滚，以避免数据发生错误。因此，在持久化操作后，必须调用 Transaction 接口的 commit()方法和 rollback()方法。如果没有开启事务，那么每个 Session 的操作都相当于一个独立的操作。

7.4.5 Query

Query 代表面向对象的一个 Hibernate 查询操作。在 Hibernate 中，通常使用 session.createQuery()方法接收一个 HQL 语句，然后调用 Query 的 list()或 uniqueResult()方法执行查询。所谓的 HQL 是 Hibernate Query Language 的缩写，其语法很像 SQL 语法，但它是完全面向对象的。

在 Hibernate 中使用 Query 对象的步骤，具体如下所示：

(1) 获得 Hibernate Session 对象。

(2) 编写 HQL 语句。

(3) 调用 session.createQuery 创建查询对象。

(4) 如果 HQL 语句包含参数，则调用 Query 的 setXxx 设置参数。

(5) 调用 Query 对象的 list()或 uniqueResult()方法执行查询。

了解了使用 Query 对象的步骤后，接下来通过具体示例来演示 Query 对象的查询操作。

在 chapter07 项目的 cn.itcast.test 包中新建一个名称为 QueryTest 的类，在类中添加一个名称为 findAll_hqlTest()的方法，如文件 7-5 所示。

文件 7-5 QueryTest.java

```
package cn.itcast.test;
import java.util.List;
import org.hibernate.Query;
import org.hibernate.Session;
import org.hibernate.SessionFactory;
import org.hibernate.Transaction;
import org.hibernate.cfg.Configuration;
import org.junit.Test;
import cn.itcast.domain.Customer;
public class QueryTest {
    @Test
    public void findAll_hqlTest(){
        Configuration config=new Configuration().configure();
        SessionFactory sessionFactory=config.buildSessionFactory();
        //1.得到一个 Session
        Session session=sessionFactory.openSession();
        Transaction t=session.beginTransaction();
        //2.编写 HQL,其中的 Customer 代表的是类
        String hql="from Customer";
        //3.调用 session.createQuery 创建查询对象
        Query query=session.createQuery(hql);
        //4.使用 query.list()方法查询数据,并将数据放入一个 list 集合
```

```
        List<Customer>list=query.list();
        //循环输出集合中的数据
        for(Customer c : list){
            System.out.println(c);
        }
        t.commit();
        session.close();
        sessionFactory.close();
    }
}
```

在文件 7-5 中,首先得到一个 Session 对象,然后编写了所要执行的 HQL 语句,此处需要注意的是:Customer 代表的是 Customer 类,而不是数据库中的 customer 表。再通过调用 session.createQuery()方法创建查询对象,使用 query.list()方法查询数据,并将所查询出的数据放入到 list 集合中,最后循环输出查询结果。在运行此方法之前,先查询一下数据库中 customer 表中的数据,如图 7-20 所示。

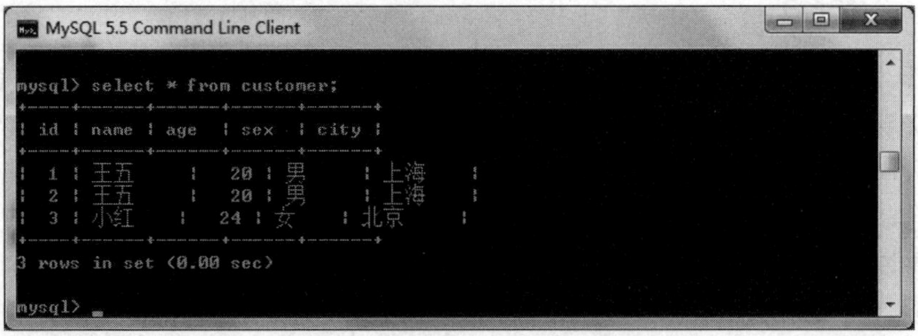

```
MySQL 5.5 Command Line Client
mysql> select * from customer;
+----+------+------+------+------+
| id | name | age  | sex  | city |
+----+------+------+------+------+
|  1 | 王五 |   20 | 男   | 上海 |
|  2 | 王五 |   20 | 男   | 上海 |
|  3 | 小红 |   24 | 女   | 北京 |
+----+------+------+------+------+
3 rows in set (0.00 sec)

mysql> _
```

图 7-20　表 customer 中的数据

从图 7-20 中可以看出,表中有三条数据,接下来,使用 JUnit4 测试运行 findAll_hqlTest()方法后,控制台的显示结果如图 7-21 所示。

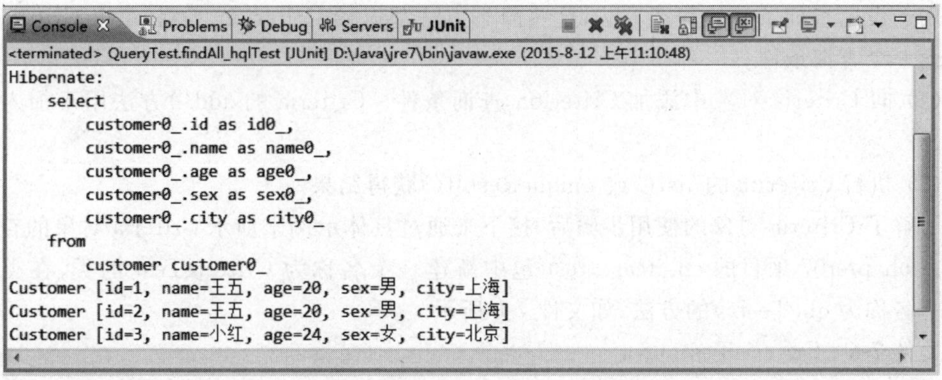

```
Console  Problems  Debug  Servers  JUnit
<terminated> QueryTest.findAll_hqlTest [JUnit] D:\Java\jre7\bin\javaw.exe (2015-8-12 上午11:10:48)
Hibernate:
    select
        customer0_.id as id0_,
        customer0_.name as name0_,
        customer0_.age as age0_,
        customer0_.sex as sex0_,
        customer0_.city as city0_
    from
        customer customer0_
Customer [id=1, name=王五, age=20, sex=男, city=上海]
Customer [id=2, name=王五, age=20, sex=男, city=上海]
Customer [id=3, name=小红, age=24, sex=女, city=北京]
```

图 7-21　Query 查询输出结果

从图 7-21 可以看出,程序通过使用 Query 接口,将 customer 表中的三条数据全部输出。详细的 HQL 使用会在后续章节中讲解,此处读者只需了解 Hibernate 中是如何使用 Query 接口进行数据查询的即可。

Query 中除了使用 list()方法查询全部数据外，还有其他一些常用方法，具体如下。

- setter 方法：Query 接口中提供了一系列的 setter 方法用于设置查询语句中的参数，针对不同的数据类型，需要用到不同的 setter 方法。
- iterator()方法：该方法用于查询语句，返回的结果是一个 Iterator 对象，在读取时只能按照顺序方式读取，它仅把使用到的数据转换成 Java 实体对象。
- uniqueResult()方法：该方法用于返回唯一的结果，在确保只有一条记录的查询时可以使用该方法。
- executeUpdate()方法：该方法是 Hibernate3 的新特性，它支持 HQL 语句的更新和删除操作。
- setFirstResult()方法：该方法可以设置获取第一个记录的位置，也就是它表示从第几条记录开始查询，默认从 0 开始计算。
- setMaxResult()方法：该方法用于设置结果集的最大记录数，通常与 setFirstResult()方法结合使用，用于限制结果集的范围，以实现分页功能。

7.4.6 Criteria

Criteria 是一个完全面向对象、可扩展的条件查询 API，通过它完全不需要考虑数据库底层如何实现，以及 SQL 语句如何编写，它是 Hibernate 框架的核心查询对象。Criteria 查询又称为 QBC 查询(Query By Criteria)，它是 Hibernate 的另一种对象检索方式。

org.hibernate.criterion.Criterion 是 Hibernate 提供的一个面向对象查询条件接口，一个单独的查询就是 Criterion 接口的一个实例，用于限制 Criteria 对象的查询，在 Hibernate 中 Criterion 对象的创建通常是通过 Restrictions 工厂类完成的，它提供了条件查询方法。

通常，使用 Criteria 对象查询数据的主要步骤具体如下。

(1) 获得 Hibernate 的 Session 对象。

(2) 通过 Session 获得 Criteria 对象。

(3) 使用 Restrictions 的静态方法创建 Criterion 条件对象。Restrictions 类中提供了一系列用于设定查询条件的静态方法，这些静态方法都返回 Criterion 实例，每个 Criterion 实例代表一个查询条件。

(4) 向 Criteria 对象中添加 Criterion 查询条件。Criteria 的 add()方法用于加入查询条件。

(5) 执行 Criterita 的 list()或 uniqueResult()获得结果。

了解了 Criteria 对象的使用步骤后，接下来通过具体示例来演示 Criteria 对象的查询操作。在 chapter07 项目的 cn.itcast.test 包中新建一个名称为 CriteriaTest 的类，在类中添加一个名称为 qbcTest()的方法，如文件 7-6 所示。

文件 7-6 CriteriaTest.java

```
package cn.itcast.test;
import java.util.List;
import org.hibernate.Criteria;
import org.hibernate.Session;
import org.hibernate.SessionFactory;
```

```
import org.hibernate.Transaction;
import org.hibernate.cfg.Configuration;
import org.hibernate.criterion.Restrictions;
import org.junit.Test;
import cn.itcast.domain.Customer;
public class CriteriaTest {
    @Test
    public void qbcTest(){
        Configuration config=new Configuration().configure();
        SessionFactory sessionFactory=config.buildSessionFactory();
        //1.得到一个 Session
        Session session=sessionFactory.openSession();
        Transaction t=session.beginTransaction();
        //2.通过 Session 获得 Criteria 对象
        Criteria criteria=session.createCriteria(Customer.class);
        //3.使用 Restrictions 的 eq 方法设定查询条件为 name="王五",
        //4.向 Criteria 对象中添加 name="王五"的查询条件
        criteria.add(Restrictions.eq("name", "王五"));
        //5.执行 Criterita 的 list()获得结果
        List<Customer>cs=criteria.list();
        for(Customer c : cs){                          //输出结果
            System.out.println(c);
        }
        t.commit();
        session.close();
        sessionFactory.close();
    }
}
```

在文件 7-6 中，首先得到了一个 Session 对象，然后通过 Session 的 createCriteria()方法获得 Criteria 对象，并且使用 Restrictions 的 eq 方法设定查询条件为 name="王五"，并将此查询条件通过 criteria.add()加入到 Criteria 对象中。最后执行 criteria 的 list()方法，获得查询结果。使用 JUnit4 测试运行 qbcTest()方法后，控制台的显示结果如图 7-22 所示。

```
Console ⊠  Problems  Debug  Servers  JUnit
<terminated> CriteriaTest.qbcTest2 [JUnit] D:\Java\jre7\bin\javaw.exe (2015-8-12 下午02:54:03)
Hibernate:
    select
        this_.id as id0_0_,
        this_.name as name0_0_,
        this_.age as age0_0_,
        this_.sex as sex0_0_,
        this_.city as city0_0_
    from
        customer this_
    where
        this_.name=?
Customer [id=1, name=王五, age=20, sex=男, city=上海]
Customer [id=2, name=王五, age=20, sex=男, city=上海]
```

图 7-22　使用 Criteria 条件查询

从图 7-22 中可以看到，使用 Criteria 对象的查询方法，已将数据表中的两个 name="王五"的数据全部输出。

在 Criteria 对象中,除了使用 criteria.list()方法查询全部数据外,还有其他一些常用方法:如果只返回一个值时,可以使用 criteria 的 uniqueResult()方法;如果需要分页时可以使用 setFirstResult()和 setMaxResult()两个方法,setFirstResult()方法表示从第几条记录开始查询,setMaxResult()方法表示查询几条记录。由于篇幅有限,此处就不一一列举具体使用了。

7.5 本章小结

本章首先对 Hibernate 的基本知识进行了讲解,然后通过一个简单的增删改查案例来演示 Hibernate 的使用,最后详细地讲解了 Hibernate 的核心文件以及核心 API。通过本章的学习,读者可以掌握 Hibernate 的基本知识,学会搭建 Hibernate 的项目环境,并能够使用 Hibernate 对数据库进行简单操作,同时需要掌握 Hibernate 的核心配置文件,并了解 Hibernate 核心 API 的使用。

【思考题】

1. 请简述 Hibernate 的优势。
2. 请简述 Hibernate 持久化操作的主要步骤。

扫描右方二维码,查看思考题答案!

第 8 章

持久化对象状态和一级缓存

学习目标

- 了解 Hibernate 持久化对象的三种状态
- 掌握 Hibernate 持久化对象状态的转换方法
- 了解什么是 Hibernate 的一级缓存
- 掌握 Hibernate 一级缓存的常用操作

在 Hibernate 中，持久化对象存储在一级缓存中，Hibernate 的一级缓存就是指 Session 的缓存，Session 可以根据持久化对象的状态变化来同步更新数据库。本章将针对 Hibernate 的持久化状态和一级缓存进行详细的讲解。

8.1 Hibernate 持久化对象的状态

Hibernate 是持久层的 ORM 映射框架，专注于数据的持久化工作。所谓的持久化，就是将内存中的数据永久存储到关系型数据库中。本节将主要对持久化对象的三种状态及状态间的转换进行详细的讲解。

8.1.1 持久化对象的状态

在 Hibernate 中持久化的对象可以划分为三种状态，分别是瞬时态、持久态和脱管态，一个持久化类的实例可能处于三种不同状态中的某一种，三种状态的详细介绍如下。

1. 瞬时态(transient)

瞬时态也称为临时态或者自由态，瞬时态的实例是由 new 命令创建、开辟内存空间的对象，不存在持久化标识 OID(相当于主键值)，尚未与 Hibernate Session 关联，在数据库中也没有记录，失去引用后将被 JVM 回收。瞬时态的对象在内存中是孤立存在的，与数据库中的数据无任何关联，仅是一个信息携带的载体。

2. 持久态(persistent)

持久态的对象存在持久化标识 OID ，加入到了 Session 缓存中，并且相关联的 Session 没有关闭，在数据库中有对应的记录，每条记录只对应唯一的持久化对象，需要注意的是，持久态对象是在事务还未提交前变成持久态的。

3. 脱管态(detached)

脱管态也称离线态或者游离态，当某个持久化状态的实例与 Session 的关联被关闭时就变成了脱管态。脱管态对象存在持久化标识 OID，并且仍然与数据库中的数据存在关联，只是失去了与当前 Session 的关联，脱管状态对象发生改变时 Hibernate 不能检测到。

为了帮助读者更好地理解持久化对象的三种状态，接下来通过具体的案例来演示。

(1) 在 Eclipse 中创建一个名称为 chapter08 的 Web 项目，在 lib 目录下引入 Hibernate 操作所需 JAR 包，如图 8-1 所示。

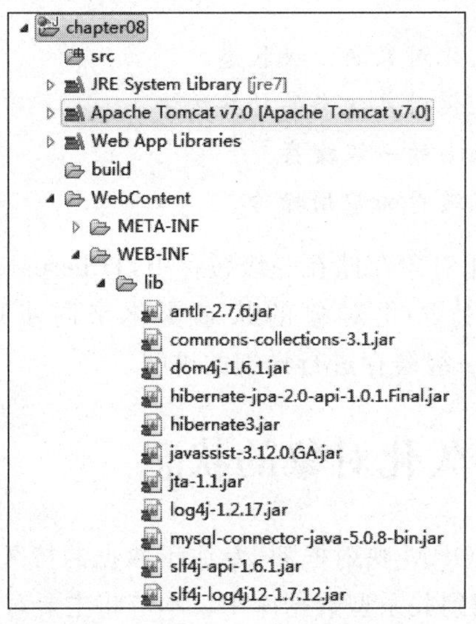

图 8-1 导入 Hibernate 框架所需 JAR 文件

(2) 在 chapter08 项目的 src 目录下创建一个名称为 cn.itcast.entity 的包，在该包下创建一个名称为 Book 的类，如文件 8-1 所示。

文件 8-1 Book.java

```
package cn.itcast.entity;
public class Book {
    private Integer id;                        //id
    private String name;                       //书名
    private Double price;                      //价格
    public Integer getId(){
        return id;
    }
    public void setId(Integer id){
        this.id=id;
    }
    public String getName(){
        return name;
    }
    public void setName(String name){
        this.name=name;
```

```
    }
    public Double getPrice(){
        return price;
    }
    public void setPrice(Double price){
        this.price=price;
    }
    @Override
    public String toString(){
    return "Book [id="+id+", name="+name+", price="+price+"]";
    }
}
```

在文件 8-1 中，定义了 id、name 和 price 三个属性，并提供了其属性的 getter、setter 以及 toString()方法。

(3) 在 cn. itcast. entity 包中创建一个名称为 Book. hbm. xml 的映射文件，如文件 8-2 所示。

文件 8-2　Book. hbm. xml

```
<?xml version="1.0" encoding="UTF-8"?>
<!DOCTYPE hibernate-mapping PUBLIC
    "-//Hibernate/Hibernate Mapping DTD 3.0//EN"
    "http://www.hibernate.org/dtd/hibernate-mapping-3.0.dtd">
 <hibernate-mapping>
   <class name="cn.itcast.entity.Book" table="book">
        <id name="id" column="id" type="int" >
            <generator class="native"/>
        </id>
        <property name="name" length="50"/>
        <property name="price"/>
    </class>
</hibernate-mapping>
```

在文件 8-2 中，持久化类 Book 对应的数据库表是 book 表，类中属性对应数据库表中相同名称的字段。

(4) 在项目的 src 目录下，创建一个名称为 hibernate. cfg. xml 的配置文件，如文件 8-3 所示。

文件 8-3　hibernate. cfg. xml

```
<?xml version="1.0" encoding="UTF-8"?>
<!--配制文件的 dtd 信息 -->
<!DOCTYPE hibernate-configuration PUBLIC
    "-//Hibernate/Hibernate Configuration DTD 3.0//EN"
    "http://www.hibernate.org/dtd/hibernate-configuration-3.0.dtd">
<hibernate-configuration>
    <session-factory>
        <!--指定方言 -->
        <property name="hibernate.dialect">
```

```
            org.hibernate.dialect.MySQLDialect
        </property>
        <!--数据库驱动 -->
        <property name="hibernate.connection.driver_class">
            com.mysql.jdbc.Driver
        </property>
        <!--连接数据库的 URL -->
        <property name="hibernate.connection.url">
            jdbc:mysql:///hibernate
        </property>
        <!--数据库的用户名 -->
        <property name="hibernate.connection.username">
            root
        </property>
        <!--数据库的密码 -->
        <property name="hibernate.connection.password">
            itcast
        </property>
        <!--其他配置 -->
        <!--显示 SQL 语句 -->
        <property name="hibernate.show_sql">true</property>
        <!--格式化 SQL 语句 -->
        <property name="hibernate.format_sql">true</property>
        <!--自动建表 -->
        <property name="hibernate.hbm2ddl.auto">update</property>
        <!--用来关联 hbm 配置文件 -->
        <mapping resource="cn/itcast/entity/Book.hbm.xml" />
    </session-factory>
</hibernate-configuration>
```

在文件 8-3 中，首先配置了 Hibernate 连接数据库的基本信息，然后分别配置了显示 SQL、格式化 SQL 和自动建表的信息，最后导入关联映射文件的信息。

(5) 在项目的 src 目录下，创建一个名称为 cn. itcast. utils 的包，在该包下创建工具类 HibernateUtils，并使用该类来获取 Session 信息，如文件 8-4 所示。

文件 8-4 HibernateUtils. java

```
package cn.itcast.utils;
import org.hibernate.Session;
import org.hibernate.SessionFactory;
import org.hibernate.cfg.Configuration;
public class HibernateUtils {
    private static final Configuration config;
    private static final SessionFactory factory;
    static{
        config=new Configuration().configure();
        factory=config.buildSessionFactory();
    }
    //获取 Session
    public static Session getSession(){
        return factory.openSession();
    }
}
```

(6) 在项目的 src 目录下，创建一个名称为 cn.itcast.test 的包，在该包下创建一个名称为 BookTest 的单元测试类，如文件 8-5 所示。

文件 8-5　BookTest.java

```
1   package cn.itcast.test;
2   import org.hibernate.Session;
3   import org.junit.Test;
4   import cn.itcast.entity.Book;
5   import cn.itcast.utils.HibernateUtils;
6   public class BookTest {
7           //演示持久化对象的三种状态
8           @Test
9           public void test1(){
10              //1.得到 session
11              Session session=HibernateUtils.getSession();
12              //2.开启事务
13              session.beginTransaction();
14              //3.操作
15              Book book=new Book();                //瞬时态
16              book.setName("thinking in java");
17              book.setPrice(99d);
18              session.save(book);                  //持久化状态
19              //4.提交事务
20              session.getTransaction().commit();
21              //5.关闭资源
22              session.close();
23              System.out.println(book);            //脱管(游离)
24          }
25  }
```

在文件 8-5 中，book 对象由 new 关键字创建，此时还未与 Session 进行关联，它的状态称为瞬时态；在执行了 session.save(book)操作后，book 对象纳入了 Session 的管理范围，这时的 book 对象变成了持久态对象，此时 Session 的事务还没有被提交；程序执行完 commit()操作并关闭了 Session 后，book 对象与 Session 的关联被关闭，此时 book 对象就变成了脱管态。

在第 17 行设置断点，用 debug 方式执行 test1()方法，程序运行至断点位置，观察 Variables 窗口的变量值，如图 8-2 所示。

Name	Value
this	BookTest (id=37)
session	SessionImpl (id=38)
book	Book (id=40)
id	null
name	"thinking in java" (id=58)
price	Double (id=62)

图 8-2　Variables 窗口

从图 8-2 中可以看出，这时 id 的值为 null，按键盘 F6 键进行单步跳过操作，在执行完 session. save()方法后，再次观察变量值，如图 8-3 所示。

(x)= Variables ☒ Breakpoints

Name	Value
this	BookTest (id=37)
▷ session	SessionImpl (id=38)
◢ book	Book (id=40)
▷ id	Integer (id=68)
▷ name	"thinking in java" (id=58)
▷ price	Double (id=62)

图 8-3　Variables 窗口

从图 8-3 中可以看出，执行了 session. save()方法后，book 对象的 id 有了值(持久化标识 OID)，说明持久化对象在事务提交前就变成了持久态，也可以说瞬时态对象和持久态对象的区别就是：持久态对象与 Session 进行了关联并且 OID 有值。程序继续向下执行至 session. close()；时，book 对象与 Session 的关联被关闭，此时 book 对象变成了脱管态，但 book 对象的 OID 值依然存在，说明脱管态对象与持久态对象的区别就是脱管状态对象没有了 Session 关联。

至此，便介绍完持久化对象的三种状态。在 Hibernate 的学习过程中，三种状态的特征变化以及各自的特点是非常重要的，要求读者必须掌握。

8.1.2　持久化对象状态转换

通过 8.1.1 节的学习，读者已经了解了 Hibernate 持久化对象的三种状态，然而这三种状态是可以通过一系列方法进行转换的，首先来看一下持久化对象的状态演化图，如图 8-4 所示。

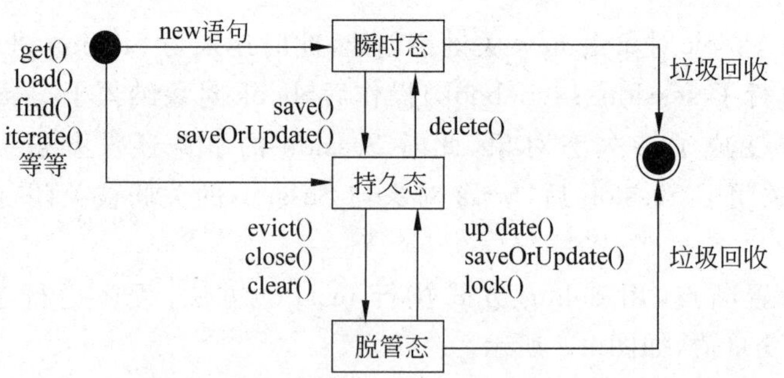

图 8-4　Hibernate 持久化对象的状态演化图

从图 8-4 中可以看出，当一个对象被执行 new 关键字创建后，该对象处于瞬时态；当对瞬时态对象执行 Session 的 save()或 saveOrUpdate()方法后，该对象将被放入 Session 的一级缓存(在 8.2 节会有介绍)，对象进入持久态；当对持久态对象执行 evict()、close()或 clear()操作后，对象进入脱管态；当直接执行 Session 的 get()、load()、find()或 iterate()等方法从数据库里查询对象时，查询到的对象也处于持久态；当对数据库中的记录进行 update()、saveOrUpdate()以及 lock()等操作后，此时脱管态的对象就过渡到持久态；由于瞬时态和脱管态的对象不在 Session 的管理范围，所以会在一段时间后被 JVM 回收。

持久化对象的三种状态可以通过调用 Session 中的一系列方法实现状态间的转换，具体如下。

1. 瞬时态转换到其他状态

通过前面的学习可知，瞬时态的对象由 new 关键字创建，瞬时态对象转换到其他状态总结如下。

• 瞬时态转换为持久态：执行 Session 的 save()或 saveOrUpdate()方法。
• 瞬时态转换为脱管态：为瞬时态对象设置持久化标识 OID。

由于持久化对象状态演化图中没有涉及瞬时态转换到脱管态的情况，这里做下简要的说明，在前面学习中可知，脱管态对象存在 OID，但是没有 Session 的关联，也就是说，脱管态和瞬时态的区别就是 OID 有没有值，所以可以通过为瞬时态对象设置 OID，使其变成脱管态对象。例如：在文件 8-5 BookTest. java 的操作步骤中，加入代码 book. setId(1)；，book 对象在执行完 book. setId(1)后将由瞬时态转换为脱管态。

2. 持久态对象转换到其他状态

持久化对象可以直接通过 Hibernate Session 的 get()、load()方法，或者 Query 查询从数据库中获得，持久态对象转换到其他状态总结如下。

• 持久态转换为瞬时态：执行 Session 的 delete()方法，需要注意的是：被删除持久化对象，不建议再次使用。
• 持久态转换为脱管态：执行 Session 的 evict()、close()或 clear()方法。evict()方法用于清除一级缓存中某一个对象；close()方法用于关闭 Session，清除一级缓存；clear()方法用于清除一级缓存的所有对象。

3. 脱管态对象转换到其他状态

脱管态对象无法直接获得，是由其他状态对象转换而来的，脱管态对象转换到其他状态总结如下：

• 脱管态转换为持久态：执行 Session 的 update()、saveOrUpdate()或 lock()方法。
• 脱管态转换为瞬时态：将脱管态对象的持久化标识 OID 设置为 null。

由于持久化对象状态演化图中没有涉及脱管态转换到瞬时态的情况，这里做下简要的说明，跟瞬时态转换到脱管态的情况相似，脱管态和瞬时态的区别就是 OID 有没有值，所以可以通过将脱管态对象的 OID 设置为 null，使其变成瞬时态对象。例如，在文件 8-5 BookTest. java 中的 session. close()操作后，加入代码 book. setId(null)；，当程序执行完了 book. setId(null)代码后，book 对象将由脱管态转换为瞬时态。

8.2 Hibernate 的一级缓存

Hibernate 的缓存分为一级缓存和二级缓存，Hibernate 的这两级缓存都位于持久化层，存储的都是数据库数据的备份。其中第一级缓存为 Hibernate 的内置缓存，不能被卸载，本节将围绕 Hibernate 的一级缓存进行详细的讲解。

8.2.1 什么是一级缓存

Hibernate 的一级缓存就是指 Session 缓存，Session 缓存是一块内存空间，用来存放相互管理的 Java 对象，在使用 Hibernate 查询对象的时候，首先会使用对象属性的 OID 值在 Hibernate 的一级缓存中进行查找，如果找到匹配 OID 值的对象，就直接将该对象从一级缓存中取出使用，不会再查询数据库；如果没有找到相同 OID 值的对象，则会去数据库中查找相应数据。当从数据库中查询到所需数据时，该数据信息也会放置到一级缓存中。Hibernate 的一级缓存的作用就是减少对数据库的访问次数。

Hibernate 的一级缓存有如下特点：

- 当应用程序调用 Session 接口的 save()、update()、saveOrUpdate()方法时，如果 Session 缓存中没有相应的对象，Hibernate 就会自动地把从数据库中查询到的相应对象信息加入到一级缓存中。
- 当调用 Session 接口的 load()、get()方法，以及 Query 接口的 list()、iterator()方法时，会判断缓存中是否存在该对象，有则返回，不会查询数据库，如果缓存中没有要查询对象，再去数据库中查询对应对象，并添加到一级缓存中。
- 当调用 Session 的 close()方法时，Session 缓存会被清空。
- Session 能够在某些时间点，按照缓存中对象的变化，执行相关的 SQL 语句来同步更新数据库，这一过程被称为刷出缓存(flush)。

默认情况下，Session 在如下几种时间点刷出缓存：

(1) 当应用程序调用 Transaction 的 commit()方法时，该方法先刷出缓存(调用 session.flush()方法)，然后再向数据库提交事务(调用 tx.commit()方法)。

(2) 当应用程序执行一些查询操作时，如果缓存中持久化对象的属性已经发生了变化，会先刷出缓存，以保证查询结果能够反映持久化对象的最新状态。

(3) 调用 Session 的 flush()方法。

以上是 Hibernate 一级缓存的刷出时间。对于刚刚接触到 Hibernate 的读者来说并不是很容易理解，为了帮助读者更好地理解 Session 的一级缓存，接下来通过具体案例来演示 Session 一级缓存的使用。

1. 演示一级缓存的存在

以 8.1.1 节中 book 表为例，此时，数据库 Hibernate 的 book 表中存有一条数据，如图 8-5 所示。

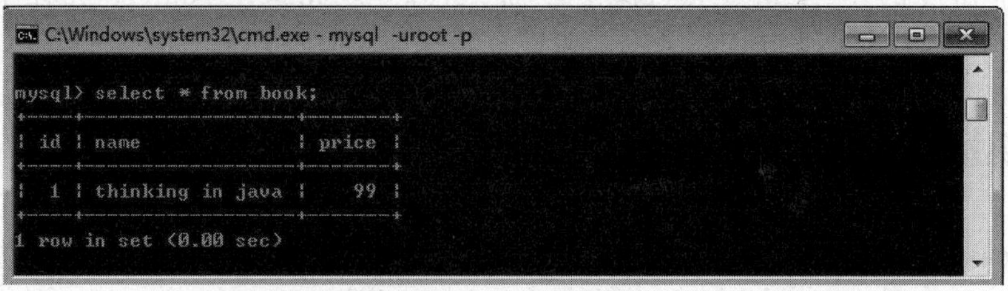

```
C:\Windows\system32\cmd.exe - mysql -uroot -p

mysql> select * from book;
+----+----------------+-------+
| id | name           | price |
+----+----------------+-------+
|  1 | thinking in java |   99 |
+----+----------------+-------+
1 row in set (0.00 sec)
```

图 8-5 book 表查询结果

在文件 8-5 BookTest.java 中，添加一个 test2()方法，用于证明一级缓存的存在，其代码如下所示：

```
//证明一级缓存的存在
@Test
public void test2(){
    //1.得到 session
    Session session=HibernateUtils.getSession();
    //2.开启事务
    session.beginTransaction();
    //3.操作
    //获取 b1 对象时，由于一级缓存中没有数据，所以会发送 SQL 语句，查询数据库中的数据
    Book b1=(Book)session.get(Book.class, 1);
    System.out.println(b1);
    //获取 b2 对象时，会从 Session 的缓存中获取数据
    Book b2=(Book)session.get(Book.class, 1);
    System.out.println(b2);
    //4.提交事务
    session.getTransaction().commit();
    //5.关闭资源
    session.close();
}
```

在以上代码中，第一次执行 Session 的 get()方法获取 b1 对象时，由于一级缓存中没有数据，所以 Hibernate 会向数据库发送一条 SQL 语句，查询 id 等于 1 的对象；当再次调用了 Session 的 get()方法获取 b2 对象时，将不会再发送 SQL 语句，这是因为 b2 对象是从一级缓存中获取的。

接下来，验证一下代码的执行结果是否和描述的相一致。在 Book b1＝(Book)session.get(Book.class, 1);这一行设置断点，用 debug 方式执行 test2()方法，程序进入断点后单击单步跳过(或者按 F6 键)，代码执行过 System.out.println(b1);语句后，控制台的输出结果如图 8-6 所示。

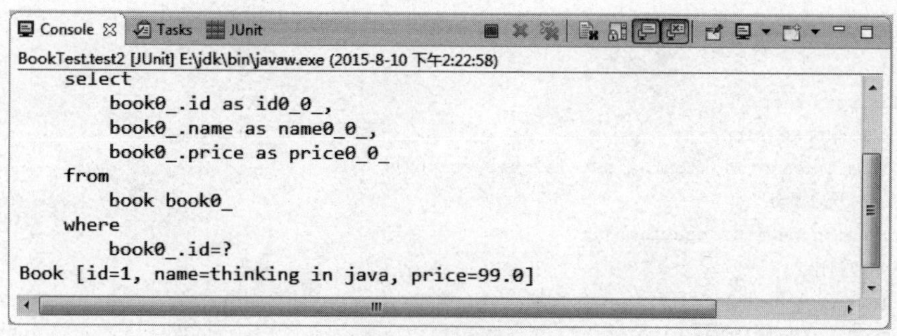

图 8-6　输出结果 1

从图 8-6 的输出结果中可以看出，执行第一次 session.get()方法后 Hibernate 向数据库发送了一条 select 语句，这说明此时 b1 对象是从数据库中查找的。执行输出语句输出 b1 对象中的数据后，继续执行程序，当执行到输出 b2 对象的代码处时，控制台输出结果如

图 8-7 所示。

```
Console ⊠  Tasks  JUnit
BookTest.test2 [JUnit] E:\jdk\bin\javaw.exe (2015-8-10 下午5:00:20)
    select
        book0_.id as id0_0_,
        book0_.name as name0_0_,
        book0_.price as price0_0_
    from
        book book0_
    where
        book0_.id=?
Book [id=1, name=thinking in java, price=99.0]
Book [id=1, name=thinking in java, price=99.0]
```

图 8-7　输出结果 2

从图 8-7 的输出结果可以看出，b2 对象的查询结果被直接打印了，说明第二次调用 Session 对象的 get()方法没有向数据库发送 select 语句，而是直接从一级缓存中获取 b2 对象。

2. Hibernate 快照

在一级缓存的特点中提到过缓存的刷出功能，这个功能就是依赖 Hibernate 快照来实现的。

Hibernate 向一级缓存放入数据时，同时复制一份数据放入到 Hibernate 快照中，当使用 commit()方法提交事务时，同时会清理 Session 的一级缓存（flush 操作），这时会使用 OID 判断一级缓存中的对象和快照中的对象是否一致，如果两个对象中的属性发生变化，则执行 update 语句，将缓存的内容同步到数据库，并更新快照；如果一致，则不执行 update 语句。Hibernate 快照的作用就是确保一级缓存中的数据和数据库中的数据一致。

接下来通过具体案例来演示 Hibernate 快照的应用。在文件 8-5 BookTest.java 中添加一个名称为 test3()的方法，其代码如下所示：

```
//hibernate 快照
@Test
public void test3(){
    //1.得到 Session
    Session session=HibernateUtils.getSession();
    //2.开启事务
    session.beginTransaction();
    //3.操作
    Book book=new Book();                    //瞬时
    book.setName("精通 Hibernate");
    book.setPrice(65d);
    session.save(book);                      //持久化状态 一级缓存中存在 book
    book.setName("精通 Struts");
    //4.提交事务
    session.getTransaction().commit();
    //5.关闭资源
```

```
    session.close();
}
```

在以上代码的操作步骤中，首先创建了 book 对象，并向 book 对象的属性赋值。然后执行了 Session 的 save()方法，此时数据会保存在一级缓存中。接下来修改了 book 对象的 name 属性值，最后提交事务并关闭 Session。使用 JUnit4 测试运行 test3()方法后，控制台的输出结果如图 8-8 所示。

```
BookTest.test3 [JUnit] E:\jdk\bin\javaw.exe (2015-8-11 上午10:14:30)
Hibernate:
    insert
    into
        book
        (name, price)
    values
        (?, ?)
Hibernate:
    update
        book
    set
        name=?,
        price=?
    where
        id=?
```

图 8-8　输出结果 3

从图 8-8 的输出结果可以看出，Hibernate 执行上述方法时，发出了两条 SQL。如果使用 debug 模式调试执行程序会发现，在执行 session.save(book)时发出了第一条 insert 语句，在提交事务时会发出第二条 update 语句。为什么会发出 update 语句呢？这是因为在执行 Session 的 save()方法时，Hibernate 一级缓存中保存了 book 对象的数据，并且会复制一份数据放入到 Hibernate 快照中，而在执行 commit 操作时，Hibernate 会检测快照中的数据与一级缓存中的数据是否一致，由于在此之前 book 的 name 属性值发生了改变，快照中的数据与一级缓存中的数据已经不一致，因此发送了 update 语句，更新了 Hibernate 一级缓存中的数据。

此时查询数据表中数据，查询结果如图 8-9 所示。

```
mysql> select * from book;
+----+------------------+-------+
| id | name             | price |
+----+------------------+-------+
|  1 | thinking in java |    99 |
|  2 | 精通Struts       |    65 |
+----+------------------+-------+
2 rows in set (0.01 sec)

mysql>
```

图 8-9　数据查询结果

从图 8-9 的查询结果可以看出，数据库表中该条数据的 name 值为更新后的“精通 Struts”。

8.2.2 一级缓存常用操作

一级缓存有三个常见的操作，分别为刷出、清除和刷新，下面结合案例来演示这三种常见操作。

1. 刷出(flush)

在 8.2.1 节中提到过一级缓存的刷出功能，在调用 Session 的 flush()方法时，会执行刷出缓存的操作。接下来通过具体示例来演示一级缓存的刷出功能，在文件 8-5 BookTest.java 中添加一个名称为 test4()的方法，其代码如下所示：

```
//一级缓存常见操作——刷出
@Test
public void test4(){
    //1.得到 session
    Session session=HibernateUtils.getSession();
    //2.开启事务
    session.beginTransaction();
    //3.操作
    //持久状态 在一级缓存中存在
    Book book=(Book)session.get(Book.class, 2);
    book.setName("Java Web");
    session.flush();                    //会发送 update 语句
    //4.提交事务
    session.getTransaction().commit();
    //5.关闭资源
    session.close();
}
```

在 session.flush()方法前设置断点，用 debug 方式执行程序，当执行完该方法代码时，控制台会输出 update 语句，如图 8-10 所示。

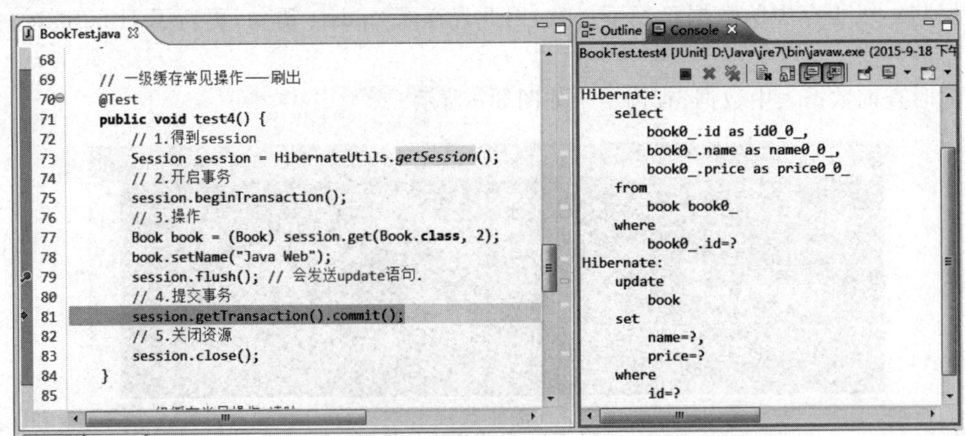

图 8-10 断点执行和输出结果

从图 8-10 的执行结果可以看出，当程序调用 Session 的 flush()方法时，发送了 update

语句。而在测试 hibernate 快照代码中执行 commit()方法时也发送了 update 语句，这是因为在提交事务前，程序会默认执行 flush()方法。这就是一级缓存的刷出操作。

2．清除(clear)

调用 Session 的 clear()方法时，可以执行清除缓存的操作。接下来，通过具体示例来演示一级缓存的清除功能，在文件 8-5 BookTest.java 中添加一个名称为 test5()的方法，其代码如下所示：

```
//一级缓存常见操作——清除
@Test
public void test5(){
    //1.得到 session
    Session session=HibernateUtils.getSession();
    //2.开启事务
    session.beginTransaction();
    //3.操作
    Book book=(Book)session.get(Book.class, 2);     //获取 book 对象
    System.out.println(book);                        //输出 book 对象
    book.setName("Java 基础");                       //修改 book 对象的 name 属性值
    session.clear();                                 //清空一级缓存
    //4.提交事务
    session.getTransaction().commit();
    //5.关闭资源
    session.close();
}
```

在以上代码的操作步骤中，首先使用 session 的 get()方法获取了数据库中 id 为 2 的 book 对象，然后输出该对象，接下来修改 book 对象的 name 属性值为“Java 基础”，并执行 Session 的 clear()操作，最后提交事务并关闭 Session。使用 JUnit4 测试运行 test5()方法后，控制台的输出结果如图 8-11 所示。

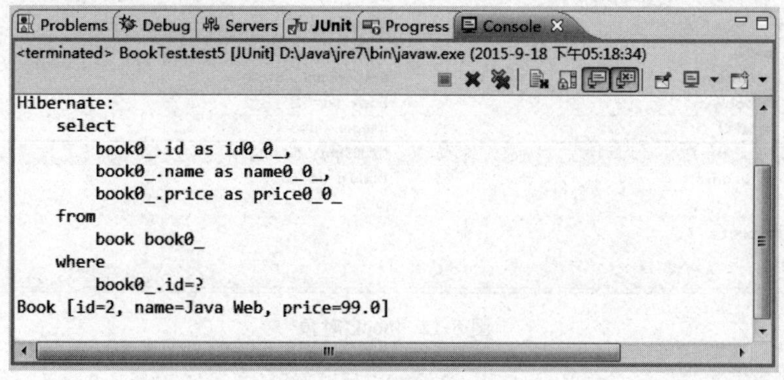

图 8-11 输出结果 4

从图 8-11 的输出结果可以看出，test5()方法中只输出了查询语句，没有输出 update 语句。查询数据库后，发现数据库中记录也没有发生改变。这是因为在执行 clear()方法时，清空了一级缓存内的数据，所以 book 对象的修改操作没有生效，如果把上述代码中的

session.clear()方法换成 session.evict(book)方法也可以实现同样效果，evict()方法用于清除一级缓存中的某个对象。

3. 刷新(refresh)

调用 Session 的 refresh()方法时，可以重新查询数据库，更新 Hibernate 快照区和一级缓存。接下来，通过具体案例来演示一级缓存的刷新功能，在文件 8-5 BookTest.java 中添加一个名称为 test6()的方法，其代码如下所示：

```
//一级缓存常见操作——刷新
@Test
public void test6(){
    //1.得到 Session
    Session session=HibernateUtils.getSession();
    //2.开启事务
    session.beginTransaction();
    //3.操作
    Book book=(Book)session.get(Book.class, 2);      //获取 book 对象
    book.setName("精通 Struts");                      //修改 book 对象的 name 属性值
    session.refresh(book);                           //查询数据库,恢复快照和一级缓存中的数据
    //4.提交事务
    session.getTransaction().commit();
    //5.关闭资源
    session.close();
}
```

在以上代码的操作步骤中，首先获取了 book 对象，然后修改了 book 对象的 name 属性值，接下来调用 Session 的 refresh()方法查询数据库，最后提交事务并关闭 Session。

在代码 book.setName("精通 Struts");前设置断点，用 debug 方式执行程序，当执行到 Session 的 refresh()方法时，Variables 窗口中 book 对象的变化如图 8-12 所示。

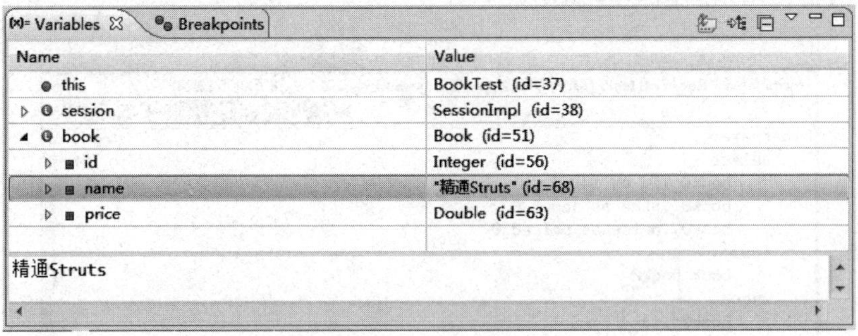

Name	Value
this	BookTest (id=37)
session	SessionImpl (id=38)
book	Book (id=51)
id	Integer (id=56)
name	"精通Struts" (id=68)
price	Double (id=63)

精通Struts

图 8-12 book 对象

从图 8-12 的显示结果可以看出，此时 book 对象中 name 属性值为“精通 Struts”，继续单步跳过，执行 commit 操作后，book 对象的 name 属性值的变化如图 8-13 所示。

从图 8-13 中可以看出，name 属性值变成了 Java Web，与数据库中原有值一致。说明 Session 的 refresh()方法可以使 Hibernate 快照区和一级缓存中的数据与数据库保持一致，程序执行完毕后，数据库不会发生改变，这就是一级缓存的刷新操作。

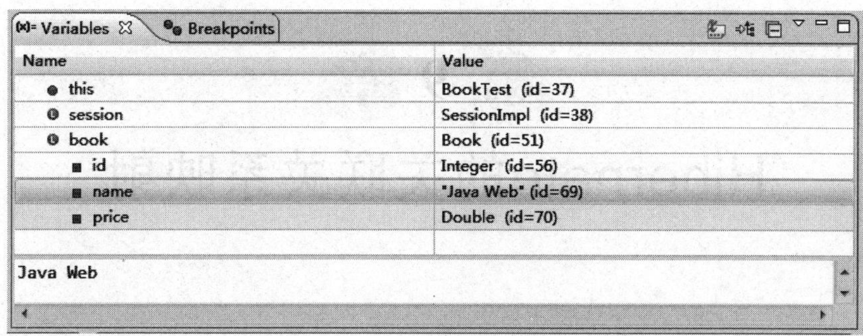

图 8-13　book 对象的 name 属性值的变化

8.3　本章小结

本章主要讲解了持久化对象的状态和一级缓存的知识，首先讲解了持久化对象的三种状态及三种状态间的转换，然后讲解了 Hibernate 的一级缓存和一级缓存的常见操作。通过本章的学习，读者可以了解持久化对象的三种状态，掌握 Hibernate 持久化对象状态的转换方法和一级缓存的常用操作。

【思考题】

1. 请简述 Hibernate 中持久化对象的状态。
2. 请简述 Hibernate 一级缓存的特点。

扫描右方二维码，查看思考题答案！

第 9 章 Hibernate的关联关系映射

学习目标

- 掌握 Hibernate 中一对多关联关系映射的使用
- 掌握 Hibernate 中多对多关联关系映射的使用
- 掌握 Hibernate 关联关系中的级联与反转

在 Hibernate 中，当操作映射到存在关联关系的数据表的对象时，需要将对象的关联关系与数据库表的外键关联进行映射，这样可以使有关系的表之间保持数据的同步，本章将对 Hibernate 的关联关系映射进行详细的讲解。

9.1 系统模型中实体设计的三种关联关系

Hibernate 框架实现了 ORM 的思想，将关系数据库中表的数据映射成对象，使开发人员把对数据库的操作转化为对对象的操作，本章中讲解的 Hibernate 的关联关系映射内容，主要包括多表的映射配置，以及配置后对数据的增加和删除等操作。

数据库中多表之间存在着三种关系，也就是系统设计中的三种实体关系，如图 9-1 所示。

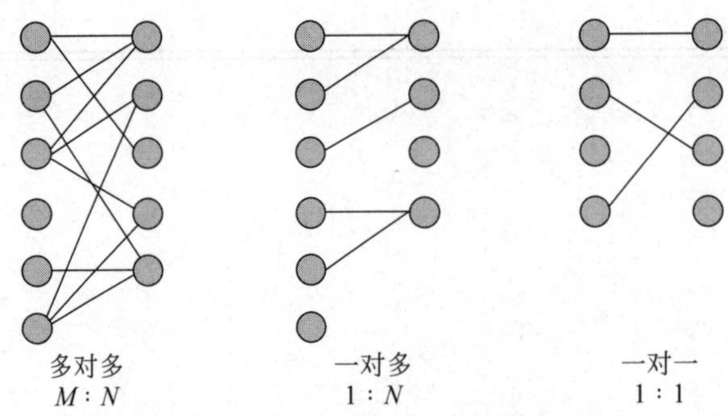

图 9-1 系统设计中的三种实体关系

从图 9-1 可以看出，系统设计的三种实体关系分别为：多对多、一对多和一对一关系。在数据库中，实体表之间的关系映射是采用外键来描述的，具体如下。

- 一对多：在多的一方，添加一的一方的主键作为外键。
- 多对多：产生中间关系表，引入两张表的主键作为外键，两个主键成为联合主键。
- 一对一：在任意一方引入对方主键作为外键(开发中使用非常少)。

数据库表能够描述的实体数据之间的关系，通过对象也可以进行描述，所谓的关联映射就是将关联关系映射到数据库里，在对象模型中就是一个或多个引用。在 Hibernate 中采用 Java 对象关系来描述数据表之间的关系，具体如图 9-2 所示。

```
一对一              一对多                          多对多

class A {           class A {                       class A {
   B b;                Set<B> bs ; // B的集合          Set<B> bs ; // B的集合
}                   }                               }

class B {           class B {                       class  B {
  A  a;               A  a;                            Set<A> as ; // A的集合
}                   }                               }
```

图 9-2　Java 对象描述数据表之间的关系

从图 9-2 可以看出，通过一对一的关系就是在本类中定义对方类型的对象，如 A 类中定义 B 类类型的属性 b，B 类中定义 A 类类型的属性 a；一对多的关系，图中描述的是一个 A 类类型对应多个 B 类类型的情况，需要在 A 类以 Set 集合的方式引入 B 类型的对象，在 B 类中定义 A 类类型的属性 a；多对多的关系，在 A 类中定义 B 类类型的 Set 集合，在 B 类中定义 A 类类型的 Set 集合，这里用 Set 集合的目的是避免了数据的重复。

以上就是系统模型中实体设计的三种关联关系，由于一对一的关联关系在开发中不常使用，所以本书中未单独讲解，读者作为了解即可。

9.1.1　一对多关联关系映射

一对多(或多对一)关联映射是最为常见的关联关系，一对多映射关系是由"多"的一方指向"一"的一方。在表示"多"的一方数据表中增加一个外键，来指向"一"的一方的数据表，"一"的一方作为主表，而"多"的一方作为从表。

一对多关联关系映射，以客户和订单的关联关系为例来进行讲解。其中客户表和订单表的关联关系如图 9-3 所示。

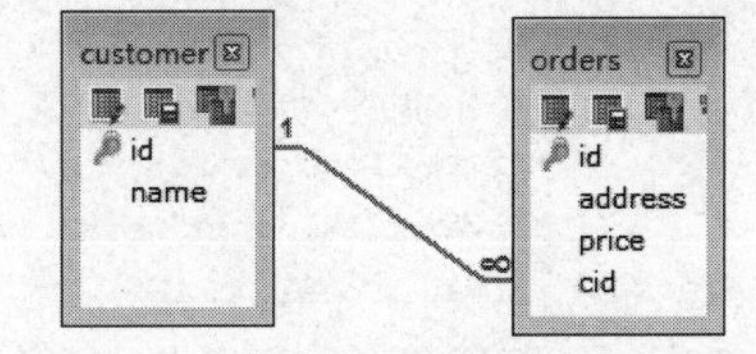

图 9-3　客户表和订单表的关联关系图

从图 9-3 中可以看出，customer 表为客户表，id 为主键，name 为客户名称；orders 表为订单表(由于 order 为 MySQL 的关键字，所以本书将订单表命名为 orders，读者需要注意与后面的订单类 Order 有所区别)，id 为主键，address 为收货地址，price 为价格，cid 为外键，对应客户表的主键 id。由于一个客户可以拥有多个订单，那么可以说客户和订单是一对多的关系，在客户类 Customer 中以集合 Set 的方式引入订单对象，在映射文件中通过<set>标签进行映射。客户表和订单表一对多的关联关系具体实现步骤如下：

(1) 创建 Java Web 项目 chapter09，添加 Hibernate 所需的 JAR 包到其 WEB-INF/lib 目录中，并发布到类路径下，在该项目的 src 目录下创建包 cn. itcast. onetomany，在该包下创建 Customer 类，如文件 9-1 所示。

文件 9-1　Customer. java

```
1   package cn.itcast.onetomany;
2   import java.util.HashSet;
3   import java.util.Set;
4   public class Customer {
5       private Integer id;
6       private String name;
7       //用户有多个订单
8       private Set<Order>orders=new HashSet<Order>();
9       public Integer getId(){
10          return id;
11      }
12      public void setId(Integer id){
13          this.id=id;
14      }
15      public String getName(){
16          return name;
17      }
18      public void setName(String name){
19          this.name=name;
20      }
21      public Set<Order>getOrders(){
22          return orders;
23      }
24      public void setOrders(Set<Order>orders){
25          this.orders=orders;
26      }
27  }
```

在文件 9-1 中,定义了一个客户实体类 Customer,其中包括客户的属性 id 和 name,第 8 行中的 Set 集合 orders 是订单集合,用来表示一个客户有多个订单。

(2) 在 cn.itcast.onetomany 包下创建 Order 类,如文件 9-2 所示。

文件 9-2 Order.java

```
package cn.itcast.onetomany;
public class Order {
    private Integer id;
    private String address;                    //订单收货地址
    private Double price;                      //订单总价
    private Customer customer;                 //订单属于某一个用户
    public Integer getId(){
        return id;
    }
    public void setId(Integer id){
        this.id=id;
    }
    public String getAddress(){
        return address;
    }
    public void setAddress(String address){
```

```
17            this.address=address;
18        }
19        public Double getPrice(){
20            return price;
21        }
22        public void setPrice(Double price){
23            this.price=price;
24        }
25        public Customer getCustomer(){
26            return customer;
27        }
28        public void setCustomer(Customer customer){
29            this.customer=customer;
30        }
31    }
```

在文件 9-2 中，定义了一个订单实体类 Order，其中包括订单的属性 id、address 和 price，第 7 行中的 customer 属性表示订单属于某一个用户。

(3) 在 cn. itcast. onetomany 包下创建一个名称为 Order. hbm. xml 的映射文件，如文件 9-3 所示。

文件 9-3　Order. hbm. xml

```
1    <?xml version="1.0" encoding="UTF-8"?>
2    <!DOCTYPE hibernate-mapping PUBLIC
3        "-//Hibernate/Hibernate Mapping DTD 3.0//EN"
4        "http://www.hibernate.org/dtd/hibernate-mapping-3.0.dtd">
5    <hibernate-mapping>
6        <class name="cn.itcast.onetomany.Order" table="orders">
7            <id name="id" column="id">
8                <generator class="native"></generator>
9            </id>
10           <!--普通属性 -->
11           <property name="address" length="50"/>
12           <property name="price"/>
13            <!--多对一关系映射 -->
14           <many-to-one name="customer"
15                class="cn.itcast.onetomany.Customer" column="cid"/>
16       </class>
17   </hibernate-mapping>
```

在文件 9-3 中，第 14 行代码用<many-to-one>标签定义两个持久化类的关联，这种关联是数据表间的多对一关联，订单与客户就是多对一的关系，所以用<many-to-one>标签来描述。<many-to-one>标签的 name 属性用来描述 customer 在 Order 类中的属性的名称，class 属性用来指定映射的类，column 属性值对应表中的外键列名，可以任意取名。

(4) 在 cn. itcast. onetomany 包下创建 Customer. hbm. xml 映射文件，如文件 9-4 所示。

文件 9-4　Customer. hbm. xml

```
<?xml version="1.0" encoding="UTF-8"?>
```

```
2   <!DOCTYPE hibernate-mapping PUBLIC
3       "-//Hibernate/Hibernate Mapping DTD 3.0//EN"
4       "http://www.hibernate.org/dtd/hibernate-mapping-3.0.dtd">
5   <hibernate-mapping>
6       <class name="cn.itcast.onetomany.Customer" table="customer">
7           <id name="id" column="id">
8               <generator class="native"></generator>
9           </id>
10          <!--配置普通属性 -->
11          <property name="name" length="20" />
12           <!---一对多的关系使用 set 集合映射-->
13          <set name="orders">
14              <!--确定关联的外键列 -->
15              <key column="cid"/>
16              <!--映射到关联类属性 -->
17              <one-to-many class="cn.itcast.onetomany.Order"/>
18          </set>
19      </class>
20  </hibernate-mapping>
```

在上述映射文件中，第 13～18 行代码使用 set 集合来描述 Customer 类中的属性 orders。在 Hibernate 的映射文件中，使用<set>标签来描述被映射类中的 Set 集合，<key>标签的 column 属性值对应文件 9-3 中<many-to-one>标签中的 column 属性值，在 Customer. java 中，客户与订单是一对多的关系，Hibernate 的映射文件中，使用<one-to-many>标签来描述持久化类的一对多关联，其中 class 属性用来描述映射的关联类。

(5) 在 src 目录下创建一个名为 cn. itcast. utils 的包，将第 8 章中的文件 8-4 HibernateUtils. java 添加到此包中，并在 src 目录下创建 hibernate. cfg. xml 配置文件，在该文件中配置好数据库连接，将如下映射文件信息添加到配置文件中：

```
<!--用来关联 hbm 配置文件 -->
<mapping resource="cn/itcast/onetomany/Customer.hbm.xml"/>
<mapping resource="cn/itcast/onetomany/Order.hbm.xml" />
```

(6) 在 cn. itcast. onetomany 包下创建一个名称为 OneToManyTest 的类，如文件 9-5 所示。

文件 9-5 OneToManyTest. java

```
package cn.itcast.onetomany;
import org.hibernate.Session;
import org.junit.Test;
import cn.itcast.utils.HibernateUtils;
public class OneToManyTest {
        //添加数据
        @Test
        public void test1(){
            Session session=HibernateUtils.getSession();
```

```
10              session.beginTransaction();
11              //1.创建一个客户
12              Customer c=new Customer();
13              c.setName("张三");
14              //2.创建两个订单
15              Order o1=new Order();
16              o1.setAddress("北京");
17              o1.setPrice(10000d);
18              Order o2=new Order();
19              o2.setAddress("广州");
20              o2.setPrice(5000d);
21              //3.描述关系——订单属于某个客户
22              o1.setCustomer(c);
23              o2.setCustomer(c);
24              //4. 描述关系——客户有多个订单
25               c.getOrders().add(o1);
26               c.getOrders().add(o2);
27              //5. 先存客户再存订单
28               session.save(c);
29               session.save(o1);
30               session.save(o2);
31               session.getTransaction().commit();
32               session.close();
33          }
34  }
```

在文件 9-5 中，第 12～20 行代码，分别创建了一个客户对象和两个订单对象，第 22 行和第 23 行代码描述了两个订单 o1 和 o2，它们同属于客户 c 的订单，第 25 行和第 26 行代码描述了同一个客户可以有多个订单，这就是一对多的双向关联关系。在配置文件中添加了自动建表信息后，运行程序时，程序会自动创建两张表，并且插入数据。使用 JUnit4 运行 test1()方法后，控制台输出结果如图 9-4 所示。

从图 9-4 的输出结果可以看到，控制台成功输出了三条 insert 语句和两条 update 语句，此时查询数据库中两张表及表中的数据后，查询结果如图 9-5 所示。

从图 9-5 的查询结果可以看出，数据表创建成功，并成功插入了相应数据，但是像客户和订单这种关联关系，使用双向关联会执行两遍 SQL 语句，比较浪费资源，删除文件 9-5 中第 25 行和第 26 行代码，删除数据库中的数据，重新运行 test1()方法，这时控制台仅输出 insert 语句，如图 9-6 所示。

再次查询数据库，查询结果如图 9-7 所示。

从图 9-7 的查询结果可以看出，删除了两行描述客户有多个订单的代码，这种情况实现了客户对订单的一对多单向关联，在实际开发中客户与订单的关系使用单向关联来描述即可。需要注意的是，如果是双向关联，就是在两个持久化类的映射文件中都需要进行多对一或者一对多的配置。如果在 Order. hbm. xml 中不使用<many-to-one>标签进行关联配置，而只在 Customer. hbm. xml 中使用<one-to-many>标签进行关联配置，这种情况就是客户和订单关系的一对多单向关联。

```
Problems  Debug  Servers  JUnit  Progress  Console
<terminated> OneToManyTest.test1 [JUnit] D:\Java\jre7\bin\javaw.exe (2015-9-20 上午11:19:54)
Hibernate:
    insert
    into
        customer
        (name)
    values
        (?)
Hibernate:
    insert
    into
        orders
        (address, price, cid)
    values
        (?, ?, ?)
Hibernate:
    insert
    into
        orders
        (address, price, cid)
    values
        (?, ?, ?)
Hibernate:
    update
        orders
    set
        cid=?
    where
        id=?
Hibernate:
    update
        orders
    set
        cid=?
```

图 9-4　输出结果

```
C:\Windows\system32\cmd.exe - mysql -uroot -p
mysql> select * from customer;
+----+------+
| id | name |
+----+------+
|  1 | 张三     |
+----+------+
1 row in set (0.01 sec)

mysql> select * from orders;
+----+---------+-------+------+
| id | address | price | cid  |
+----+---------+-------+------+
|  1 | 北京        | 10000 |    1 |
|  2 | 广州        |  5000 |    1 |
+----+---------+-------+------+
2 rows in set (0.00 sec)

mysql>
```

图 9-5　查询结果

```
Problems  Debug  Servers  JUnit  Progress  Console
<terminated> OneToManyTest.test1 [JUnit] D:\Java\jre7\bin\javaw.exe (2015-9-20 上午11:47:08)
Hibernate:
    insert
    into
        customer
        (name)
    values
        (?)
Hibernate:
    insert
    into
        orders
        (address, price, cid)
    values
        (?, ?, ?)
Hibernate:
    insert
    into
        orders
        (address, price, cid)
    values
        (?, ?, ?)
```

图 9-6　输出结果(仅输出 insert 语句)

```
C:\Windows\system32\cmd.exe - mysql -uroot -p
mysql> select * from customer;
+----+------+
| id | name |
+----+------+
|  2 | 张三 |
+----+------+
1 row in set (0.00 sec)

mysql> select * from orders;
+----+---------+-------+-----+
| id | address | price | cid |
+----+---------+-------+-----+
|  3 | 北京    | 10000 |   2 |
|  4 | 广州    |  5000 |   2 |
+----+---------+-------+-----+
2 rows in set (0.00 sec)

mysql>
```

图 9-7　查询结果

9.1.2　多对多关联关系映射

多对多关联关系映射可以使用学生和课程的关联关系为例进行讲解。通常,为了方便维护数据,多对多的关系都会产生一张中间表。学生表、中间表和课程表的表关系如图 9-8 所示。

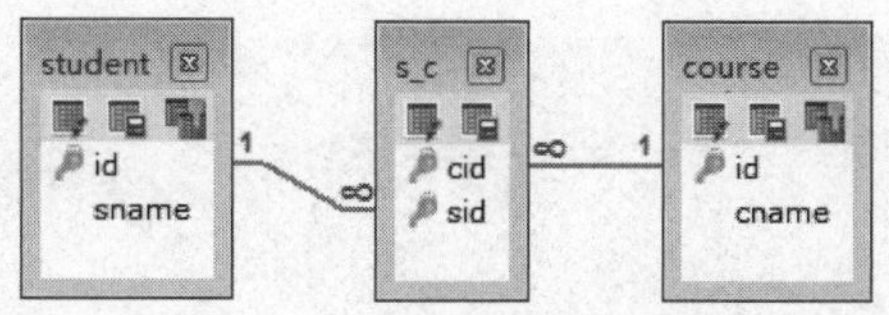

图 9-8　学生表和课程表关系

在图 9-8 中，student 表为学生表，id 为主键，sname 为学生姓名；course 表为课程表，id 为主键，cname 为课程名称；s_c 表为中间表，cid 和 sid 为外键。由于一个学生可以学习多门课程，一门课程也可以被多个学生学习，所以说学生和课程的关系是多对多关系。这种关系需要在学生类和课程类中分别以集合 Set 的方式引入对方的对象，并在映射文件中通过<set>标签进行映射。接下来通过一个具体案例来演示 Hibernate 中多对多关联关系的使用。

(1) 在 chpater09 项目下创建包 cn. itcast. manytomany，在该包下创建 Student 类，如文件 9-6 所示。

文件 9-6 Student. java

```
1   package cn.itcast.manytomany;
2   import java.util.HashSet;
3   import java.util.Set;
4   public class Student {
5       private Integer id;                                        //学生 id
6       private String sname;                                      //学生姓名
7       private Set<Course>courses=new HashSet<Course>();          //关联课程对象
8       public Integer getId(){
9           return id;
10      }
11      public void setId(Integer id){
12          this.id=id;
13      }
14      public String getSname(){
15          return sname;
16      }
17      public void setSname(String sname){
18          this.sname=sname;
19      }
20      public Set<Course>getCourses(){
21          return courses;
22      }
23      public void setCourses(Set<Course>courses){
24          this.courses=courses;
25      }
26  }
```

在文件 9-6 中，第 7 行代码用 Set 集合引入课程对象，表示同一个学生可以选修多个课程。

(2) 在 cn. itcast. manytomany 包下创建 Course 类，如文件 9-7 所示。

文件 9-7 Course. java

```
package cn.itcast.manytomany;
import java.util.HashSet;
import java.util.Set;
public class Course {
    private Integer id;                                          //课程 id
    private String cname;                                        //课程名称
```

```
7      private Set<Student> students=new HashSet<Student>();      //关联学生对象
8      public Integer getId(){
9          return id;
10     }
11     public void setId(Integer id){
12         this.id=id;
13     }
14     public String getCname(){
15         return cname;
16     }
17     public void setCname(String cname){
18         this.cname=cname;
19     }
20     public Set<Student> getStudents(){
21         return students;
22     }
23     public void setStudents(Set<Student> students){
24         this.students=students;
25     }
26 }
```

在文件 9-7 中，第 7 行代码用 Set 集合引入了学生对象，表示同一个课程可以被多个学生选修。

(3) 在 cn. itcast. manytomany 包下创建 Student. hbm. xml 映射文件，如文件 9-8 所示。

文件 9-8 Student. hbm. xml

```
1  <?xml version="1.0" encoding="UTF-8"?>
2  <!DOCTYPE hibernate-mapping PUBLIC
3      "-//Hibernate/Hibernate Mapping DTD 3.0//EN"
4      "http://www.hibernate.org/dtd/hibernate-mapping-3.0.dtd">
5  <hibernate-mapping>
6      <class name="cn.itcast.manytomany.Student" table="student">
7          <id name="id" column="id">
8              <generator class="native"/>
9          </id>
10         <property name="sname" length="30"/>
11         <set name="courses" table="s_c" >
12             <key column="sid"/>
13             <many-to-many
14                         class="cn.itcast.manytomany.Course" column="cid"/>
15         </set>
16     </class>
17 </hibernate-mapping>
```

在映射文件 9-8 中，第 11～15 行代码，使用<set>标签映射 courses 对象，这里与一对多配置方式不同的是<set>标签多了个 table 属性，这个属性表示中间表的名称，也就是说指定创建 student 表时生成的外键放在哪张表里，<key>标签的 column 属性用于描述 student 表在中间表中的外键列名称。Hibernate 中用<many-to-many>标签定义两个持久化类的多对多关联，这里<many-to-many>标签的 column 属性用于描述 course 课程表在中间表中的列名。

(4) 在 cn. itcast. manytomany 包下创建 Course. hbm. xml 映射文件，如文件 9-9 所示。

文件 9-9 Course. hbm. xml

```
<?xml version="1.0" encoding="UTF-8"?>
<!DOCTYPE hibernate-mapping PUBLIC
    "-//Hibernate/Hibernate Mapping DTD 3.0//EN"
    "http://www.hibernate.org/dtd/hibernate-mapping-3.0.dtd">
<hibernate-mapping>
    <class name="cn.itcast.manytomany.Course" table="course">
        <id name="id" column="id">
            <generator class="native"/>
        </id>
        <property name="cname" length="30"/>
        <set name="students" table="s_c" >
            <key column="cid"/>
            <many-to-many
                    class="cn.itcast.manytomany.Student" column="sid"/>
        </set>
    </class>
</hibernate-mapping>
```

由于 Student 类与 Course 类是多对多的关系，所以文件 9-9 的配置与文件 9-8 的配置以及属性所表示含义相同，可参考理解。

(5) 在 hibernate. cfg. xml 中添加 Student 类和 Course 类的映射文件信息，添加代码如下所示。

```
<!--用来关联 hbm 配置文件 -->
<mapping resource="cn/itcast/manytomany/Student.hbm.xml" />
<mapping resource="cn/itcast/manytomany/Course.hbm.xml" />
```

(6) 在 cn. itcast. manytomany 包下创建测试类 ManyToManyTest，如文件 9-10 所示。

文件 9-10 ManyToManyTest. java

```
package cn.itcast.manytomany;
import org.hibernate.Session;
import org.junit.Test;
import cn.itcast.utils.HibernateUtils;
public class ManyToManyTest {
    //存储数据
    @Test
    public void test1(){
        Session session=HibernateUtils.getSession();
        session.beginTransaction();
        //1.创建两个学生
        Student s1=new Student();
        s1.setSname("张三");
```

```
14            Student s2=new Student();
15            s2.setSname("李四");
16            //2.创建两个科目
17            Course c1=new Course();
18            c1.setCname("JAVA");
19            Course c2=new Course();
20            c2.setCname("PHP");
21            //3.建立关联关系
22            //学生关联科目
23             s1.getCourses().add(c1);
24             s2.getCourses().add(c1);
25             s1.getCourses().add(c2);
26             s2.getCourses().add(c2);
27            //4.存储
28            session.save(c1);
29            session.save(c2);
30            session.save(s1);
31            session.save(s2);
32            //提交事务,关闭 Session
33            session.getTransaction().commit();
34            session.close();
35        }
36    }
```

在文件 9-10 中,可以看到与一对多关联关系的测试相似,也是创建两个实体的对象,第 23~26 行代码,用于创建学生对科目的关联,第 28~31 行代码,用于将对象持久化,最后提交事务。这就是多对多关联关系中的单向关联,对于多对多的双向关联将在 9.2.1 节中结合反转的知识进行讲解,在这里不多赘述。

使用 JUnit4 测试运行 test1()方法,运行成功后,控制台输出 8 条 insert 语句,其中第 1 条和第 2 条 insert 语句用于向 student 表中插入数据,student 表查询结果如图 9-9 所示。

```
C:\Windows\system32\cmd.exe - mysql -uroot -p
mysql> select * from student;
+----+-------+
| id | sname |
+----+-------+
|  1 | 张三  |
|  2 | 李四  |
+----+-------+
2 rows in set (0.00 sec)

mysql> _
```

图 9-9　student 表查询结果

第 3 条和第 4 条语句用于向 course 表中插入数据,course 表的查询结果如图 9-10 所示。

最后 4 条语句用于向 s_c 中间表中插入关联数据,s_c 表的查询结果如图 9-11 所示。

从图 9-9~图 9-11 的查询结果可以看出,student 和 course 的主键分别作为中间表的外键,由于是两个学生分别学习两门课程,所以 s_c 中间表中有 4 条数据。此时多对多的关联关系已经实现。

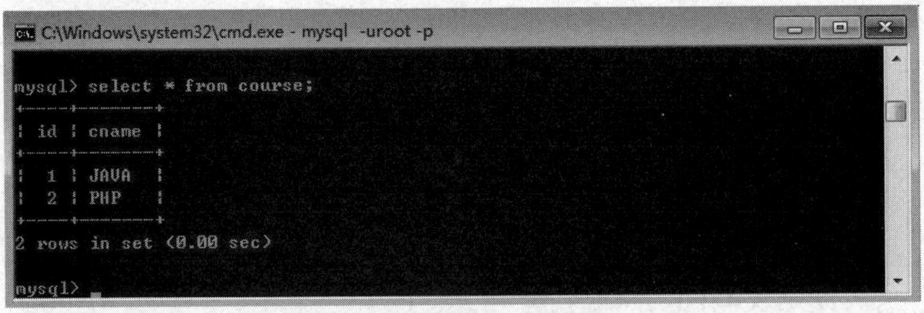

```
C:\Windows\system32\cmd.exe - mysql -uroot -p
mysql> select * from course;
+----+-------+
| id | cname |
+----+-------+
|  1 | JAVA  |
|  2 | PHP   |
+----+-------+
2 rows in set (0.00 sec)

mysql>
```

图 9-10　course 表查询结果

```
C:\Windows\system32\cmd.exe - mysql -uroot -p
+-----+-----+
| cid | sid |
+-----+-----+
|   1 |   1 |
|   2 |   1 |
|   1 |   2 |
|   2 |   2 |
+-----+-----+
4 rows in set (0.00 sec)

mysql>
```

图 9-11　s_c 中间表查询结果

9.2　关联关系中的反转与级联

在 Hibernate 的关联关系中理解反转(inverse)和级联(cascade)是非常重要的，本节将对这两种操作进行讲解。

9.2.1　反转操作

反转操作在映射文件中通过对集合的 inverse 属性的设置，来控制关联关系和对象的级联关系。inverse 属性值默认为 false，也就是关系的两端都能控制，但这样会造成一些问题，如更新的时候会因为两端都控制关系，而出现重复更新的情况。一般来说，有一端要设置为 true。通常在实际开发中，如果是一对多关系，会将一的一方的 inverse 属性设置为 true，即由多的一方来维护关联关系，否则会产生多余的 SQL 语句；如果是多对多的关系，则任意设置一方即可。

在 9.1.2 节学习多对多关系时只讲解了单向关联，在这里结合反转操作来演示一下多对多双向关联的情况。

(1) 在文件 9-10 ManyToManyTest.java 中，在 test1()方法的第 26、27 行代码之间添加科目对学生的关联，代码如下所示：

```
//科目关联学生
c1.getStudents().add(s1);
c2.getStudents().add(s1);
c1.getStudents().add(s2);
c2.getStudents().add(s2);
```

使用 JUnit4 测试运行 test1()方法，运行结果没有通过，这时观察 JUnit 视图中出现的异常，如图 9-12 所示。

```
Caused by: java.sql.BatchUpdateException: Duplicate entry '10-9' for key 'PRIMARY'
at com.mysql.jdbc.PreparedStatement.executeBatchSerially(PreparedStatement.java:1269)
at com.mysql.jdbc.PreparedStatement.executeBatch(PreparedStatement.java:955)
at org.hibernate.jdbc.BatchingBatcher.doExecuteBatch(BatchingBatcher.java:70)
at org.hibernate.jdbc.AbstractBatcher.executeBatch(AbstractBatcher.java:268)
... 31 more
```

图 9-12　JUnit 视图

从图 9-12 中可以看出，第一行异常的意思是重复写入相同的主键值，由于多对多的关联关系都会生成一张中间表，在保存数据时也会向中间表中插入一条数据，因而会出现重复写入的情况，通常解决此问题的方法有两种：一种是进行单向关联，另一种就是在映射文件中将＜set＞标签的 inverse 属性值设置为 true。

(2) 将 Course.hbm.xml 映射文件中设置＜set＞标签的 inverse 属性的值设为 true，配置如下所示：

```
<set name="courses" table="s_c" inverse="true">
    <key column="sid"/>
    <many-to-many class="cn.itcast.manytomany.Course" column="cid"/>
</set>
```

由于这里是多对多的关联关系，所以可以在任意一方进行设置。重新执行 test1()方法，操作成功后，此时数据库中 student 表、course 表和 s_c 中间表的查询结果如图 9-13 所示。

```
C:\Windows\system32\cmd.exe - mysql -uroot -p
mysql> select * from student;
+----+-------+
| id | sname |
+----+-------+
|  1 | 张三  |
|  2 | 李四  |
|  3 | 张三  |
|  4 | 李四  |
+----+-------+
4 rows in set (0.00 sec)

mysql> select * from course;
+----+-------+
| id | cname |
+----+-------+
|  1 | JAVA  |
|  2 | PHP   |
|  3 | JAVA  |
|  4 | PHP   |
+----+-------+
4 rows in set (0.00 sec)

mysql> select * from s_c;
+-----+-----+
| cid | sid |
+-----+-----+
|   1 |   1 |
|   2 |   1 |
|   1 |   2 |
|   2 |   2 |
|   3 |   3 |
|   4 |   3 |
|   3 |   4 |
|   4 |   4 |
+-----+-----+
8 rows in set (0.00 sec)
```

图 9-13　查询结果

从图 9-13 的查询结果可以看出，此时已成功将课程表和学生表之间进行关联。在双向关联中，一方的<set>元素中加入 inverse="true"可以反转维护关系，即此方放弃对另一端关系的维护，而由对方来维护关系。需要注意的是 inverse 只对<set>、<one-to-many>或<many-to-many>标签有效，对<many-to-one>和<one-to-one>标签无效。

9.2.2 级联操作

级联操作是指当主控方执行保存、更新或者删除操作时，其关联对象（被控方）也执行相同的操作。在映射文件中通过对 cascade 属性的设置来控制是否对关联对象采用级联操作，级联操作对各种关联关系都是有效的。

cascade 定义的是有关联关系的对象之间的级联关系，cascade 的相关属性可选值如下。

- save-update：在执行 save、update 或 saveOrUpdate 时进行关联操作。
- delete：在执行 delete 时进行关联操作。
- delete-orphan：表示孤儿删除，即删除所有和当前对象解除关联关系的对象。
- all ：所有情况下均进行关联操作，但不包含 delete-orphan 操作。
- all-delete-orphan：所有情况下均进行关联操作。
- none：所有情况下均不进行关联操作。这是默认值。

了解了 cascade 的相关属性后，接下来结合案例来讲解 cascade 在级联操作中的实际应用，具体如下。

1. 一对多级联保存

在 9.1.1 节讲解一对多关联关系映射的案例中，是用保存数据的案例来演示客户和订单的关系的，在演示的过程中，首先创建了两者的关联关系，然后对订单和客户先后进行了保存，下面我们来演示仅保存客户的情况。

(1) 在文件 9-5 OneToManyTest.java 中添加方法 test2()，代码如下所示：

```
//保存客户和订单，客户关联订单，仅保存客户——抛异常，持久态对象 关联 瞬时态对象
@Test
public void test2(){
    Session session=HibernateUtils.getSession();
    session.beginTransaction();
    //1.客户
    Customer customer=new Customer();
    customer.setName("李四");
    //2.订单
    Order order=new Order();
    order.setAddress("上海");
    order.setPrice(2000d);
    //3.客户关联订单
    customer.getOrders().add(order);
    //4.仅保存客户
    session.save(customer);                     //insert
    session.getTransaction().commit();          //update
    session.close();
}
```

使用 JUnit4 测试运行 test2()方法后，JUnit 控制台会抛出异常：org. hibernate. TransientObjectException：object references an unsaved transient instance - save the transient instance before flushing：cn. itcast. c_one2many. Order，这个异常的意思是说持久态对象 customer 关联了瞬时态对象 order，这种情况是不允许保存的，在 Hibernate 的关联关系中提供了级联保存的支持，这时便应用到了 cascade 的 save-update 属性值，在 Customer. hbm. xml 文件中用来描述订单的<set>标签上进行配置，具体如下：

```
<!---一对多的关系使用 set 集合映射-->
<set name="orders" cascade="save-update">
    <!--确定关联的外键列 -->
    <key column="cid"/>
     <!--映射到关联类属性 -->
     <one-to-many class="cn.itcast.onetomany.Order"/>
</set>
```

在上述配置中，添加 cascade＝"save-update"的意思是在保存 customer 的同时，一并保存 customer 所关联的 order，或者说在保存 customer 的同时，将它所关联的瞬时态对象变为持久态对象。

(2) 重新执行 test2()测试方法，执行成功后，查询数据库的结果如图 9-14 所示。

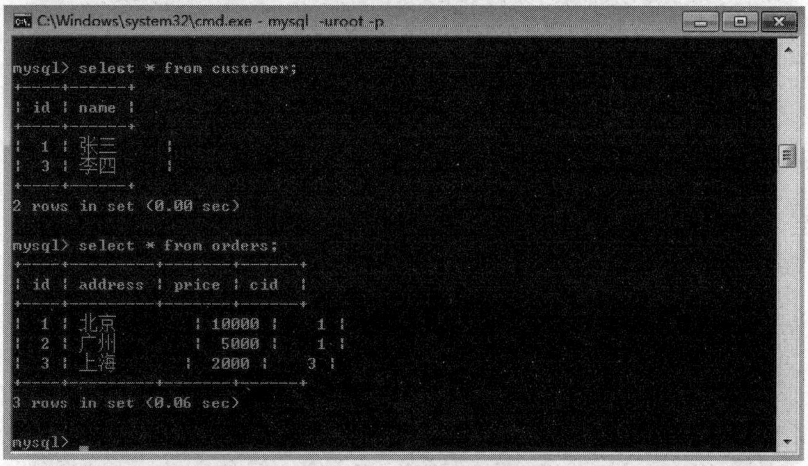

```
C:\Windows\system32\cmd.exe - mysql -uroot -p
mysql> select * from customer;
+----+------+
| id | name |
+----+------+
|  1 | 张三   |
|  3 | 李四   |
+----+------+
2 rows in set (0.00 sec)

mysql> select * from orders;
+----+---------+-------+-----+
| id | address | price | cid |
+----+---------+-------+-----+
|  1 | 北京      | 10000 |   1 |
|  2 | 广州      |  5000 |   1 |
|  3 | 上海      |  2000 |   3 |
+----+---------+-------+-----+
3 rows in set (0.06 sec)

mysql>
```

图 9-14　查询结果

从图 9-14 的查询结果可以看出，客户与订单的级联保存的操作已经实现。

2. 一对多关系的级联删除

在客户和订单的关系中，如果使用级联操作删除了客户，那么该客户的相应订单也会被删除。在使用级联操作删除客户前，先来看一下没有使用级联操作的情况下，删除客户信息时的订单信息情况。

(1) 在文件 9-5 OneToManyTest. java 中添加方法 test3()，代码如下所示：

```
//默认情况下,删除客户时,订单的 cid 为 null
@Test
```

```
public void test3(){
    Session session=HibernateUtils.getSession();
    session.beginTransaction();
  //1.查询客户对象
    Customer c=(Customer)session.get(Customer.class,1);
  //2.删除客户
    session.delete(c);
    session.getTransaction().commit();
    session.close();
}
```

在上述代码中，首先查询了 id 为 1 的客户对象，然后通过 session 的 delete()方法删除该客户对象。

(2) 执行 test3()方法后，控制台会输出三条 SQL 语句，分别为 select、update 和 delete 语句。这时查询数据库中的 customer 表后，查询结果如图 9-15 所示。

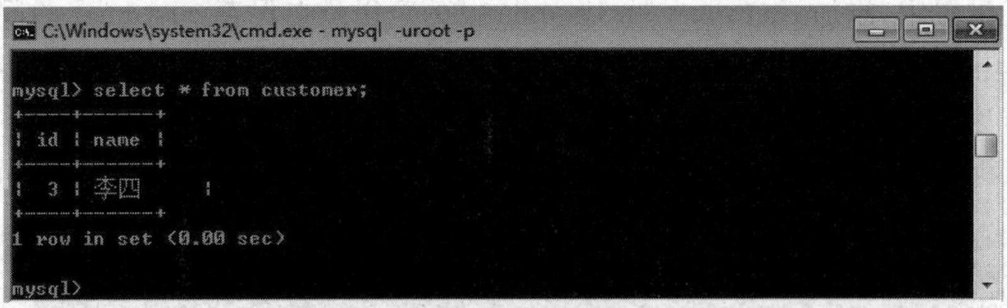

```
C:\Windows\system32\cmd.exe - mysql -uroot -p

mysql> select * from customer;
+----+--------+
| id | name   |
+----+--------+
|  3 | 李四    |
+----+--------+
1 row in set (0.00 sec)

mysql>
```

图 9-15　customer 表查询结果

从图 9-15 的查询结果可以看出，id 为 1 的客户已删除成功，orders 表的查询结果如图 9-16 所示。

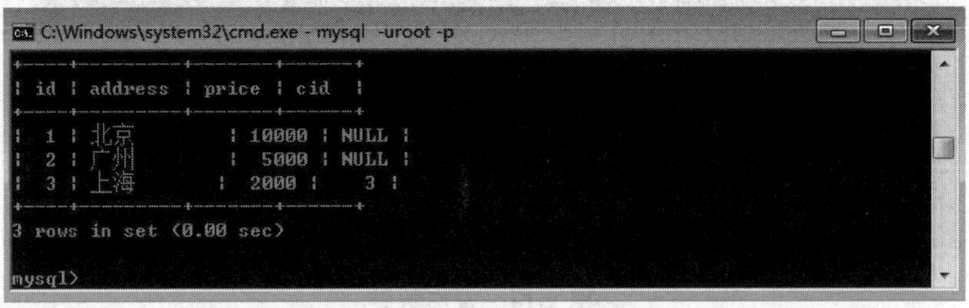

```
C:\Windows\system32\cmd.exe - mysql -uroot -p
+----+---------+-------+------+
| id | address | price | cid  |
+----+---------+-------+------+
|  1 | 北京     | 10000 | NULL |
|  2 | 广州     |  5000 | NULL |
|  3 | 上海     |  2000 |    3 |
+----+---------+-------+------+
3 rows in set (0.00 sec)

mysql>
```

图 9-16　orders 表的查询结果

从图 9-16 的查询结果可以看出，orders 表中有关被删除客户的订单的外键列 cid 中的数据已变为 null，这是因为客户被删除后，与其关联的 orders 表中的外键值就没有了，在删除客户表数据之前，orders 表先执行了 update 操作，将其表中的客户外键值设为了 null，然后才删除 customer 表中的客户。

如果想在删除 customer 表中客户的同时，也删除 orders 表中客户对应的订单数据，那么可以使用 Hibernate 的级联操作，只需在 Customer. hbm. xml 的＜set＞标签中增加 cascade 属性，并将其属性值设置为 delete(如果要为 cascade 属性添加多个值，用逗号分隔即可)。具体配置如下所示：

```
<set name="orders" cascade="save-update,delete">
    <!--确定关联的外键列 -->
    <key column="cid"/>
    <!--映射到关联类属性 -->
    <one-to-many class="cn.itcast.onetomany.Order"/>
</set>
```

(3) 从图 9-15 和图 9-16 的查询结果可以看出，此时 id 为 3 的客户关联 id 为 3 的订单，在文件 9-5 OneToManyTest.java 中添加方法 test4()，代码如下所示：

```
//级联删除
@Test
public void test4(){
    Session session=HibernateUtils.getSession();
    session.beginTransaction();
    //查询 id=3 的用户，删除该用户的同时删除其关联的订单
    Customer c=(Customer)session.get(Customer.class,3);
    session.delete(c);//删除该客户对象
    session.getTransaction().commit();
    session.close();
}
```

使用 JUnit4 测试运行 test4()方法，运行成功后，customer 和 orders 两张表的查询结果如图 9-17 所示。

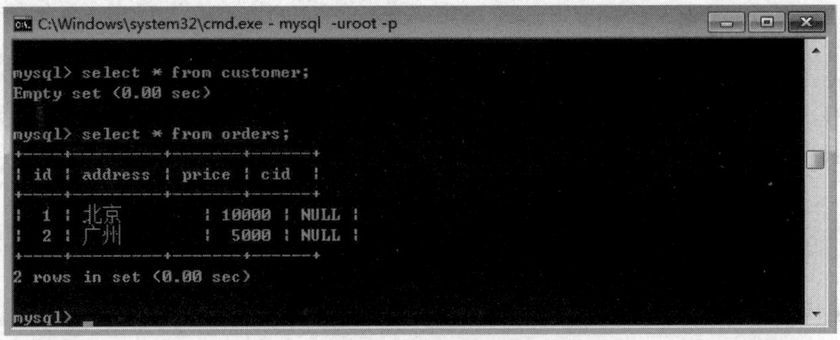

```
mysql> select * from customer;
Empty set (0.00 sec)

mysql> select * from orders;
+----+---------+-------+------+
| id | address | price | cid  |
+----+---------+-------+------+
|  1 | 北京    | 10000 | NULL |
|  2 | 广州    |  5000 | NULL |
+----+---------+-------+------+
2 rows in set (0.00 sec)

mysql>
```

图 9-17　查询结果

从图 9-17 的查询结果可以看出，cid 为 3 的客户及其关联的两个订单也被成功删除了。这说明通过配置 cascade 属性的级联删除已经成功实现。

3. 孤儿删除

在客户和订单的关系中，如果没有设置级联删除，删除客户后，该客户所关联的订单的 cid 的值将被设置为 null，这时我们可以把这些订单数据比喻为“孤儿”，所谓的孤儿删除就是删除与某个客户解除关系的订单。

(1) 运行文件 9-5 OneToManyTest.java 的 test1()方法，向数据库中插入数据，运行成功后，查询数据库，查询结果如图 9-18 所示。

从图 9-18 的查询结果可以看出，此时 id 为 4 的客户关联 id 为 5 和 6 的订单，接下来在

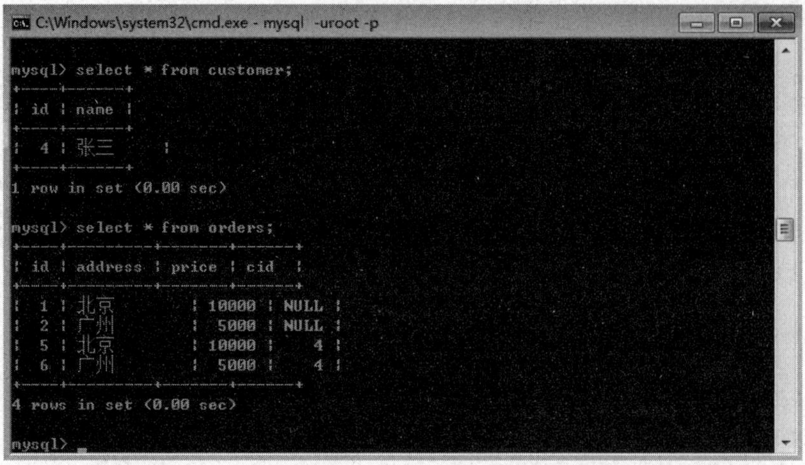

```
C:\Windows\system32\cmd.exe - mysql -uroot -p

mysql> select * from customer;
+----+------+
| id | name |
+----+------+
|  4 | 张三 |
+----+------+
1 row in set (0.00 sec)

mysql> select * from orders;
+----+---------+-------+------+
| id | address | price | cid  |
+----+---------+-------+------+
|  1 | 北京    | 10000 | NULL |
|  2 | 广州    |  5000 | NULL |
|  5 | 北京    | 10000 |    4 |
|  6 | 广州    |  5000 |    4 |
+----+---------+-------+------+
4 rows in set (0.00 sec)

mysql>
```

图 9-18 查询结果

文件 9-5 OneToManyTest. java 中添加 test5()方法，代码如下所示：

```
//孤儿删除,需要解除父子关系
@Test
public void test5(){
    Session session=HibernateUtils.getSession();
    session.beginTransaction();
    //1.查询客户
    Customer customer=(Customer)session.get(Customer.class, 4);
    //2.查询订单
    Order order=(Order)session.get(Order.class,5);
    //3.解除关系
    customer.getOrders().remove(order);
    session.getTransaction().commit();
    session.close();
        }
```

在上述代码中，查询 id 为 4 的客户和 id 为 5 的订单，然后解除了它们之间的关系，需要注意的是这里并没有进行 session. delete()操作。

(2) 在 Customer. hbm. xml 中的关联集合中，将 cascade 属性的值设为“delete-orphan”进行孤儿删除，具体配置如下所示：

```
<!---一对多:一个客户拥有多个订单-->
    <set name="orderSet" cascade="save-update,delete,delete-orphan">
        <key column="customer_id"></key>
        <one-to-many class="cn.itcast.c_one2many.Order"/>
    </set>
```

使用 JUnit4 测试运行 test5()方法，运行成功后，查询数据库，查询结果如图 9-19 所示。

从图 9-19 的查询结果可以看出，id 为 4 的客户及其关联的 id 为 6 的订单数据还在，而 id 为 5 的订单在与客户接触关系后被成功删除，这说明使用 cascade 进行孤儿删除的功能已经实现。

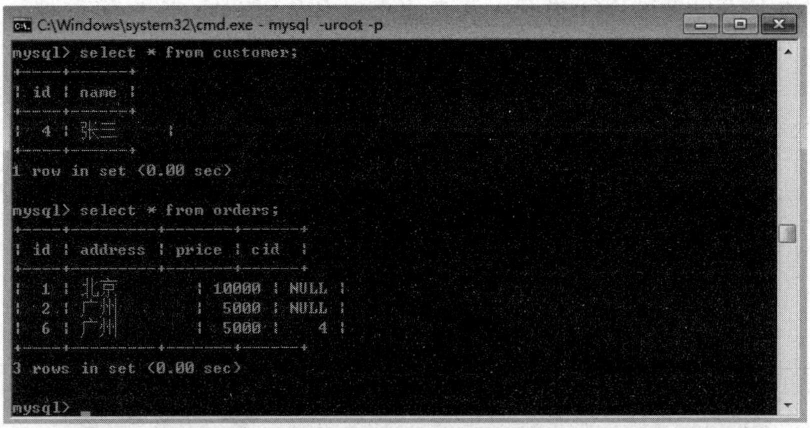

```
C:\Windows\system32\cmd.exe - mysql -uroot -p
mysql> select * from customer;
+----+------+
| id | name |
+----+------+
|  4 | 张三   |
+----+------+
1 row in set (0.00 sec)

mysql> select * from orders;
+----+---------+-------+------+
| id | address | price | cid  |
+----+---------+-------+------+
|  1 | 北京      | 10000 | NULL |
|  2 | 广州      |  5000 | NULL |
|  6 | 广州      |  5000 |    4 |
+----+---------+-------+------+
3 rows in set (0.00 sec)

mysql>
```

图 9-19　查询结果

4. 多对多关系的级联保存

级联保存操作对多种关联关系都适用，例如多对多关系的级联保存与一对多中的级联保存相似，步骤如下。

(1) 在文件 9-10 ManyToManyTest.java 中添加方法 test2()，代码如下所示：

```
//多对多级联保存:学生级联课程,需要在学生 Student.hbm.xml 添加级联保存
@Test
public void test2(){
    Session session=HibernateUtils.getSession();
    session.beginTransaction();
    //1.创建课程
    Course course=new Course();
    course.setCname("PHP");
    //2.创建学生
    Student student=new Student();
    student.setSname("王五");
    //3.关联——学生关联课程
    student.getCourses().add(course);
    //4.保存
    session.save(student);
    session.getTransaction().commit();
    session.close();
}
```

多对多的级联保存成功后，与正常执行保存操作一致，同样会向中间表插入数据。

(2) 在 Student.hbm.xml 中配置级联保存的信息，具体如下：

```
<set name="courses" table="s_c" cascade="save-update" >
    <key column="sid"/>
        <many-to-many class="cn.itcast.manytomany.Course" column="cid"/>
</set>
```

(3) 使用 JUnit4 测试运行 test4()方法，运行成功后，查询数据库，结果如图 9-20 所示。

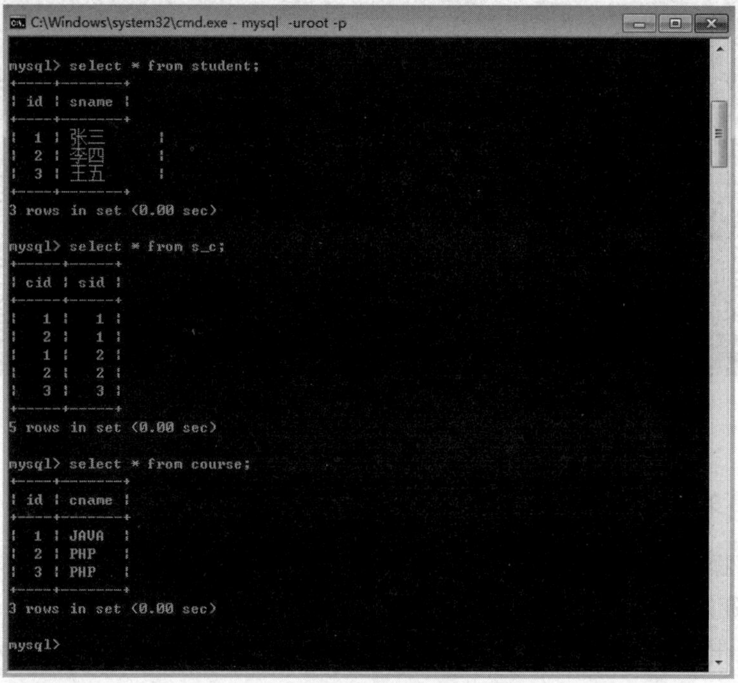

```
C:\Windows\system32\cmd.exe - mysql -uroot -p

mysql> select * from student;
+----+-------+
| id | sname |
+----+-------+
|  1 | 张三   |
|  2 | 李四   |
|  3 | 王五   |
+----+-------+
3 rows in set (0.00 sec)

mysql> select * from s_c;
+-----+-----+
| cid | sid |
+-----+-----+
|   1 |   1 |
|   2 |   1 |
|   1 |   2 |
|   2 |   2 |
|   3 |   3 |
+-----+-----+
5 rows in set (0.00 sec)

mysql> select * from course;
+----+-------+
| id | cname |
+----+-------+
|  1 | JAVA  |
|  2 | PHP   |
|  3 | PHP   |
+----+-------+
3 rows in set (0.00 sec)

mysql>
```

图 9-20　查询结果

从图 9-20 的查询结果可以看出，多对多关系的级联保存已经实现。

5. 多对多关系的级联删除

多对多的级联删除也叫双向级联删除，因为当删除某个学生时，该学生关联的课程也要被删除，而与被关联课程关联的其他学生也需要删除，这里不是特别容易理解，接下来结合案例来演示多对多双向级联删除的具体实现。

(1) 在文件 9-10 ManyToManyTest.java 中添加 test3()方法，代码如下所示：

```
//级联删除
    //1.没有任何配置:将删除 Student 及在中间表中的数据
    //2.配置双向级联删除
    //3.配置双向级联删除+课程放权
@Test
public void test3(){
    Session session=HibernateUtils.getSession();
    session.beginTransaction();
    Student student=(Student)session.get(Student.class, 1);
    session.delete(student);
    session.getTransaction().commit();
    session.close();
}
```

在上述代码中，查询 id 值为 1 的学生，并将其删除，如果不进行级联的配置，运行结果是将删除该学生，以及该学生有关的中间表数据，而该学生所关联的课程不会被删除。

(2) 在 Student.hbm.xml 中配置级联删除，具体代码如下所示：

```
<set name="courses" table="s_c" cascade="delete" >
    <key column="sid"/>
        <many-to-many class="cn.itcast.manytomany.Course" column="cid"/>
</set>
```

(3) 在 Course.hbm.xml 中配置级联删除和放弃维护中间表的权利（反转控制），具体代码如下所示：

```
<set name="students" table="s_c"  cascade="delete"  inverse="true">
    <key column="cid"/>
        <many-to-many class="cn.itcast.manytomany.Student" column="sid"/>
</set>
```

(4) 使用 JUnit4 测试运行 test3()方法，运行成功后，查询数据库，查询结果如图 9-21 所示。

```
C:\Windows\system32\cmd.exe - mysql  -uroot -p
mysql> select * from student;
+----+-------+
| id | sname |
+----+-------+
|  3 | 王五  |
+----+-------+
1 row in set (0.00 sec)

mysql> select * from s_c;
+-----+-----+
| cid | sid |
+-----+-----+
|   3 |   3 |
+-----+-----+
1 row in set (0.00 sec)

mysql> select * from course;
+----+-------+
| id | cname |
+----+-------+
|  3 | PHP   |
+----+-------+
1 row in set (0.00 sec)

mysql>
```

图 9-21　查询结果

从图 9-21 的查询结果可以看出，与图 9-20 进行对比，三张表中与 id 为 1 的学生有关系的数据均被删除成功了，多对多的双向级联删除已经成功实现。

9.3　本章小结

本章主要讲解了 Hibernate 的关联关系映射。首先讲解了系统模型中实体设计的三种关联关系，分为多对多、多对一和一对一的关联关系，然后举例讲解了一对多和多对多关联关系在项目中的使用，最后讲解了常用的反转操作和级联操作。在实际开发中，三种关联关系中的多对一和多对多使用较多，要求读者必须掌握，而一对一关联关系使用情况较少，读者了解有此种关系即可。级联和反转操作在 Hibernate 关联关系映射中是重点知识，要求读者必须掌握。

【思考题】

1. 请简述数据库中多表之间的三种关联关系。
2. 请简述什么是级联操作，以及 cascade 及其属性。

扫描右方二维码，查看思考题答案！

第 10 章

Hibernate的检索方式

学习目标

- 了解 Hibernate 检索数据的方式
- 学会使用 HQL 和 QBC 检索查询数据
- 熟练掌握 HQL 的应用

在实际开发项目时，对数据进行最多的操作就是查询，数据的查询在所有 ORM 框架中都占有极其重要的地位。那么，如何利用 Hibernate 查询数据呢？本章将针对 Hibernate 的几种数据查询方式（又称之为检索方式）进行详细的讲解。

10.1 Hibernate 检索方式的概述

Hibernate 的检索方式主要有 5 种，分别为导航对象图检索方式、OID 检索方式、HQL 检索方式、QBC 检索方式和本地 SQL 检索方式。下面就分别对这 5 种检索方式的使用进行讲解。

10.1.1 导航对象图检索方式

导航对象图检索方式是根据已经加载的对象，导航到其他对象。它利用类与类之间的关系来检索对象。譬如要查找一份订单对应的客户，就可以由订单对象自动导航找到订单所属的客户对象。当然，前提是必须在对象关系映射文件上配置了多对一的关系。其检索方式如下所示：

```
Order order=(Order)session.get(Order.class,1);
Customer customer=order.getCustomer();
```

10.1.2 OID 检索方式

OID 检索方式主要指用 Session 的 get()和 load()方法加载某条记录对应的对象。如下面两种加载客户对象的方式就是 OID 检索方式，具体如下：

```
Customer customer=(Customer)session.get(Customer.class,1);
Customer customer=(Customer)session.load(Customer.class,1);
```

10.1.3 HQL 检索方式

HQL（Hibernate Query Language）是面向对象的查询语言，它和 SQL 查询语言有些相似，但它使用的是类、对象和属性的概念，而没有表和字段的概念。在 Hibernate 提供的各种检索方式中，HQL 是官方推荐的查询语言，也是使用最广泛的一种检索方式。它具有如下功能：

- 在查询语句中设定各种查询条件。
- 支持投影查询，即仅检索出对象的部分属性。
- 支持分页查询。
- 支持分组查询，允许使用 group by 和 having 关键字。
- 提供内置聚集函数，如 sum()、min()和 max()。
- 能够调用用户定义的 SQL 函数。
- 支持子查询，即嵌套查询。
- 支持动态绑定参数。

Hibernate 提供的 Query 接口是专门的 HQL 查询接口，它能够执行各种复杂的 HQL 查询语句。完整的 HQL 语句结构如下：

```
[select/update/delete...][from...][where...][group by...][having...][order by...][asc/desc]
```

其中的 update/delete 为 Hibernate3 中所新添加的功能，可见 HQL 查询非常类似于标准 SQL 查询。通常情况下，当检索数据表中的所有记录时，查询语句中可以省略 select 关键字，示例如下所示：

```
String hql="from Customer";
```

如果执行该查询语句，则会返回应用程序中的所有 Customer 对象，需要注意的是：Customer 是类名，而不是表名，类名需要区分大小写，而关键字 from 不区分大小写。

10.1.4　QBC 检索方式

QBC(Query By Criteria)是 Hibernate 提供的另一种检索对象的方式，它主要由 Criteria 接口、Criterion 接口和 Expression 类组成。Criteria 接口是 Hibernate API 中的一个查询接口，它需要由 session 进行创建。Criterion 是 Criteria 的查询条件，在 Criteria 中提供了 add(Criterion criterion)方法来添加查询条件。使用 QBC 检索对象的示例代码如下所示：

```
//创建 criteria 对象
Criteria criteria=session.createCriteria(Customer.class);
//设定查询条件
Criterion criterion=Restrictions.eq("id", 1);
//添加查询条件
criteria.add(criterion);
//执行查询,返回查询结果
List<Customer>cs=criteria.list();
```

上述代码中查询的是 id 为 1 的 Customer 对象。

10.1.5 本地 SQL 检索方式

采用 HQL 或 QBC 检索方式时，Hibernate 生成标准的 SQL 查询语句，适用于所有的数据库平台，因此这两种检索方式都是跨平台的。但有的应用程序可能需要根据底层数据库的 SQL 方言，来生成一些特殊的查询语句。在这种情况下，可以利用 Hibernate 提供的 SQL 检索方式。使用 SQL 检索方式检索对象的示例代码如下所示：

```
SQLQuery sqlQuery=session.createSQLQuery("select id,name,age,city from customer");
```

10.2 HQL 检索

Query 接口是专门的 HQL 查询接口，在第 7 章中，已经详细介绍过 Hibernate 的 Query 接口，并举例演示了 Query 接口中 list()方法的使用。本节将对 HQL 中其他几种常用的检索方式进行讲解。

10.2.1 指定别名

HQL 语句类似于 SQL 语句，在 HQL 语句中也可以使用别名。别名使用关键字 as 指定，但在实际使用时，as 关键字可以省略。下面就通过示例来演示在 HQL 中别名的使用。

在 Eclipse 中创建一个 Web 项目 chapter10，添加 Hibernate 所需的 JAR 包到其 lib 目录中，并发布到类路径下。参见第 7 章 chapter07 项目创建的 Customer 类、Customer.hbm.xml 映射文件以及 hibernate.cfg.xml 配置文件。新建 test 源文件夹，并在其中建立 cn.itcast.test 包，在包中建立一个名为 HQLTest 的类，在类中创建一个名为 aliasTest()的方法，该方法使用 HQL 别名的方式查询数据，如文件 10-1 所示。

文件 10-1 HQLTest.java

```
package cn.itcast.test;
import java.util.List;
import org.hibernate.Query;
import org.hibernate.Session;
import org.hibernate.SessionFactory;
import org.hibernate.Transaction;
import org.hibernate.cfg.Configuration;
import org.junit.Test;
import cn.itcast.domain.Customer;
/**
 * Query查询
 */
public class HQLTest {
    /**
     * 指定别名
     */
    @Test
    public void aliasTest(){
        Configuration config=new Configuration().configure();
```

```
        SessionFactory sessionFactory=config.buildSessionFactory();
        //得到一个 Session
        Session session=sessionFactory.openSession();
        Transaction t=session.beginTransaction();
        //编写 HQL
        String hql="from Customer as c where c.name='Jack'";
        //创建 Query 对象
        Query query=session.createQuery(hql);
        //执行查询,获得结果
        List<Customer>cs=query.list();
        //遍历查询结果
        for(Customer c : cs){
            System.out.println(c);
        }
        t.commit();
        session.close();
        sessionFactory.close();
    }
}
```

在文件 10-1 中，c 是 Customer 类的别名，在 where 条件后，使用其别名查询 name＝“Jack”的对象。在运行测试上述代码之前，先在数据库 customer 表中插入几条数据。插入后，customer 表中的数据如图 10-1 所示。

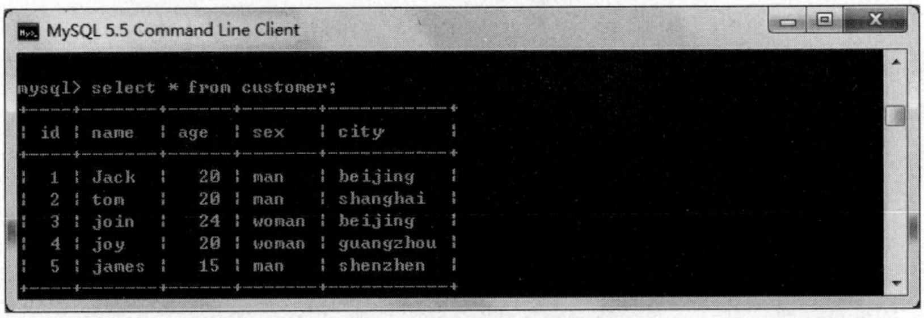

```
MySQL 5.5 Command Line Client
mysql> select * from customer;
+----+-------+-----+-------+-----------+
| id | name  | age | sex   | city      |
+----+-------+-----+-------+-----------+
|  1 | Jack  |  20 | man   | beijing   |
|  2 | tom   |  20 | man   | shanghai  |
|  3 | join  |  24 | woman | beijing   |
|  4 | joy   |  20 | woman | guangzhou |
|  5 | james |  15 | man   | shenzhen  |
+----+-------+-----+-------+-----------+
```

图 10-1　customer 表中的数据

使用 JUnit 测试运行上述代码后，控制台输出结果如图 10-2 所示。

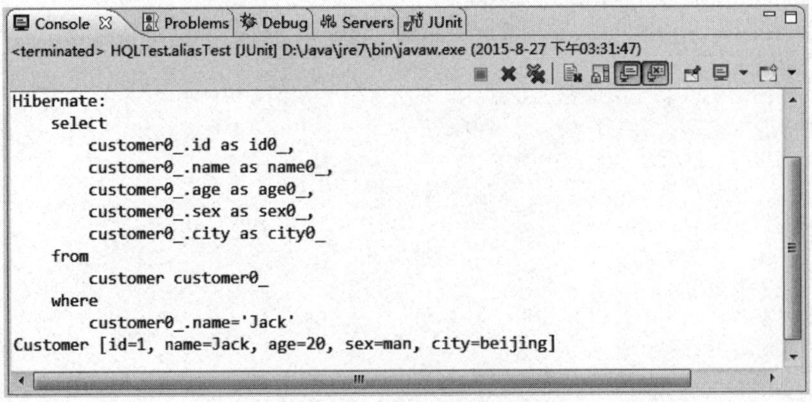

```
Console ⊠  Problems  Debug  Servers  JUnit
<terminated> HQLTest.aliasTest [JUnit] D:\Java\jre7\bin\javaw.exe (2015-8-27 下午03:31:47)
Hibernate:
    select
        customer0_.id as id0_,
        customer0_.name as name0_,
        customer0_.age as age0_,
        customer0_.sex as sex0_,
        customer0_.city as city0_
    from
        customer customer0_
    where
        customer0_.name='Jack'
Customer [id=1, name=Jack, age=20, sex=man, city=beijing]
```

图 10-2　aliasTest()方法执行后的控制台输出

10.2.2　投影查询

在通常的查询过程中,有时只需查询部分属性,并不需要查询一个类的所有属性。如果仍然查询所有属性,是十分影响查询性能的。为此,在 Hibernate 中提供了投影查询,用来查询对象的部分属性。

在查询类对象的部分属性时,需要使用关键字 select,并在其后加上需要查询的属性,然后就是 from 关键字和实体类名。在 HQLTest 类中,编写 portionQueryTest()方法,只查询 customer 表中的 name 和 age 信息,代码如下所示:

```
@Test
public void portionQueryTest(){
    Configuration config=new Configuration().configure();
    SessionFactory sessionFactory=config.buildSessionFactory();
    //得到一个 Session
    Session session=sessionFactory.openSession();
    Transaction t=session.beginTransaction();
    //编写 HQL
    String hql="select c.name,c.age from Customer as c ";
    //创建 Query 对象
    Query query=session.createQuery(hql);
    List<Object[]>list=query.list();
    Iterator iter=list.iterator();
    while(iter.hasNext()){
        Object[] obj=(Object[])iter.next();
        System.out.println(obj[0]+" "+obj[1]);
    }
    t.commit();
    session.close();
    sessionFactory.close();
  }
}
```

在以上代码中,使用 select 关键字加上属性 name 和 age 来查询数据表中的姓名和年龄信息。当检索对象的部分属性时,Hibernate 返回的 List 中的每一个元素都是一个 Object 数组,而不再是 Customer 对象。在 Object 数组中,各个属性是有顺序的。如上述代码中 obj[0]所对应的就是 name 属性的值,obj[1]所对应的就是 age 属性的值,这与查询语句中的各个属性的顺序相对应。使用 JUnit4 测试运行 portionQueryTest()方法后,控制台的输出结果如图 10-3 所示。

10.2.3　动态实例查询

在投影查询时,返回的查询对象是一个对象数组,而且还要处理顺序,操作起来非常不方便。为了方便操作,提高检索效率,并且体现面向对象思想,可以把返回结果重新组成一个实体的实例,这种方式就是动态实例化查询。

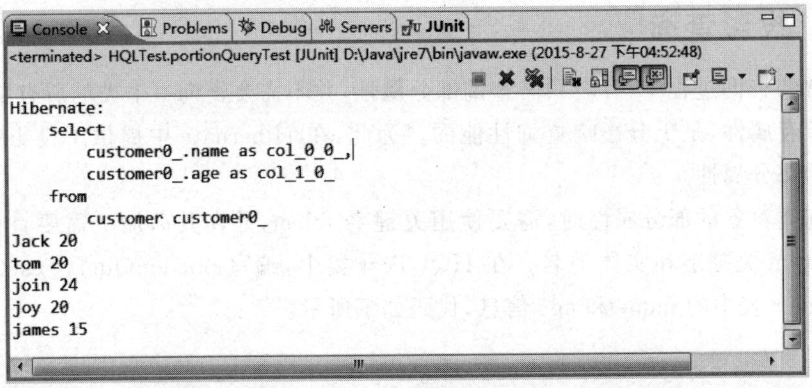

```
Hibernate:
    select
        customer0_.name as col_0_0_,
        customer0_.age as col_1_0_
    from
        customer customer0_
Jack 20
tom 20
join 24
joy 20
james 15
```

图 10-3 portionQueryTest()方法执行后的控制台输出结果

下面就通过修改投影查询示例的方式来演示动态实例查询。在 HQLTest 类中编写一个名称为 dynamicQueryTest()的方法，该方法的功能同样是检索出客户的姓名和年龄信息，代码如下所示：

```
@Test
public void dynamicQueryTest(){
    Configuration config=new Configuration().configure();
    SessionFactory sessionFactory=config.buildSessionFactory();
    //得到一个 Session
    Session session=sessionFactory.openSession();
    Transaction t=session.beginTransaction();
    //编写 HQL
    String hql="select new Customer(c.name,c.age)from Customer as c ";
    //创建 Query 对象
    Query query=session.createQuery(hql);
    //执行查询，获得结果
    List<Customer>cs=query.list();
    for(Customer c : cs){
        System.out.println(c.getName()+" "+c.getAge());
    }
    t.commit();
    session.close();
    sessionFactory.close();
}
```

在以上代码中，select 语句后面不再是属性，而是一个实体类对象，查询语句会把查询到的 name 和 age 封装到 Customer 对象中作为返回结果。需要注意的是：使用此种方式查询时，实体类 Customer 中要添加相应的构造方法，所添加的构造方法代码如下所示：

```
//无参构造方法
public Customer(){
}
  //包含 name 和 age 参数的构造
public Customer(String name, Integer age){
```

```
    this.name=name;
    this.age=age;
}
```

由于需要查询的是 name 和 age，所以需要添加带有 name 和 age 参数的构造方法。又由于添加此构造方法后，虚拟机将不再默认提供无参的构造方法，所以需要再添加一个无参的构造方法。使用 JUnit4 测试运行 dynamicQueryTest()方法后，控制台的输出结果如图 10-4 所示。

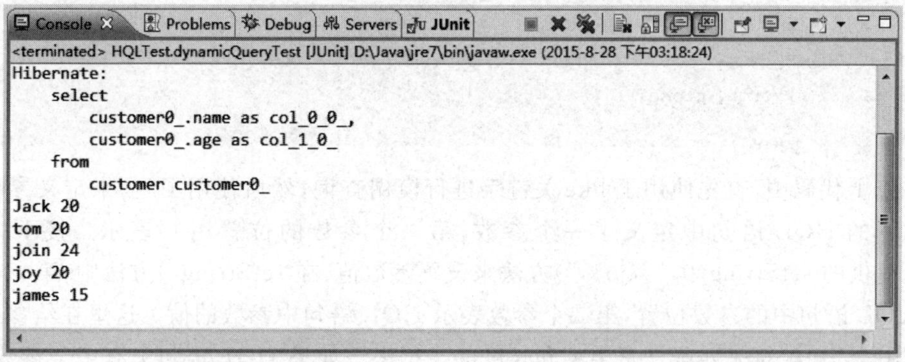

```
<terminated> HQLTest.dynamicQueryTest [JUnit] D:\Java\jre7\bin\javaw.exe (2015-8-28 下午03:18:24)
Hibernate:
    select
        customer0_.name as col_0_0_,
        customer0_.age as col_1_0_
    from
        customer customer0_
Jack 20
tom 20
join 24
joy 20
james 15
```

图 10-4 dynamicQueryTest()方法执行后的控制台输出

从图 10-4 中可以看出，使用动态实例查询后，查询结果 list 中的每个元素都为一个 Customer 对象，通过 Customer 对象就可以方便地获取对象的属性了。

10.2.4 条件查询

在实际应用中，通常需要根据指定的条件进行查询。这时，可以使用 HQL 语句提供的 where 子句进行查询，或者使用 like 关键字进行模糊查询。

依据参数的形式不同，可将条件查询分为两种：按参数位置查询和按参数名称查询。

1. 按参数位置查询

按参数位置查询时，需要在 HQL 语句中使用“?”来定义参数的位置，然后利用 Query 对象的 setXxx()方法为其赋值，此种操作方式与 JDBC 的 PrepareStatement 对象的参数绑定方式相似。下面通过示例来演示此种查询方式。

在 HQLTest 类中编写 paramQueryTest1()方法，使用按照参数查询的方式，模糊查询姓名中包含“jo”的人的信息，代码如下所示：

```
@Test
public void paramQueryTest1(){
    Configuration config=new Configuration().configure();
    SessionFactory sessionFactory=config.buildSessionFactory();
    //得到一个 Session
    Session session=sessionFactory.openSession();
    Transaction t=session.beginTransaction();
    //编写 HQL,使用参数查询
```

```
    String hql="from Customer where name like ?";
    //创建 Query 对象
    Query query=session.createQuery(hql);
    //为 HQL 中的"?"代表的参数设置值
    query.setString(0, "%jo%");
    //执行查询,获得结果
    List<Customer>cs=query.list();
    for(Customer c : cs){
        System.out.println(c);
    }
    t.commit();
    session.close();
    sessionFactory.close();
}
```

在以上代码中,首先使用了 like 关键字进行模糊查询,然后使用了"?"来定义参数的位置。这里的 HQL 语句中定义了一个参数,第一个参数的位置用 0 表示。接下来使用 Query 提供的 setString(0,"%jo%")方法来设置参数值,在 setString()方法中,第一个参数表示 HQL 语句中的参数位置,第二个参数表示 HQL 语句中参数的值。这里在给参数赋值时,使用"%"通配符来匹配任意类型和长度的字符串。如果 HQL 语句中有多个参数,可以依次为其赋值。

使用 JUnit4 测试运行 paramQueryTest1()方法后,控制台的输出结果如图 10-5 所示。

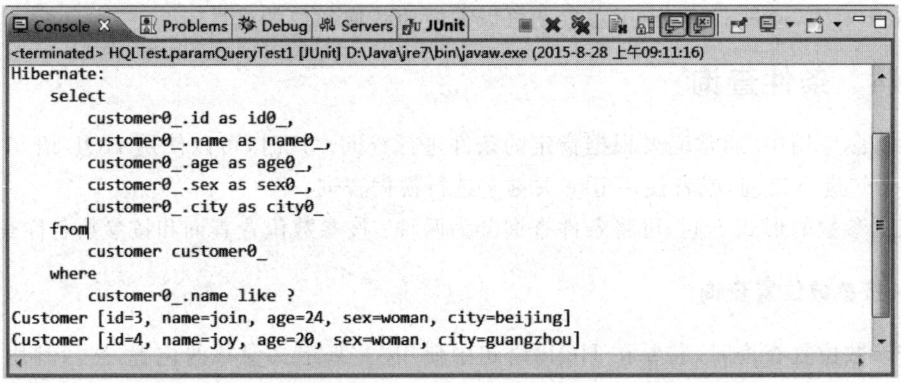

```
Console ✕  Problems  Debug  Servers  JUnit
<terminated> HQLTest.paramQueryTest1 [JUnit] D:\Java\jre7\bin\javaw.exe (2015-8-28 上午09:11:16)
Hibernate:
    select
        customer0_.id as id0_,
        customer0_.name as name0_,
        customer0_.age as age0_,
        customer0_.sex as sex0_,
        customer0_.city as city0_
    from
        customer customer0_
    where
        customer0_.name like ?
Customer [id=3, name=join, age=24, sex=woman, city=beijing]
Customer [id=4, name=joy, age=20, sex=woman, city=guangzhou]
```

图 10-5 paramQueryTest1()方法执行后的控制台的输出结果

在 Query 接口中,除了 setString()方法外,还提供了其他一些给参数赋值的方法,如表 10-1 所示。

表 10-1 Query 提供的给参数赋值的部分方法

方法名	说明
setDate()	给映射类型为 Date 的参数赋值
setDouble()	给映射类型为 double 的参数赋值
setBoolean()	给映射类型为 boolean 的参数赋值
setInteger()	给映射类型为 int 的参数赋值
setTime()	给映射类型为 Date 的参数赋值

2. 按参数名字查询

按参数名字查询时，需要在 HQL 语句中定义命名参数，命名参数是“:”与自定义参数名的组合。下面通过示例来演示此种查询方式。

在 HQLTest.java 中编写 paramQueryTest2()方法，使用按参数查询的方式查询 id 为 1 的客户信息。代码如下所示。

```
@Test
public void paramQueryTest2(){
    Configuration config=new Configuration().configure();
    SessionFactory sessionFactory=config.buildSessionFactory();
    //得到一个 Session
    Session session=sessionFactory.openSession();
    Transaction t=session.beginTransaction();
    //编写 HQL
    String hql="from Customer where id=:id";
    //创建 Query 对象
    Query query=session.createQuery(hql);
    //添加参数
    query.setParameter("id", 1);
    //执行查询,获得结果
    List<Customer>cs=query.list();
    for(Customer c : cs){
        System.out.println(c);
    }
    t.commit();
    session.close();
    sessionFactory.close();
}
```

在以上代码中，首先使用了:id 定义了名称参数，然后使用 Query 对象的 setParameter()方法为其赋值。最后执行查询获得结果，并输出。使用 JUnit4 测试运行 paramQueryTest2()方法后，控制台的输出结果如图 10-6 所示。

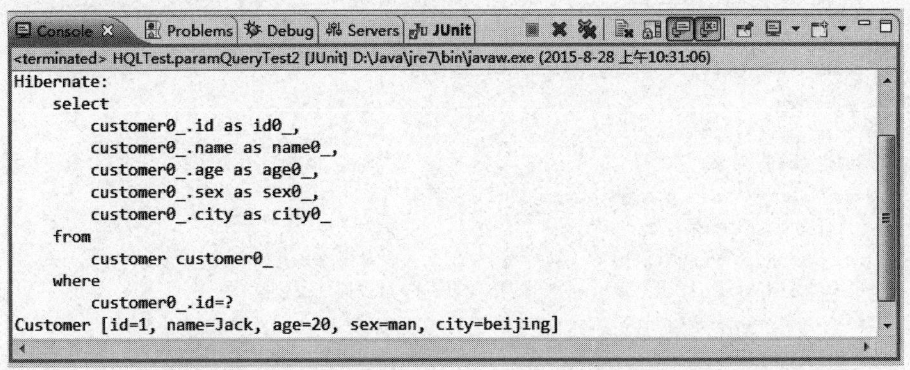

图 10-6　paramQueryTest2()方法执行后的控制台输出

在 HQL 语句中设定查询条件时，还可以在 where 子句中设定查询运算符。HQL 中的查询运算符与 SQL 中的运算符含义相同，常用的查询运算符如表 10-2 所示。

表 10-2 HQL 支持的常用查询运算符

类 型	HQL 运算符
比较运算	>,<,=,>=,<=,<>,!=
范围运算	in,not in ,between,not between
逻辑运算	and,or,not
模式匹配	like
其他运算符	is null,is not null,is empty,is not empty 等

10.2.5 分页查询

在实际应用中,批量查询数据时,在单个页面上显示出所有查询结果,这显然是不合理的,这就需要开发人员对查询结果进行分页显示。Hibernate 的 Query 接口中,提供了用于分页显示的查询方法 setFirstResult(int firstResult)和 setMaxResult(int maxResult)。这两个方法的说明如下。

- setFirstResult(int firstResult):该方法设定从哪个对象开始查询,参数 firstResult 表示这个对象在查询结果中的索引(索引初始值为 0)。
- setMaxResult (int maxResult):该方法设置一次返回多少个对象,通常与 setFirstResult(int firstResult)方法结合使用,来限制结果集的范围。缺省时,返回查询结果中的所有对象。

下面通过示例来演示在 HQL 中如何实现分页功能。在 HQLTest 类中,编写 queryPageTest()方法,使用该方法实现从查询结果的第 2 个对象开始(即从第 3 条记录开始),返回 3 个 Customer 对象,代码如下所示:

```
@Test
public void queryPageTest(){
    Configuration config=new Configuration().configure();
    SessionFactory sessionFactory=config.buildSessionFactory();
    //得到一个 Session
    Session session=sessionFactory.openSession();
    Transaction t=session.beginTransaction();
    //编写 HQL
    String hql="from Customer";
    //创建 Query 对象
    Query query=session.createQuery(hql);
    //执行查询,获得结果
    query.setFirstResult(2);                    //从第 3 条开始查询
    query.setMaxResults(3);                     //查询 3 条数据
    List<Customer>cs=query.list();
    for(Customer c : cs){
        System.out.println(c);
    }
    t.commit();
    session.close();
```

```
    sessionFactory.close();
}
```

使用 JUnit4 测试运行 queryPageTest()方法后，控制台的输出结果如图 10-7 所示。

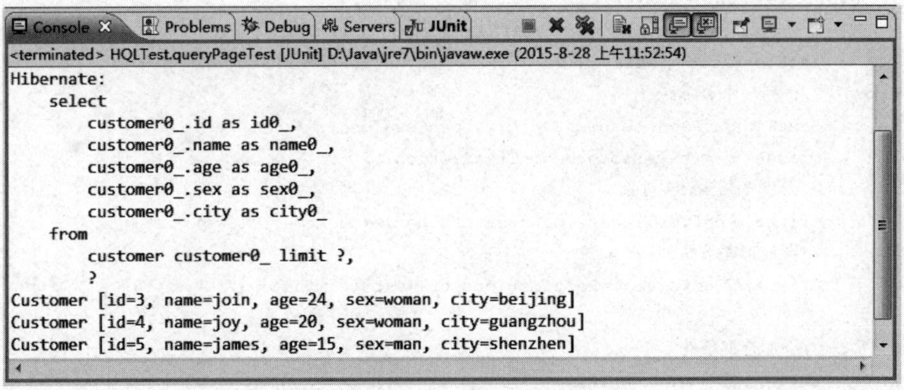
Console　Problems　Debug　Servers　JUnit
<terminated> HQLTest.queryPageTest [JUnit] D:\Java\jre7\bin\javaw.exe (2015-8-28 上午11:52:54)
Hibernate:
select
customer0_.id as id0_,
customer0_.name as name0_,
customer0_.age as age0_,
customer0_.sex as sex0_,
customer0_.city as city0_
from
customer customer0_ limit ?,
?
Customer [id=3, name=join, age=24, sex=woman, city=beijing]
Customer [id=4, name=joy, age=20, sex=woman, city=guangzhou]
Customer [id=5, name=james, age=15, sex=man, city=shenzhen]

图 10-7　queryPageTest()方法执行后的控制台输出

10.3　QBC 检索

QBC(Query By Criteria)检索是 Hibernate 的另一种对象检索方式。QBC 检索主要由 Criteria 接口来完成，该接口是 Hibernate API 提供的一个查询接口，位于 org.hibernate 包下。在第 7 章中，已经详细介绍过 Criteria 接口的功能及使用步骤，并通过示例演示了条件查询，本节将对 QBC 中的其他两种常用检索方式进行讲解。

10.3.1　组合查询

组合查询是指通过 Restrictions 工具类的相应方法动态地构造查询条件，并将查询条件加入 Criteria 对象，从而实现查询功能。接下来，通过示例来演示在 QBC 检索中如何实现组合查询。

在 cn.itcast.test 包中，新建测试类 QBCTest，在类中建立一个名称为 qbcTest1()的方法，如文件 10-2 所示。

文件 10-2　QBCTest.java

```
import org.hibernate.Session;
import org.hibernate.SessionFactory;
import org.hibernate.Transaction;
import org.hibernate.cfg.Configuration;
import org.hibernate.criterion.Criterion;
import org.hibernate.criterion.Restrictions;
import org.junit.Test;
import cn.itcast.domain.Customer;
public class QBCTest {
/**
```

```
 * 组合查询
 * 查询 id=1 or name="joy"的对象
 */
@Test
public void qbcTest1(){
    Configuration config=new Configuration().configure();
    SessionFactory sessionFactory=config.buildSessionFactory();
    //得到一个 Session
    Session session=sessionFactory.openSession();
    Transaction t=session.beginTransaction();
    //创建 criteria 对象
    Criteria criteria=session.createCriteria(Customer.class);
    //设定查询条件
    Criterion criterion=Restrictions.or(Restrictions.eq("id", 1),
                                        Restrictions.eq("name", "joy"));
    //添加查询条件
    criteria.add(criterion);
    //执行查询,返回查询结果
    List<Customer>cs=criteria.list();
    for(Customer c : cs){
        System.out.println(c);
    }
    t.commit();
    session.close();
    sessionFactory.close();
}
}
```

在文件 10-2 中，首先获得了 Session 对象，然后通过 Session 的 createCriteria()方法创建 Criteria 对象，再通过 criterion 设定查询条件为 id＝1 或 name＝“joy”的客户，并向 criteria 中添加此查询条件。最后执行查询，获得查询结果并循环输出。

使用 JUnit4 测试运行 qbcTest1()方法后，控制台的输出结果如图 10-8 所示。

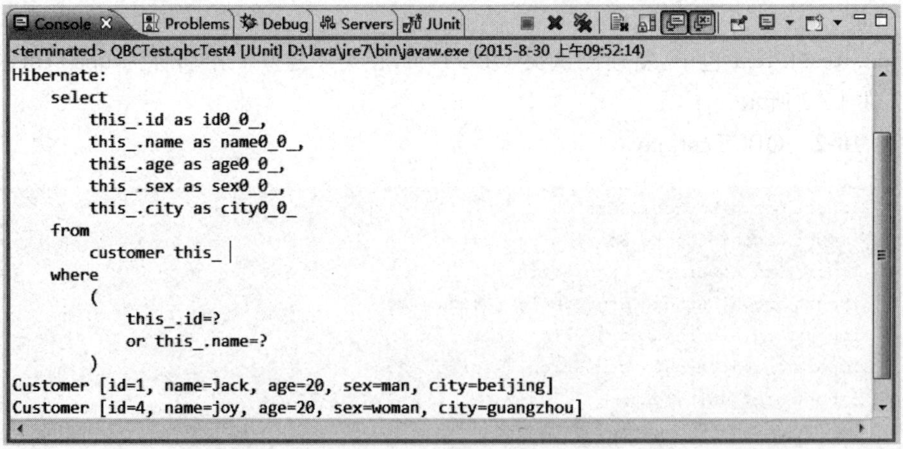

```
Console ✕  Problems  Debug  Servers  JUnit
<terminated> QBCTest.qbcTest4 [JUnit] D:\Java\jre7\bin\javaw.exe (2015-8-30 上午09:52:14)
Hibernate:
    select
        this_.id as id0_0_,
        this_.name as name0_0_,
        this_.age as age0_0_,
        this_.sex as sex0_0_,
        this_.city as city0_0_
    from
        customer this_
    where
        (
            this_.id=?
            or this_.name=?
        )
Customer [id=1, name=Jack, age=20, sex=man, city=beijing]
Customer [id=4, name=joy, age=20, sex=woman, city=guangzhou]
```

图 10-8　qbcTest1()方法执行后的控制台输出

从图 10-8 中可以看出，符合查询条件 id=1 or name="joy"的有两条数据。代码中 Restrictions.or 方法就相当于 SQL 中的 or 关系，Restrictions.eq 方法就相当于 SQL 中的等于。

QBC 检索是使用 Restrictions 对象编写查询条件的，在 Restrictions 类中提供了大量的静态方法来创建查询条件，其常用的方法如表 10-3 所示。

表 10-3　Restrictions 类提供的方法

方法名	说明
Restrictions.eq	等于
Restrictions.allEq	使用 Map，使用 key/value 进行多个等于的比较
Restrictions.gt	大于＞
Restrictions.ge	大于等于＞=
Restrictions.lt	小于＜
Restrictions.le	小于等于＜=
Restrictions.between	对应 SQL 的 between 子句
Restrictions.like	对应 SQL 的 like 子句
Restrictions.in	对应 SQL 的 IN 子句
Restrictions.and	and 关系
Restrictions.or	or 关系
Restrictions.sqlRestriction	SQL 限定查询

10.3.2　分页查询

在 10.3.1 节的 HQL 检索中，已经使用 HQL 实现了分页功能。在 QBC 检索方式中，使用 Criteria 对象同样可以实现分页功能，该功能是通过 Criteria 对象的 setFirstResult(int firstResult)和 setMaxResult(int maxResult)两个方法实现的。

在测试类 QBCTest 中，编写 qbcTest2()方法，代码如下所示：

```
@Test
public void qbcTest2(){
    Configuration config=new Configuration().configure();
    SessionFactory sessionFactory=config.buildSessionFactory();
    //得到一个 Session
    Session session=sessionFactory.openSession();
    Transaction t=session.beginTransaction();
    //创建 criteria 对象
    Criteria criteria=session.createCriteria(Customer.class);
    //从第 1 个对象开始查询(默认第 1 个对象序号为 0)
    criteria.setFirstResult(0);
    //每次从查询结果中返回 3 个对象
    criteria.setMaxResults(3);
```

```
        //执行查询,返回查询结果
        List<Customer>cs=criteria.list();
        for(Customer c : cs){
            System.out.println(c);
        }
        t.commit();
        session.close();
        sessionFactory.close();
}
```

在以上代码中,使用 setFirstResult(int firstResult)方法用于指定从哪个对象开始检索,默认为第一个对象(序号为 0);使用 setMaxResult(int maxResult)方法用于指定一次最多检索的对象数,默认为所有对象。使用 JUnit4 测试运行 qbcTest2()方法后,控制台的输出结果如图 10-9 所示。

```
Console ✕  Problems  Debug  Servers  JUnit
<terminated> QbcTest.qbcTest2 [JUnit] D:\Java\jre7\bin\javaw.exe (2015-8-30 上午11:09:45)
Hibernate:
    select
        this_.id as id0_0_,
        this_.name as name0_0_,
        this_.age as age0_0_,
        this_.sex as sex0_0_,
        this_.city as city0_0_
    from
        customer this_ limit ?
Customer [id=1, name=Jack, age=20, sex=man, city=beijing]
Customer [id=2, name=tom, age=20, sex=man, city=shanghai]
Customer [id=3, name=join, age=24, sex=woman, city=beijing]
```

图 10-9　运行 qbcTest2()方法后控制台输出的结果

10.4　本章小结

本章中,首先简单介绍了 Hibernate 的 5 种检索方式,重点介绍 HQL 检索方式和 QBC 检索方式的使用,在 HQL 和 QBC 检索方式中又对 HQL 检索方式的应用进行了着重讲解。通过本章的学习,读者可以了解 Hibernate 的几种检索方式,并能够学会使用 HQL 检索以及 QBC 检索来查询数据。

【思考题】

1. 请列举 Hibernate 的检索方式。
2. 请简述什么是 HQL 检索方式及其功能。

扫描右方二维码,查看思考题答案!

第 11 章

Hibernate的事务处理和二级缓存

学习目标

- 了解 Hibernate 的事务
- 掌握 Hibernate 处理事务的方式
- 掌握 Hibernate 的二级缓存的配置和使用

通过前面章节学习可知，Hibernate 是对 JDBC 的轻量级封装，其主要功能是操作数据库。在操作数据库过程中，经常会遇到事务处理的问题，而对事务的管理，主要是在 Hibernate 的一级缓存中进行的。在 Hibernate 中，除了一级缓存，还有二级缓存。本章将针对 Hibernate 一级缓存中的事务处理和二级缓存的使用进行详细的讲解。

11.1 事务的概述

在学习 Hibernate 中的事务处理之前，先来学习一下什么是事务。在数据库操作中，一项事务(Transaction)是由一条或多条操作数据库的 SQL 语句组成的一个不可分割的工作单元。当事务中的所有操作都正常完成时，整个事务才能被提交到数据库中，如果有一项操作没有完成，则整个事务会被回滚。本节中，将围绕事务的特性、并发问题以及隔离级别进行讲解。

11.1.1 事务的特性

事务有很严格的定义，需要同时满足 4 个特性，即原子性、一致性、隔离性、持久性。这 4 个特性通常称之为 ACID 特性，具体如下。

- 原子性(Atomic)：表示将事务中所做的操作捆绑成一个不可分割的单元，即对事务所进行的数据修改等操作，要么全部执行成功，要么全部执行失败。
- 一致性(Consistency)：表示事务完成时，必须使所有的数据都保持一致状态。
- 隔离性(Isolation)：指一个事务的执行不能被其他事务干扰。即一个事务内部的操作及使用的数据对并发的其他事务是隔离的，并发执行的各个事务之间不能互相干扰。
- 持久性(Durability)：持久性也称永久性(permanence)，指一个事务一旦提交，它对数据库中数据的改变就应该是永久性的。提交后的其他操作或故障不会对其有任何影响。

11.1.2 事务的并发问题

在实际应用过程中，数据库是要被多个用户所共同访问的。在多个事务同时使用相同的数据时，可能会发生并发的问题，具体如下。

(1) 脏读：一个事务读取到另一个事务未提交的数据。

(2) 不可重复读：一个事务对同一行数据重复读取两次，但是却得到了不同的结果。

(3) 虚读/幻读：事务 A 在操作过程中进行两次查询，第二次查询的结果包含了第一次查询中未出现的数据。这是因为在两次查询过程中有另外一个事务 B 插入(insert)了新数据造成的。

(4) 更新丢失：两个事务都同时更新一行数据，后提交(或撤销)的事务将前面事务提交的数据覆盖了。

• 第一类丢失更新：两个事务同时操作同一个数据时，A 事务撤销时，把已经提交的 B 事务的更新数据覆盖了，这对 B 事务来说造成了数据丢失。

• 第二类丢失更新：两个事务同时操作同一个数据时，事务 A 将修改结果成功提交后，对事务 B 已提交的修改结果进行了覆盖，对 B 事务造成了数据丢失。

11.1.3 事务的隔离级别

为了避免事务并发问题的发生，在标准 SQL 规范中，定义了 4 个事务隔离级别，不同的隔离级别对事务的处理不同。

- 读未提交(Read Uncommitted，1 级)：一个事务在执行过程中，既可以访问其他事务未提交的新插入的数据，又可以访问未提交的修改数据。如果一个事务已经开始写数据，则另外一个事务则不允许同时进行写操作，但允许其他事务读此行数据。此隔离级别可防止丢失更新。
- 读已提交(Read Committed，2 级)：一个事务在执行过程中，既可以访问其他事务成功提交的新插入的数据，又可以访问成功修改的数据。读取数据的事务允许其他事务继续访问该行数据，但是未提交的写事务将会禁止其他事务访问该行。此隔离级别可有效防止脏读。
- 可重复读取(Repeatable Read，4 级)：一个事务在执行过程中，可以访问其他事务成功提交的新插入的数据，但不可以访问成功修改的数据。读取数据的事务将会禁止写事务(但允许读事务)，写事务则禁止任何其他事务。此隔离级别可有效防止不可重复读和脏读。
- 序列化(Serializable，8 级)：提供严格的事务隔离。它要求事务序列化执行，事务只能一个接着一个地执行，但不能并发执行。此隔离级别可有效防止脏读、不可重复读和幻读。

虽然事务的隔离级别越高，越能保证数据库的完整性和一致性，但并发时越高的级别对性能的影响也越大。在实际开发中，通常将数据库的隔离级别设置为 2 级，即 Read Committed。它既能防止脏读，又有良好的并发性。虽然这种隔离级别会导致不可重复读、幻读和第二类丢失更新问题，但这些问题可以通过在应用程序中使用悲观锁和乐观锁来控制。

11.2　Hibernate 的事务处理

11.2.1　Hibernate 中的事务配置

在 Hibernate 中，可以通过代码来操作管理事务，如通过“Transaction tx＝session. beginTransaction()；”开启一个事务；持久化操作后，通过“tx. commit()；”提交事务；如果事务出现异常，又通过“tx. rollback()；”操作来撤销事务(事务回滚)。

除了在代码中对事务开启，提交和回滚操作外，还可以在 Hibernate 的配置文件中对事务进行配置。配置文件中，可以选择使用本地事务，或者是全局事务，还可以设置事务的隔离级别。其具体的配置方法是在 hibernate. cfg. xml 文件中的＜session-factory＞标签元素中进行的。配置方法如下所示：

```
<!--使用本地事务 -->
<property name="hibernate.current_session_context_class">
    thread
</property>
<!--使用全局事务 -->
<property name="hibernate.current_session_context_class">jta</property>
<!--设置事务隔离级别 -->
<property name="hibernate.connection.isolation">2</property>
```

在上述配置代码中，使用了 hibernate. current_session_context_class 参数来配置本地事务和全局事务。本地事务和全局事务是 Hibernate 对事务处理的两种方式，本地事务指针对一个数据库的操作，即只针对一个事务性资源进行操作。全局事务是由应用服务器进行管理的事务，它需要使用 JTA，并且可以用于多个事务性资源(跨多个数据库)。由于 JTA 的 API 非常笨重，并且通常只在应用服务器的环境下使用，因此全局事务的使用限制了应用代码的重用性，通常情况下对于 Hibernate 的事务管理都是选择本地事务。在实际应用中，可以根据项目实际情况，选择使用哪一种事务管理方式。

在上述配置代码中，还使用了 hibernate. connection. isolation 参数来配置了事务的隔离级别，并将事务的隔离级别设置为 2，它代表的含义是读操作已提交。在 Hibernate 中，每个隔离级别使用一个整数来表示，其具体含义如下所示：

- 1—Read uncommitted 读操作未提交。
- 2—Read committed 读操作已提交。
- 4—Repeatable read 可重复读。
- 8—Serializable 可串行化(序列化)。

11.2.2　Hibernate 事务处理方式之悲观锁

当多个事务同时访问数据库中的相同数据时，如果没有采取必要的隔离措施，将会导致各种事务并发问题，这时可以采用悲观锁或乐观锁对其进行控制。

悲观锁是指在每次操作数据时，总是悲观地认为会有其他事务也会来操作同一数据，因此，在整个数据处理过程中，将会把数据处于锁定状态。悲观锁具有排他性，一般由数据库来实现，在锁定时间内，其他事务不能对数据进行存取等操作，这样可能导致长时间的等待问题。在 Hibernate 中，用户可以显式地设定锁模式，通常在应用中会设定如下两种锁模式。

(1) LockMode. UPGRADE：该模式不管缓存中是否存在对象，总是通过 select 语句到数据库中加载该对象，如果映射文件中设置了版本元素，就执行版本检查，比较缓存中的对象是否与数据库中对象的版本相一致，如果数据库系统支持悲观锁(如 MySQL)，就执行 select... for update 语句，如果不支持(如 Sybase)，就执行普通 select 语句。

(2) LockMode. UPGRADE_NOWAIT：该模式与 LockMode. UPGRADE 具有同样功能，是 Oracle 数据库特有的锁模式，会执行 select... for update nowait 语句。nowait 表示如果执行 select 语句的事务不成立就获得悲观锁，它不会等待其他事务释放锁，而是立刻抛出锁定异常。

接下来，通过一个并发访问修改表中的同一数据时，导致丢失更新的案例来演示悲观锁的应用。

(1) 在数据库 hibernate 中创建数据表 user，该表中包含 id、username 和 age 三个字段。user 表的表结构如图 11-1 所示。

```
MySQL 5.5 Command Line Client

mysql> desc user;
+----------+-------------+------+-----+---------+----------------+
| Field    | Type        | Null | Key | Default | Extra          |
+----------+-------------+------+-----+---------+----------------+
| id       | int(4)      | NO   | PRI | NULL    | auto_increment |
| username | varchar(20) | YES  |     | NULL    |                |
| age      | int(4)      | YES  |     | NULL    |                |
+----------+-------------+------+-----+---------+----------------+
3 rows in set (0.01 sec)
```

图 11-1　user 表的表结构

在 user 表中添加一条测试数据，查询添加数据后的 user 表信息，如图 11-2 所示。

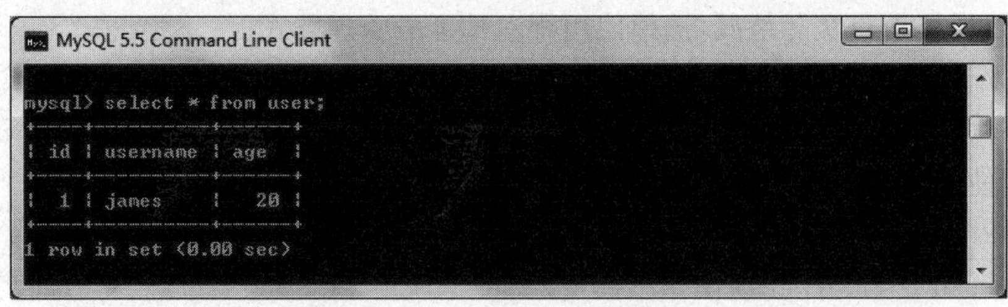

图 11-2　user 表的测试数据

(2) 在 Eclipse 中新建一个名称为 chapter11 的 Web 项目，将 Hibernate 所需的 JAR 包放到项目的 WEB-INF/lib 文件夹中并发布到类路径后，在 src 目录下新建一个名为 cn.itcast.domain 的包，在包中再建立一个名为 User 的类，如文件 11-1 所示。

文件 11-1　User.java

```
package cn.itcast.domain;
public class User {
```

```
    private Integer id;                           //id
    private String  username;                     //用户名
    private Integer age;                          //年龄
    public Integer getId(){
        return id;
    }
    public void setId(Integer id){
        this.id=id;
    }
    public String getUsername(){
        return username;
    }
    public void setUsername(String username){
        this.username=username;
    }
    public Integer getAge(){
        return age;
    }
    public void setAge(Integer age){
        this.age=age;
    }
}
```

在文件 11-1 中，定义了 id、username 和 age 三个属性，以及它们相应的 getter 和 setter 方法，这三个属性分别对应数据库表中的三个字段。

(3) 在 cn. itcast. domain 包中，建立一个名称为 User. hbm. xml 的映射文件，如文件 11-2 所示。

文件 11-2 User. hbm. xml

```
<?xml version="1.0" encoding="UTF-8"?>
<!DOCTYPE hibernate-mapping PUBLIC
    "-//Hibernate/Hibernate Mapping DTD 3.0//EN"
    "http://www.hibernate.org/dtd/hibernate-mapping-3.0.dtd">
<hibernate-mapping>
  <!--name 代表的是实体类名   talbe 代表的是表名 -->
  <class name="cn.itcast.domain.User" table="user">
    <id name="id" column="id">
        <generator class="native"/><!--主键生成策略 -->
    </id>
    <!--其他属性使用 property 标签来映射 -->
    <property name="username" column="username" type="string" />
    <property name="age" column="age" type="integer" />
  </class>
</hibernate-mapping>
```

在文件 11-2 中，配置的是 User 类与 user 表之间的映射信息。

(4) 在 src 目录下新建一个名称为 hibernate. cfg. xml 的配置文件，该文件中包含数据库的连接信息，以及关联映射文件的配置，如文件 11-3 所示。

文件 11-3 hibernate. cfg. xml

```
<?xml version="1.0" encoding="UTF-8"?>
<!--配置文件的 dtd 信息 -->
<!DOCTYPE hibernate-configuration PUBLIC
    "-//Hibernate/Hibernate Configuration DTD 3.0//EN"
    "http://www.hibernate.org/dtd/hibernate-configuration-3.0.dtd">
<hibernate-configuration>
 <session-factory>
    <!--指定方言 -->
    <property name="hibernate.dialect">
        org.hibernate.dialect.MySQLDialect
    </property>
    <!--数据库驱动 -->
    <property name="hibernate.connection.driver_class">
        com.mysql.jdbc.Driver
    </property>
    <!--连接数据库的 URL -->
    <property name="hibernate.connection.url">
        jdbc:mysql:///hibernate
    </property>
    <!--数据库的用户名 -->
    <property name="hibernate.connection.username">
        root
    </property>
    <!--数据库的密码 -->
    <property name="hibernate.connection.password">
        itcast
    </property>
    <!--显示 SQL 语句 -->
    <property name="hibernate.show_sql">true</property>
    <!--格式化 SQL 语句 -->
    <property name="format_sql">true</property>
    <!--用来关联 hbm 配置文件 -->
    <mapping resource="cn/itcast/domain/User.hbm.xml"/>
 </session-factory>
</hibernate-configuration>
```

(5) 创建一个名称为 cn. itcast. util 的包,在包中新建一个名为 HibernateUtil 的工具类,通过该类来获取 Session 实例,如文件 11-4 所示。

文件 11-4 HibernateUtil. java

```
package cn.itcast.util;
import org.hibernate.Session;
import org.hibernate.SessionFactory;
import org.hibernate.cfg.Configuration;
public class HibernateUtils {
    private static final Configuration config;
    private static final SessionFactory factory;
    static {
        config=new Configuration().configure();
```

```
        factory=config.buildSessionFactory();
    }
    public static Session getSession(){
        return factory.openSession();
    }
}
```

（6）在 src 目录下，新建一个名为 cn. itcast. test 的包，在包中新建一个名为 UserTest 的类。在类中添加测试方法 test1()，使用该方法来查询数据库中的数据，并检查项目是否可以正常运行，然后再添加两个方法 test2()和 test3()，其中 test2()方法用来修改 username 为 Tom，test3()方法用来修改 age 为 30，如文件 11-5 所示。

文件 11-5　UserTest. java

```
package cn.itcast.test;
import org.hibernate.LockMode;
import org.hibernate.Session;
import org.hibernate.Transaction;
import org.junit.Test;
import cn.itcast.domain.User;
import cn.itcast.util.HibernateUtils;
public class UserTest {
    @Test
    public void test1(){
        Session session=HibernateUtils.getSession();
        Transaction tx=session.beginTransaction();
        User user = (User)session.get(User.class, 1);
         System.out.println(user.getId());
         System.out.println(user.getUsername());
         System.out.println(user.getAge());
        tx.commit();
        session.close();
    }
    @Test
    public void test2(){
        Session session=HibernateUtils.getSession();
        Transaction tx=session.beginTransaction();
        User user = (User)session.get(User.class, 1);
        user.setUsername("Tom");
        session.save(user);
        tx.commit();
        session.close();
    }
    @Test
    public void test3(){
        Session session=HibernateUtils.getSession();
        Transaction tx=session.beginTransaction();
        User user = (User)session.get(User.class, 1);
        user.setAge(30);
        session.save(user);
```

```
37            tx.commit();
38            session.close();
39        }
40    }
```

使用 JUnit 测试运行 test1()方法后，控制台的显示结果如图 11-3 所示。

```
Console ✕ | Problems | Debug | Servers | JUnit
<terminated> UserTest.test1 [JUnit] D:\Java\jre7\bin\javaw.exe (2015-8-19 下午04:20:08)
Hibernate:
    select
        user0_.id as id0_0_,
        user0_.username as username0_0_,
        user0_.age as age0_0_
    from
        user user0_
    where
        user0_.id=?
1
james
20
```

图 11-3　查询 user 数据

从图 11-3 中可以看出，使用 Hibernate 已经查询出 user 表中的数据，说明项目可以正常运行。

接下来，在代码第 25 行和第 35 行处各打一个断点，然后右键单击 test2()方法，在弹出的窗口中将鼠标移到 Debug As 处，并在弹出的小窗中单击 JUnit Test，如图 11-4 所示。

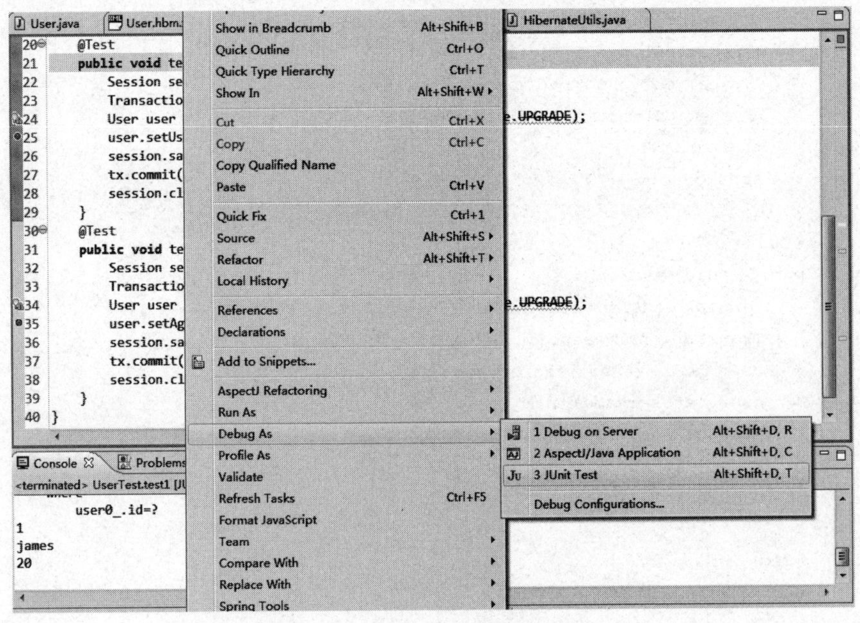

图 11-4　Debug 模式调试方法

单击 JUnit Test 后，会弹出一个是否进入 Debug 模式的提示窗口，选择 Yes，进入 Debug 视图，进入 Debug 模式后的窗口如图 11-5 所示。

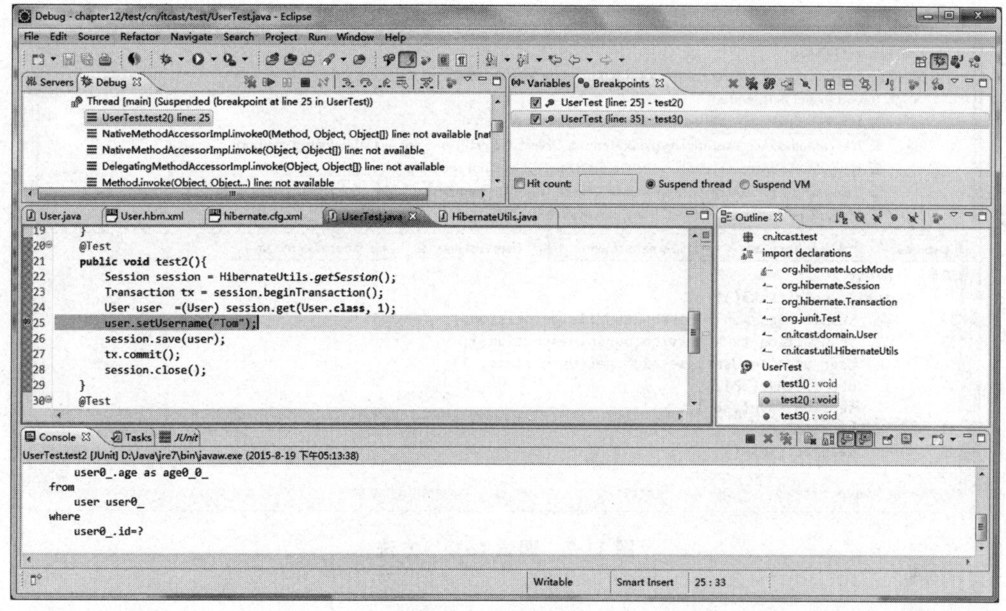

图 11-5　Debug 视图

从图 11-5 中可以看出，代码运行到第 25 行已经停住，接下来按 F6 键，代码会一步一步地向下运行，当运行至第 27 行 tx.commit()；时停止运行，此时 user 数据已经被更改，但是并没有提交。在窗口右侧 Outline 窗口中，单击 test3()方法，然后同样右键单击运行 Debug 模式，这时 test3()方法的代码会运行至 35 行处停住。由于同时运行了两个方法，但在 Eclipse 中，当前窗体只能显示一个运行方法，所以需要手动单击需要显示的方法。此时在窗口左上方的 Debug 窗口中可以看到两个测试运行方法，如图 11-6 所示。

图 11-6　Debug 窗口

单击展开图 11-6 中的 UserTest. test3[JUnit]，如图 11-7 所示。

单击图 11-7 中 Thread 下面的 UserTest. test3()line:37 后，进入 test3()方法的调试模式，按 F6 键，程序运行至 37 行处停止。

接下来，单击展开图 11-6 中的 UserTest. test2[JUnit]，回到 test2()方法，然后单击 Debug 窗口右上角的 (Resume)按钮，使 Eclipse 自动运行完 test2()方法后面的代码，此时 Debug 窗口上面的按钮会处于灰色不可操作状态。然后再回到 test3()方法，同样方式运行完 test3()方法的进程。此时再查看数据库 user 表中的数据，如图 11-8 所示。

从图 11-8 中可以看出，此时 user 表中的数据已经发生变化。原本 test2()方法提交后，

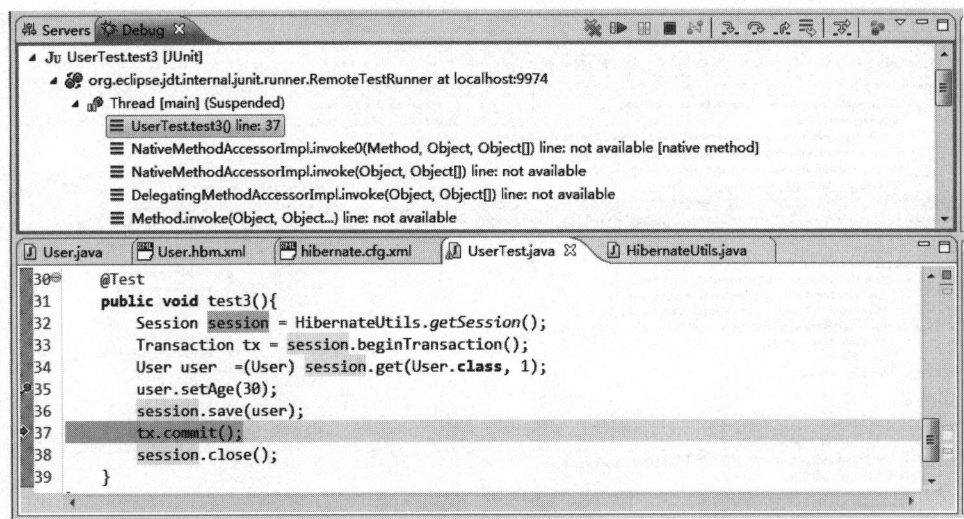

图 11-7 调试 test3()方法

```
mysql> select * from user;
+----+----------+------+
| id | username | age  |
+----+----------+------+
|  1 | james    |   30 |
+----+----------+------+
1 row in set (0.00 sec)

mysql>
```

图 11-8 更新丢失的表

username 应该变为 Tom，但是当 test3()方法提交后，将 test2()方法提交的数据覆盖了，导致 username 没有变，而 age 被改为了 30。这就是并发访问数据时的数据丢失。

要解决此问题，只需在 test2()和 test3()方法的 User user =(User)session.get(User.class,1)中加入 LockMode.UPGRADE 即可，加入后代码如下所示：

```
User user = (User)session.get(User.class, 1,LockMode.UPGRADE);
```

此时再次运行 test2()和 test3()方法，就不会出现 test3()方法提交的数据覆盖 test2()方法的问题，此时数据库中 username 的值应为 Tom，age 的值为 30。这是因为采用了 Hibernate 的悲观锁模式，在 test2()方法执行修改数据时，该条数据就会被锁定，其他方法无法对此条数据操作，直到事务提交后才会被解锁，其他方法才可以操作此条数据。

11.2.3 Hibernate 事务处理方式之乐观锁

与悲观锁相比，乐观锁(Optimistic Locking)通常认为许多事务同时操作同一个数据的情况很少发生，所以乐观锁不做数据库层次的锁定，而是基于数据版本(Version)标识实现应用程序级别上的锁定机制。这样既能够保证多个事务的并发操作，又能有效地防止第二类丢失更新的发生。

数据版本标识，是指通过为数据表增加一个“version”字段，实现在读取数据时，将版本号一同读出，之后更新此数据时，将此版本号加一；在提交数据时，将现有的版本号与数据表对应记录的版本号进行对比，如果提交数据的版本号大于数据表中的版本号，则允许更新数据，否则禁止更新数据。

接下来，通过修改 11.2.2 节中的案例来演示基于 version 的乐观锁的使用。

(1) 在 user 表中增加一个 version 字段，并在 version 字段插入一条数据 1，修改后的表结构和表中数据如图 11-9 所示。

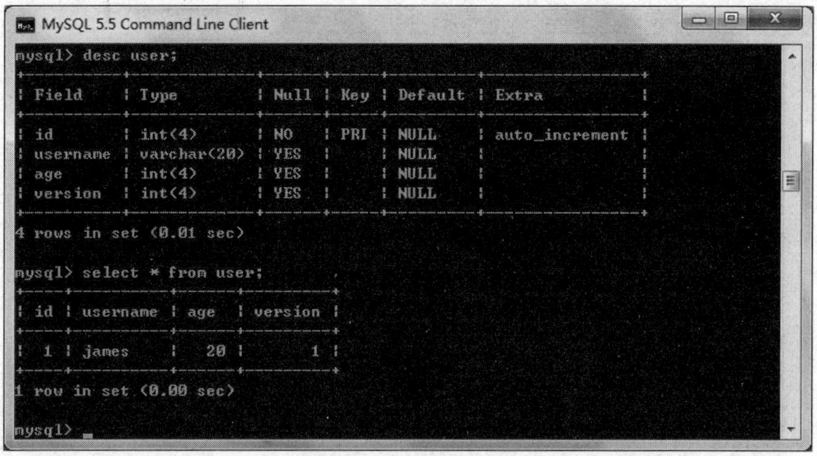

```
MySQL 5.5 Command Line Client
mysql> desc user;
+----------+-------------+------+-----+---------+----------------+
| Field    | Type        | Null | Key | Default | Extra          |
+----------+-------------+------+-----+---------+----------------+
| id       | int(4)      | NO   | PRI | NULL    | auto_increment |
| username | varchar(20) | YES  |     | NULL    |                |
| age      | int(4)      | YES  |     | NULL    |                |
| version  | int(4)      | YES  |     | NULL    |                |
+----------+-------------+------+-----+---------+----------------+
4 rows in set (0.01 sec)

mysql> select * from user;
+----+----------+------+---------+
| id | username | age  | version |
+----+----------+------+---------+
|  1 | james    |   20 |       1 |
+----+----------+------+---------+
1 row in set (0.00 sec)

mysql>
```

图 11-9　修改后的 user 表

(2) 在持久化类 User 中增加一个 Integer 类型的 version 属性，并增加相应的 getter 和 setter 方法。

(3) 在 User.hbm.xml 中增加一个<version>元素，该元素用来将 User 类中的 version 属性与数据库 user 表中的 version 字段进行映射，如文件 11-6 所示。

文件 11-6　User.hbm.xml

```
<?xml version="1.0" encoding="UTF-8"?>
<!DOCTYPE hibernate-mapping PUBLIC
    "-//Hibernate/Hibernate Mapping DTD 3.0//EN"
    "http://www.hibernate.org/dtd/hibernate-mapping-3.0.dtd">
<hibernate-mapping>
    <!--name 代表的是实体类名   table 代表的是表名 -->
  <class name="cn.itcast.domain.User" table="user">
    <id name="id" column="id">
        <generator class="native"/><!--主键生成策略 -->
    </id>
   <!--User 类中的 version 属性与数据库 user 表中的 version 字段进行映射 -->
    <version name="version" column="version" type="integer"/>
    <!--其他属性使用 property 标签来映射 -->
    <property name="username" column="username" type="string" />
    <property name="age" column="age" type="integer" />
  </class>
</hibernate-mapping>
```

在文件 11-6 中，增加了 version 标签元素，需要注意的是<version>标签必须位于

<id>标签之下，否则文件会报错。

（4）运行测试类 UserTest。同样在文件的第 25 行和第 35 行处打断点，使用 Debug 模式运行 test2()方法，当程序执行到第 27 行 tx.commit()处停住，这样数据不会被提交，然后再使用 Debug 模式运行 test3()方法，这就相当于两个线程并发访问一条数据，同样执行至 37 行 tx.commit()处停止。然后回到 test2()方法，提交并运行完该方法后，再回到 test3()方法也提交并运行完。此时控制台的输出信息如图 11-10 所示。

```
Console ✕   Problems   Debug   Servers   JUnit
<terminated> UserTest.test3 [JUnit] D:\Java\jre7\bin\javaw.exe (2015-8-20 下午02:52:19)
Hibernate:
    select
        user0_.id as id0_0_,
        user0_.version as version0_0_,
        user0_.username as username0_0_,
        user0_.age as age0_0_
    from
        user user0_
    where
        user0_.id=?
Hibernate:
    update
        user
    set
        version=?,
        username=?,
        age=?
    where
        id=?
        and version=?
```

图 11-10　控制台输出 SQL

从图 11-10 中的 where 子句可以看出，Hibernate 的乐观锁是以 id 和 version 来决定一个更新对象的。当 Hibernate 更新一个 User 对象时，会根据 id 和 version 属性到 user 表中去定位匹配记录。如果存在匹配记录，就更新这条记录，并把 version 字段的值加 1。此案例中，当 test2()方法和 test3()方法执行修改操作未提交时，所查询出的 version 值都是 1，当 test2()方法先提交后，其数据库中的 version 值就会变为 2，此时 test3()方法再执行提交时，会先将之前获取到的 version 值与现状数据库中的 version 值相匹配，由于 id 为 1 的 user 记录的版本号已被 test2()方法中的事务修改，因此找不到匹配的记录。此时，Hibernate 会抛出 StaleObjectStateException 异常，JUnit 控制台输出信息如图 11-11 所示。

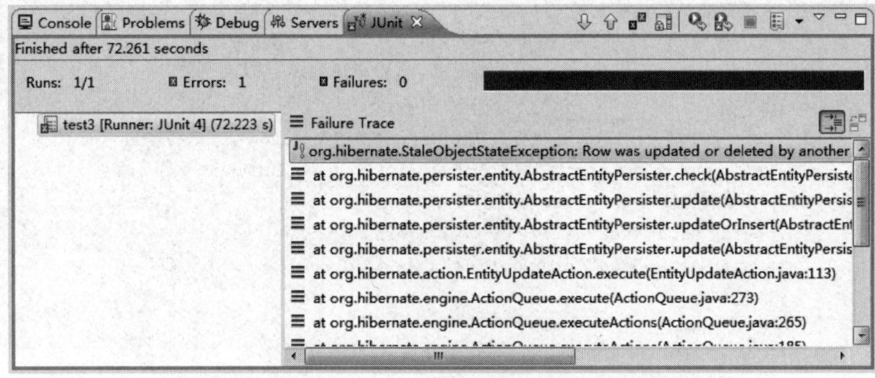

图 11-11　JUnit 控制台输出的错误信息

查询 user 表中数据，如图 11-12 所示。

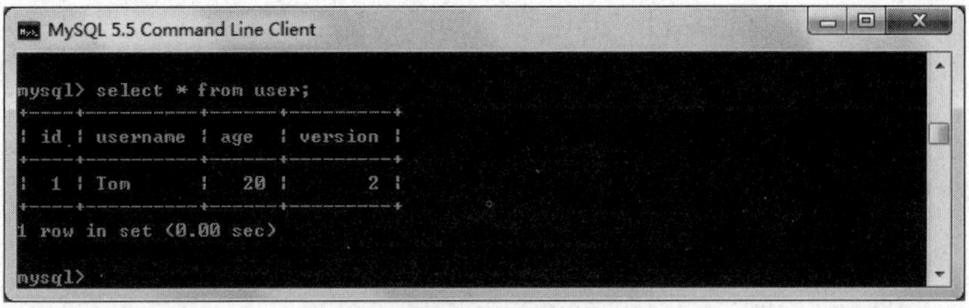

```
MySQL 5.5 Command Line Client

mysql> select * from user;
+----+----------+------+---------+
| id | username | age  | version |
+----+----------+------+---------+
|  1 | Tom      |   20 |       2 |
+----+----------+------+---------+
1 row in set (0.00 sec)

mysql>
```

图 11-12　修改后的 user 表数据

从图 11-12 中可以看到，user 表中的 username 已被更改为 Tom，并且 version 的值变为了 2，说明 test2()方法已将数据修改成功，这就是 Hibernate 乐观锁的原理和机制。

在实际应用中，应该捕获上例中抛出的异常，然后通过自动回滚事务或者通知用户的方式进行相应处理。

11.3　Hibernate 的二级缓存

Hibernate 中提供了两个级别的缓存：第一级别的缓存是 Session 级别的缓存，它是属于事务范围的缓存。这一级别的缓存由 Hibernate 管理，一般情况下无须进行干预。第二级别的缓存是 SessionFactory 级别的缓存，它是属于进程范围的缓存。这一级别的缓存是一个可插拔的缓存插件，它是由 SessionFactory 负责管理的。

11.3.1　二级缓存的原理和分类

二级缓存与一级缓存一样，也是根据对象的 ID 来加载和缓存数据的。当执行某个查询获得的结果集为实体对象时，Hibernate 就会把获得的实体对象按照 ID 加载到二级缓存中。在访问指定的对象时，首先从一级缓存中查找，找到就直接使用，找不到则转到二级缓存中查找(必须配置和启用二级缓存)。如果在二级缓存中找到，就直接使用，否则会查询数据库，并将查询结果放到一级缓存和二级缓存中。

SessionFactory 的缓存可以分为两类，具体如下。

- 内置缓存：Hibernate 自带的，不可卸载。通常在 Hibernate 的初始化阶段，Hibernate 会把映射元数据和预定义的 SQL 语句放到 SessionFactory 的缓存中，映射元数据是映射文件中数据的复制，而预定义 SQL 语句是 Hibernate 根据映射元数据推导出来的。该内置缓存是只读的。
- 外置缓存(二级缓存)：一个可配置的缓存插件。在默认情况下，SessionFactory 不会启用这个缓存插件，外置缓存中的数据是数据库数据的复制，外置缓存的物理介质可以是内存或硬盘。

11.3.2　二级缓存的结构

在 Hibernate 中，二级缓存可分为 4 类，类级别的缓存、集合级别的缓存、查询缓存和更新时间戳。二级缓存的内部结构如图 11-13 所示。

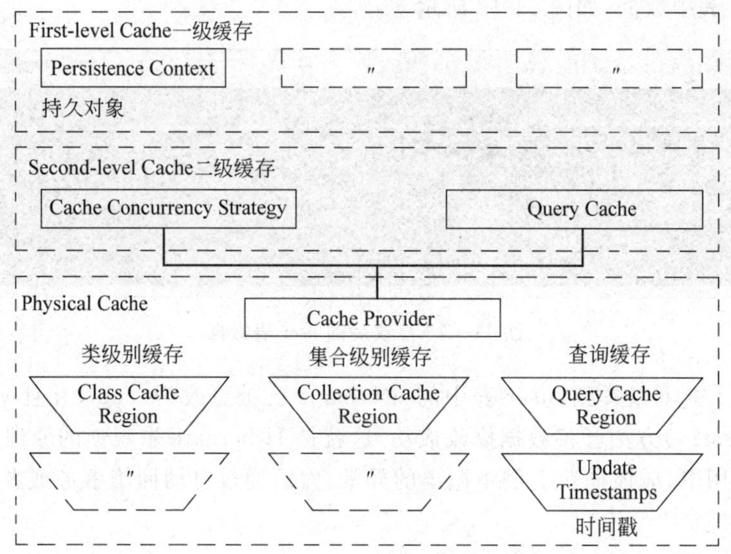

图 11-13 二级缓存的内部结构

下面对四类二级缓存的缓存区域所存储的内容进行介绍，具体如下。

- Class Cache Region：类级别的缓存，主要用于存储 PO(实体)对象。
- Collection Cache Region：集合级别的缓存，用于存储集合数据。
- Query Cache Region：查询缓存，会缓存一些常用查询语句的查询结果。
- Update Timestamps：更新时间戳缓存，该区域存放了与查询结果相关的表在进行插入、更新或删除操作的时间戳，Hibernate 通过更新时间戳缓存区域来判断被缓存的查询结果是否过期。

11.3.3 二级缓存的并发访问策略

两个并发的事务同时访问持久层缓存的相同数据时，可能会出现各类并发问题，所以需要采用必要的隔离措施解决这些问题。由于在二级缓存中，也会出现并发问题，因此在 Hibernate 的二级缓存中，可以设定以下 4 种类型的并发访问策略，来解决这些问题，每一种访问策略对应一种事务隔离级别，具体介绍如下。

- 只读型(Read-Only)：提供 Serializable 数据隔离级别，对于从来不会被修改的数据，可以采用这种访问策略。
- 读写型(Read-write)：提供 Read Commited 数据隔离级别，对于经常读但是很少被修改的数据，可以采用这种隔离类型，因为它可以防止脏读。
- 非严格读写(Nonstrict-read-write)：不保证缓存与数据库中数据的一致性，提供 Read Uncommited 事务隔离级别，对于极少被修改，而且允许脏读的数据，可以采用这种策略。
- 事务型(Transactional)：仅在受管理环境下适用，它提供了 Repeatable Read 事务隔离级别。对于经常读但是很少被修改的数据，可以采用这种隔离类型，因为它可以防止脏读和不可重复读。

Hibernate 的二级缓存功能是通过配置二级缓存的插件来实现的，常用的二级缓存插件有 4 种，具体介绍如下。

- EHCache：可作为进程范围内的缓存，存放数据的物理介质可以是内存或硬盘，对 Hibernate 的查询缓存提供了支持。
- OpenSymphony OSCache：可作为进程范围内的缓存，存放数据的物理介质可以是内存或硬盘。它提供了丰富的缓存数据过期策略，并且对 Hibernate 的查询缓存提供了支持。
- SwarmCache：可作为集群范围内的缓存，但不支持 Hibernate 的查询缓存。
- JbossCache：可作为集群范围内的缓存，支持 Hibernate 的查询缓存。

以上 4 种缓存插件支持的并发访问策略如表 11-1 所示。（x 代表支持，空白代表不支持）

表 11-1 缓存插件支持的并发访问策略

Concurrency strategy cache provlder	Read-only	Nonstrlct-read-write	Read-write	Transactional
EHCache	×	×	×	
OSCache	×	×	×	
SwarmCache	×	×		
JBoss Cache	×			×

在 Hibernate 中，并不是所有的数据都适合放置在二级缓存中，在通常情况下，可以将很少被修改、不是很重要的，且不会被并发访问的数据放置在二级缓存中。而经常被修改的或者财务数据（绝对不允许出现并发问题）以及与其他应用数据共享的数据，不适合放置到二级缓存中。

11.3.4 二级缓存的配置和使用

Hibernate 的二级缓存是通过配置二级缓存的插件来实现的，在 11.3.3 节中，已经介绍了常用的几种缓存插件。其中，EHCache 缓存插件是理想的进程范围的缓存实现，下面就以 EHCache 缓存插件为例，介绍二级缓存的配置和使用。具体步骤如下。

1. 引入 EHCache 的 JAR 包

EHCache 的 JAR 包，可以在 EHCache 的官网 http://ehcache.org/downloads/catalog 中下载，输入网址后，页面显示如图 11-14 所示。

从图 11-14 中可以看出，此时 EHCache 的最新版本为 ehcache-2.10.0，单击图中的链接，即可下载此版本的 EHCache。下载后，将压缩包解压，在解压后的文件 ehcache-2.10.0\lib 目录中找到 ehcache-2.10.0.jar，并将此 JAR 文件复制到 chapter11 项目的 lib 目录中发布即可。

2. 引入 EHCache 的配置文件 ehcache.xml

此文件读者可以从 Hibernate 的解压包的 hibernate-distribution-3.6.10.Final\project\etc 目录中找到，找到后，将此文件复制到项目 chapter11 的 src 目录下。ehcache.xml 文件中的

图 11-14 EHCache 的下载

主要代码如下所示：

```
<ehcache>
    <diskStore path="java.io.tmpdir"/>
    <defaultCache
        maxElementsInMemory="10000"
        eternal="false"
        timeToIdleSeconds="120"
        timeToLiveSeconds="120"
        overflowToDisk="true"
        />
    <cache name="sampleCache1"
        maxElementsInMemory="10000"
        eternal="false"
        timeToIdleSeconds="300"
        timeToLiveSeconds="600"
        overflowToDisk="true"
        />
        ...
</ehcache>
```

在上述配置代码中，<diskStore>元素设置缓存数据文件的存储目录；<defaultCache>元素设置缓存的默认数据过期策略；<cache>元素设置具体的命名缓存的数据过期策略。maxElementsInMemory 属性设置缓存对象的最大数目；eternal 属性指定是否永不过期，true 为不过期，false 为过期；timeToIdleSeconds 属性设置对象处于空闲状态的最大秒数；timeToLiveSeconds 属性设置对象处于缓存状态的最大秒数；overflowToDisk 属性设置内存溢出时是否将溢出对象写入硬盘。

3. 启用二级缓存

在 Hibernate 的配置文件里启用二级缓存，并指定哪些实体类需要二级缓存。其配置代码如下所示：

```
<!--开启二级缓存 -->
<property name="hibernate.cache.use_second_level_cache">true</property>
<!--指定二级缓存供应商 -->
<property name="hibernate.cache.provider_class">
  org.hibernate.cache.EhCacheProvider
</property>
<!--用来关联 hbm 配置文件 -->
<mapping resource="cn/itcast/domain/User.hbm.xml"/>
<!--指定哪些数据存储到二级缓存中 -->
<class-cache usage="read-write" class="cn.itcast.domain.User" />
```

在上述配置代码中，首先通过 hibernate. cache. use_second_level_cache 开启二级缓存，然后通过 hibernate. cache. provider_class 指定二级缓存的供应商。最后，使用<class-cache>元素配置 User 对象使用二级缓存，其中 usage 属性用来指定缓存策略。需要注意的是，<class-cache>元素必须放在<mapping>元素的后面。

4. 创建测试类文件 SecondEHChcheTest. java

在 chapter11 项目的 cn. itcast. test 包中，创建测试类文件 SecondEHChcheTest. java，并在测试类中编写测试方法 testCache()。在 testCache()方法中开启了两个 Session，并发出 4 次 get 查询，此程序方法将通过比较查询结果，来展示二级缓存的使用，如文件 11-7 所示。

文件 11-7　SecondEHChcheTest. java

```
package cn.itcast.test;
import org.hibernate.Session;
import org.hibernate.Transaction;
import org.junit.Test;
import cn.itcast.domain.User;
import cn.itcast.util.HibernateUtils;
public class SecondEHChcheTest {
    @Test
    public void testCache(){
        //开启第一个 Session
        Session session1=HibernateUtils.getSession();
        //开启第一个事务
        Transaction tx1=session1.beginTransaction();
        //获取 user1 和 user2 对象
        User user1= (User)session1.get(User.class, 1);
        User user2= (User)session1.get(User.class, 1);
        System.out.println(user1==user2);        //第一次输出
        tx1.commit();                             //提交事务 1
```

```
        session1.close();                           //sesison1 关闭,一级缓存被清理
        //开启第二个 Session
        Session session2=HibernateUtils.getSession();
        //开启第二个事务
        Transaction tx2=session2.beginTransaction();
        //获取 use3 和 user4 对象
        User user3=(User)session2.get(User.class, 1);
        System.out.println(user1==user3);        //第二次输出
        User user4=(User)session2.get(User.class, 1);
        System.out.println(user3==user4);        //第三次输出
        tx2.commit();                               //提交事务 2
        session2.close();                           //session2 关闭
    }
}
```

使用 JUnit 测试运行 testCache()方法后,控制台的输出结果如图 11-15 所示。

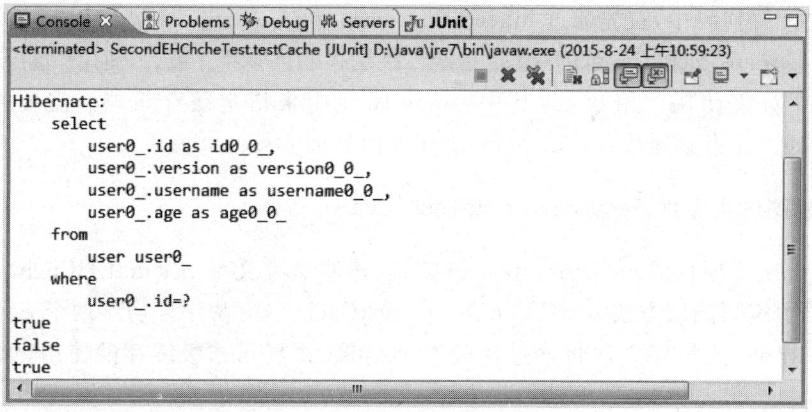

```
Console ✕   Problems   Debug   Servers   JUnit
<terminated> SecondEHChcheTest.testCache [JUnit] D:\Java\jre7\bin\javaw.exe (2015-8-24 上午10:59:23)
Hibernate:
    select
        user0_.id as id0_0_,
        user0_.version as version0_0_,
        user0_.username as username0_0_,
        user0_.age as age0_0_
    from
        user user0_
    where
        user0_.id=?
true
false
true
```

图 11-15　testCache()方法的测试结果

从图 11-15 中可以看到,控制台只打印了一个查询 SQL,这说明 Hibernate 只去数据库中查询了一次。而下面的 true、false 和 true 是三次比较输出的结果,详细解释具体如下。

(1) 在上述代码中,开启了两个 Session 和事务,从第一个 Session 中获取 user1 对象时,由于 Session 中没有相应数据,所以需要从数据库中查询,控制台打印的 SQL 即此时查询的 SQL 语句。

(2) 查询出 user 对象后,user 对象会在一级缓存中存在,也会在二级缓存中存在。在获取 user2 对象时,因为 session 没有关闭,所以 user2 会从一级缓存中取出 user 数据。由于此时 user1 和 user2 都是一级缓存中的同一数据,所以第一次输出结果为 true。

(3) 提交事务 1,并关闭第一个 session,此时一级缓存中的数据会被清除。

(4) 接下来开启第二个 Session 和事务,获取 user3 对象。获取 user3 时,控制台并没有打印出 SQL 语句,这是因为 user3 对象是从二级缓存中获取的。取出后,二级缓存会与一级缓存做一个同步,这时 user 对象又在一级缓存中存在了。

(5) 因为 user3 是从二级缓存中获取的,而二级缓存中存放的是散装数据,它们会重新 new 出一个对象,所以第二次输出的结果为 false。

(6) 获取 user4 对象时,Hibernate 又会去一级缓存 Session 中获取,由于 Session 中存在此对象,所以输出结果为 true。

11.4　本章小结

本章首先对事务的相关知识进行了讲解,通过讲解读者可以了解事务的特征、事务的并发问题以及事务的隔离级别。然后讲解了 Hibernate 的事务配置和事务处理的两种方式。最后讲解了 Hibernate 二级缓存的配置和使用。通过本章节的学习,读者可以掌握如何在 Hibernate 中对事务问题进行处理,以及 Hibernate 二级缓存的配置和使用。

【思考题】

1. 请简述事务需要满足的特征。
2. 请说说 SessionFactory 缓存的分类。

扫描右方二维码,查看思考题答案!

第 12 章

Spring的基本应用

学习目标

- 了解 Spring 的基本知识
- 掌握 ApplicationContext 容器的使用
- 学会搭建 Spring 框架环境
- 理解 IoC 和 DI 思想

Spring 是另一个主流的 Java Web 开发框架，该框架是一个轻量级的开源框架，它是为了解决企业应用开发的复杂性问题而产生的。本章将对 Spring 框架的基本应用进行详细的讲解。

12.1 Spring 基本知识

12.1.1 什么是 Spring

Spring 是分层的 JavaSE/EE full-stack 轻量级开源框架，以 IoC(Inverse of Control 控制反转)和 AOP(Aspect Oriented Programming 面向切面编程)为内核，使用基本的 JavaBean 来完成以前只可能由 EJB 完成的工作，取代了 EJB 的臃肿、低效的开发模式。

在实际开发中，通常服务器端采用三层体系架构，分别为表示层(web)、业务逻辑层(service)、持久层(dao)。Spring 对每一层都提供了技术支持，在表示层提供了与 Struts2 框架的整合，在业务逻辑层可以管理事务，记录日志等，在持久层可以整合 Hibernate、JdbcTemplate 等技术，从设计上看，给予了 Java 程序员许多的自由度，对业界的常见问题也提供了良好的解决方案，因此，在开源社区受了广泛的欢迎，并且被大部分公司作为具有战略意义的重要框架。

12.1.2 Spring 框架的优点

Spring 具有简单、可测试和松耦合的特点，从这个角度出发，Spring 不仅可以用于服务器端开发，也可以应用于任何 Java 应用的开发中。对于 Spring 框架优点的总结，具体如下。

- 方便解耦、简化开发

Spring 就是一个大工厂，可以将所有对象创建和依赖关系维护交给 Spring 管理。

- AOP 编程的支持

Spring 提供面向切面编程，可以方便地实现对程序进行权限拦截、运行监控等功能。

• 声明式事务的支持

只需要通过配置就可以完成对事务的管理,而无须手动编程。

• 方便程序的测试

Spring 对 JUnit4 支持,可以通过注解方便地测试 Spring 程序。

• 方便集成各种优秀框架

Spring 不排斥各种优秀的开源框架,其内部提供了对各种优秀框架(如 Struts2、Hibernate、MyBatis、Quartz 等)的直接支持。

• 降低 JavaEE API 的使用难度

Spring 对 JavaEE 开发中非常难用的一些 API(JDBC、JavaMail、远程调用等),都提供了封装,使这些 API 应用难度大大降低。

12.1.3 Spring 的体系结构

Spring 框架采用分层架构,它包含一系列的功能要素,被分成大约 20 个模块,这些模块大体分为 Core Container、Data Access/Integration、Web、AOP (Aspect Oriented Programming)、Instrumentation 和测试部分,如图 12-1 所示。

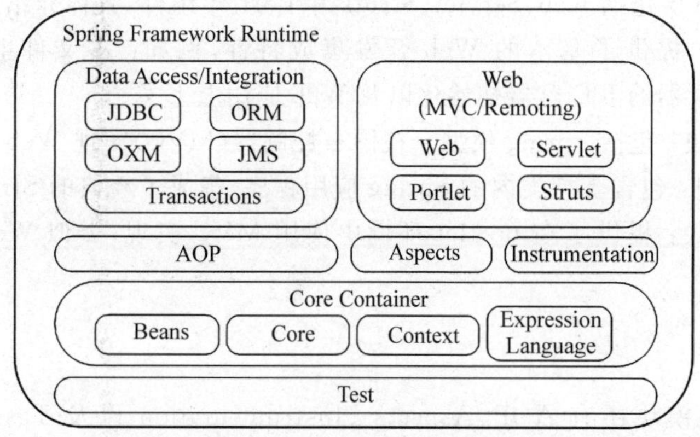

图 12-1　Spring 的体系结构

图 12-1 中,包含了 Spring 框架的所有模块,这些模块可以满足一切企业级应用开发的需求,在开发过程中可以根据需求有选择性地使用所需要的模块。接下来分别对模块的作用进行介绍,具体如下。

1. Core Container(核心容器)

Spring 的核心容器是其他模块建立的基础,由 Beans 模块、Core 核心模块、Context 上下文模块和 Expression Language 表达式语言模块组成,具体介绍如下。

• Beans 模块:提供了 BeanFactory,是工厂模式的经典实现,Spring 将管理对象称为 Bean。
• Core 核心模块:提供了 Spring 框架的基本组成部分,包括 IoC 和 DI 功能。
• Context 上下文模块:建立在核心和 Beans 模块的基础之上,它是访问定义和配置任何对象的媒介。ApplicationContext 接口是上下文模块的焦点。

- Expression Language 模块：是运行时查询和操作对象图的强大的表达式语言。

2. Data Access/Integration（数据访问/集成）

数据访问/集成层包括 JDBC、ORM、OXM、JMS 和 Transactions 模块，具体介绍如下。

- JDBC 模块：提供了一个 JDBC 的抽象层，大幅度地减少了在开发过程中对数据库操作的代码。
- ORM 模块：对流行的对象关系映射 API 包括 JPA、JDO、Hibernate 和 iBatis 提供了的集成层。
- OXM 模块：提供了一个支持对象/ XML 映射实现对 JAXB、Castor、使用 XMLBeans、JiBX 和 XStream 的抽象层。
- JMS 模块：指 Java 消息服务，包含的功能为生产和消费的信息。
- Transactions 事务模块：支持编程和声明式事务管理实现特殊接口类，并且对所有的 POJO 都适用。

3. Web 模块

Spring 的 Web 层包括 web、Servlet、Struts 和 Portlet 组件，具体介绍如下：

- Web 模块：提供了基本的 Web 开发集成特性，例如：多文件上传功能、使用的 Servlet 监听器的 IoC 容器初始化以及 Web 应用上下文。
- Servlet 模块：包括 Spring 模型—视图—控制器(MVC)实现 Web 应用程序。
- Struts 模块：包含支持类内的 Spring 应用程序，集成了经典的 Struts Web 层。
- Portlet 模块：提供了在 portlet 环境中使用 MVC 实现，类似 Web-Servlet 模块的功能。

4. 其他模块

Spring 的其他模块还有 AOP、Aspects 、Instrumentation 以及 Test 模块，具体介绍如下。

- AOP 模块：提供了面向切面编程实现，允许定义方法拦截器和切入点，将代码按照功能进行分离，以降低耦合性。
- Aspects 模块：提供与 AspectJ 的集成，是一个功能强大且成熟的面向切面编程(AOP)框架。
- Instrumentation 模块：提供了类工具的支持和类加载器的实现，可以在特定的应用服务器中使用。
- 测试模块：支持_Spring_组件，使用_JUnit_或_TestNG_框架的测试。

12.1.4 Spring 的下载及目录结构

对 Spring 有了初步了解之后，本节将对 Spring 框架开发所需 JAR 包的下载以及目录结构进行介绍。本教材基于 Spring 的稳定版本 3.2.2 来进行讲解，Spring 开发所需的 JAR 包分为两个部分，具体如下：

1. Spring 框架包

3.2.2 版本的 Spring 框架压缩包名称为 spring-framework-3.2.2.RELEASE-dist.zip，此压缩包可以在 Spring 的官网进行下载。下载地址为"http://repo.spring.io/simple/libs-release-local/org/springframework/spring/3.2.2.RELEASE/"，在浏览器地址栏输入此下载地址，浏览器的访问结果如图 12-2 所示。

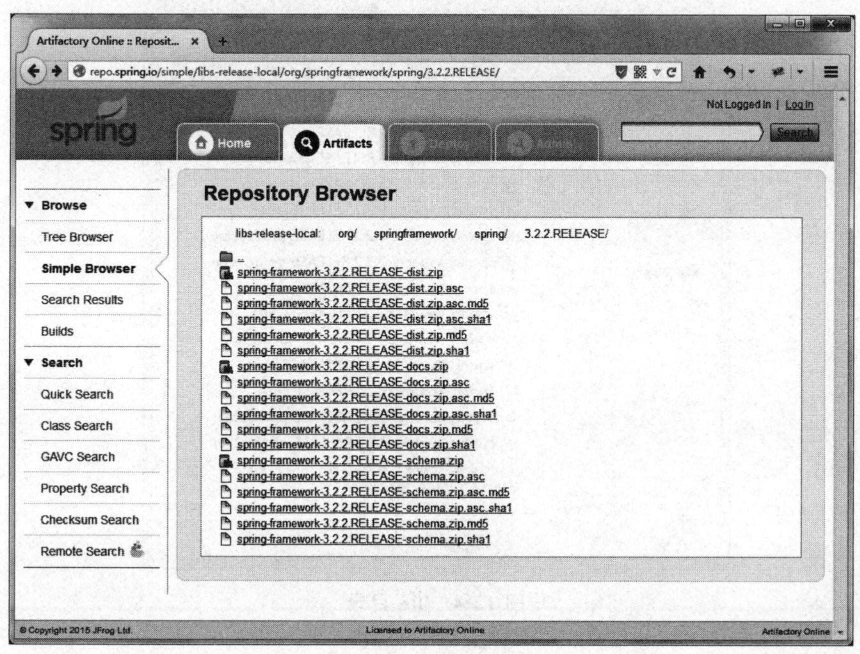

图 12-2　访问结果

从图 12-2 中可以看到，第一个资源包就是所需要的 Spring 框架压缩包。单击链接，下载完成后，将压缩包解压到自定义的文件夹中，解压后的文件目录结构如图 12-3 所示。

图 12-3　解压后的目录

在图 12-3 的目录中，docs 文件夹中包含 Spring 的 API 文档和开发规范；libs 文件夹中包含开发需要的 JAR 包和源码；schema 文件夹中包含开发所需要的 schema 文件，这些文件中定义了 Spring 相关配置文件的约束。

打开 libs 目录可以看到 50 多个 JAR 文件，如图 12-4 所示。

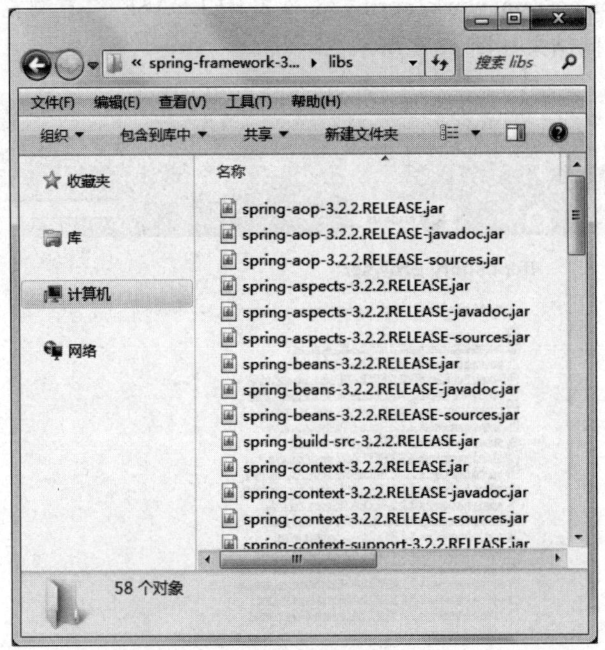

图 12-4 libs 目录

在图 12-4 中，有 4 个 Spring 的基础包，它们分别对应 Spring 核心容器的 4 个模块，具体介绍如下。

• spring-core-3.2.2.RELEASE.jar

它包含 Spring 框架基本的核心工具类，Spring 其他组件都要用到这个包里的类，是其他组件的基本核心。

• spring-beans-3.2.2.RELEASE.jar

所有应用都要用到的，它包含访问配置文件、创建和管理 bean 以及进行 Inversion of Control(IoC)或者 Inversion of Dependency Injection(DI)操作相关的所有类。

• spring-context-3.2.2.RELEASE.jar

Spring 提供在基础 IoC 功能上的扩展服务，此外还提供许多企业级服务的支持，如邮件服务、任务调度、JNDI 定位、EJB 集成、远程访问、缓存以及各种视图层框架的封装等。

• spring-expression-3.2.2.RELEASE.jar

它定义了 Spring 的表达式语言。

2. 第三方依赖包

在使用 Spring 开发时，除了自带的 JAR 包外，还需要依赖第三方 JAR 包 commons.logging-1.1.1.jar，该 JAR 包主要用于处理日志。此 JAR 包可以去 Apache 官网下载。在浏览器地址栏中输入"http://commons.apache.org/proper/commons-logging/download_logging.cgi"后，在其打开页面 Apache Commons Logging 1.2 的 Binaries 目录下，找到 commons-logging-1.2-bin.zip 压缩包下载链接，如图 12-5 所示。

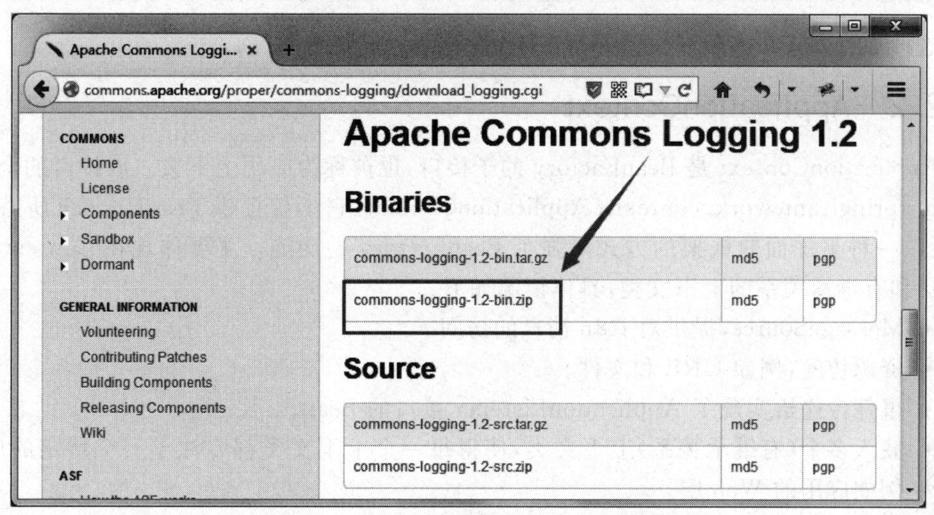

图 12-5　Apache Commons Logging 官网

从图 12-5 中可以看出，最新发布的 commons-logging 的版本为 1.2，单击压缩包链接 commons-logging-1.2.bin.zip 进行下载。下载完成后，将压缩包解压到自定义目录中，找到 commons-logging-1.2.jar 包。

使用 Spring 框架时，只需将 Spring 的 4 个基础包以及 commons-logging-1.2.jar 包复制到项目的 lib 目录，并发布到类路径中即可。

12.2　Spring 的 IoC 容器

在 12.1 节的学习中，已经提到过 Spring 的 IoC(控制反转)思想。所谓的 IoC 是指在程序的设计中，实例不再由调用者来创建，而是由 Spring 容器来创建。Spring 容器会负责控制程序之间的关系，而不是由程序代码直接控制，这样控制权由应用代码转移到了外部容器，控制权发生了反转，也就是 Spring 的 IoC(控制反转)思想。Spring 为我们提供了两种 IoC 容器，分别为 BeanFactory 和 ApplicationContext，本节将对这两种 IoC 容器进行简单介绍。

12.2.1　BeanFactory

BeanFactory 是基础类型的 IoC 容器，由 org.springframework.beans.facytory.BeanFactory接口定义，并提供了完整的 IoC 服务支持。BeanFactory 就是一个管理 Bean 的工程，它主要负责初始化各种 Bean，并调用它们的生命周期方法。

BeanFactory 接口有多种实现，最常见的是使用 org.springframework.beans.factory.xml.XmlBeanFactory 根据 XML 配置文件中的定义来装配 Bean。

创建 BeanFactory 实例时，需要提供 Spring 所管理容器的详细配置信息，这些信息通

常采用 XML 文件形式来管理,加载配置信息的语法如下:

```
BeanFactory beanFactory=
new XmlBeanFactory(new FileSystemResource("F: /applicationContext.xml"));
```

这种加载方式在实际开发中并不多用,这里作为了解即可。

12.2.2 ApplicationContext

ApplicationContext 是 BeanFactory 的子接口,也被称为应用上下文。该接口的全路径为 org. springframework. context. ApplicationContext,它不仅提供 BeanFactory 所有的功能,还以一种更加面向框架的方式增强了 BeanFactory 的功能。主要体现在 Context 包使用分层和有继承关系的上下文类,具体情况如下:

- MessageSource,提供对 i18n 消息的访问。
- 资源访问,例如 URL 和文件。
- 事件传递给实现了 ApplicationListener 接口的 Bean。
- 载入多个(有继承关系)上下文类,使得每一个上下文类都专注于一个特定的层次,例如应用的 Web 层。

创建 ApplicationContext 接口实例,通常采用两种方法,具体如下。

- ClassPathXmlApplicationContext:从类路径中的 XML 文件载入上下文定义信息,把上下文定义文件当作类路径资源,创建语法如下:

```
ApplicationContext applicationContext=new ClassPathXmlApplicationContext
("applicationContext.xml");
```

- FileSystemXmlApplicationContext:从文件系统中(指定的路径下)的 XML 文件载入上下文定义信息,创建语法如下:

```
ApplicationContext applicationContext=
new FileSystemXmlApplicationContext
("F:\\workspaces\\chapter12\\src\\cn\\itcast\\ioc\\applicationContext.xml");
```

BeanFactory 和 ApplicationContext 都是通过 XML 配置文件加载 bean 的,相比之下,ApplicationContext 提供了更多的扩展功能。二者的主要区别在于 BeanFactory 采用了延迟加载方案,只有在调用 getBean()时才会实例化 Bean。如果 Bean 的某一个属性没有注入,使用 BeanFactory 加载后,在第一次调用 getBean()方法时会抛出异常,而 ApplicationContext 则在初始化时自检,在容器启动后会一次性创建所有 Bean,这样有利于检查所依赖的属性是否注入。因此,在实际开发中,通常情况下系统都选择使用 ApplicationContext,而只有在系统资源较少时,才考虑使用 BeanFactory。本书中使用的就是 ApplicationContext。

12.3 第一个 Spring 程序

对 Spring 的 IoC 容器有了初步的了解后,为了使读者能够更切实地了解 Spring IoC 容器的工作机制。接下来,通过一个案例来演示 IoC 容器的使用。

(1) 在 Eclipse 中创建 Web 项目 chapter12，将 Spring 开发所需要的 JAR 包复制到项目的 lib 目录中，并发布到类路径下。其中包含 Spring 的 4 个基础包和一个第三方依赖包，如图 12-6 所示。

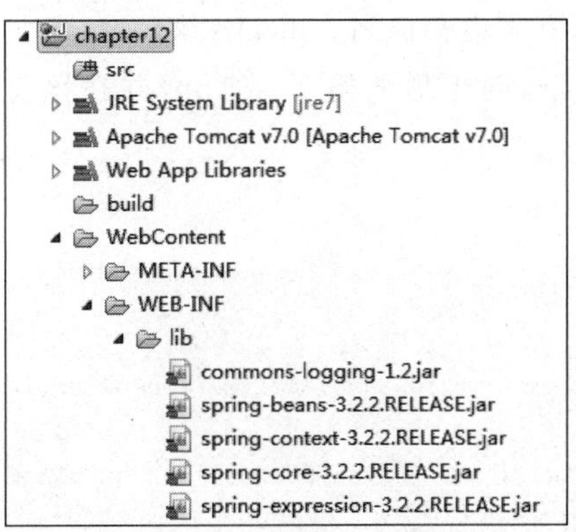

图 12-6　导入 JAR 包

(2) 在项目的 src 目录下，创建一个名称为 cn. itcast. ioc 的包，包中创建一个名称为 UserDao 的接口，该接口中只定义一个 save()方法，如文件 12-1 所示。

文件 12-1　UserDao. java

```java
package cn.itcast.ioc;
public interface UserDao {
    public void save();
}
```

(3) 在 cn. itcast. ioc 包下，创建接口 UserDao 的实现类 UserDaoImpl，如文件 12-2 所示。

文件 12-2　UserDaoImpl. java

```java
package cn.itcast.ioc;
public class UserDaoImpl implements UserDao {
    public void save(){
        System.out.println("spring : hello user dao");
    }
}
```

在文件 12-2 中，实现了 save()方法，调用该方法时，会向控制台输出语句。

(4) 在 src 目录下创建 applicationContext. xml，如文件 12-3 所示。

文件 12-3　applicationContext. xml

```xml
<?xml version="1.0" encoding="UTF-8"?>
<beans xmlns="http://www.springframework.org/schema/beans"
       xmlns:xsi="http://www.w3.org/2001/XMLSchema-instance"
       xsi:schemaLocation="http://www.springframework.org/schema/beans
       http://www.springframework.org/schema/beans/spring-beans.xsd">
    <!--将指定对象配置给 spring,让 spring 创建其实例 -->
    <bean id="userDao" class="cn.itcast.ioc.UserDaoImpl"></bean>
</beans>
```

在文件 12-3 中，第 2～5 行代码是 Spring 的约束配置，第 7 行代码表示在 Spring 容器中创建一个 id 为 userDao 的 bean 实例，其中 class 属性用于指定需要实例化 Bean 的实全限定类名。Spring 配置文件的名称可以自定义，通常在实际开发中，都会将配置文件命名为 applicationContext. xml(有时也会命名为 beans. xml)。

(5) 在 cn. itcast. ioc 包下，创建测试类 TestApp，并在该类中创建一个名称为 demo01 的方法，如文件 12-4 所示。

文件 12-4 TestApp. java

```
package cn.itcast.ioc;
import org.junit.Test;
import org.springframework.context.ApplicationContext;
import
    org.springframework.context.support.ClassPathXmlApplicationContext;
public class TestApp {
    @Test
    public void demo01(){
        //1.定义配置文件路径(此处代表在类路径中)
        String xmlPath="applicationContext.xml";
        //2.初始化 spring 容器,加载配置文件
        ApplicationContext applicationContext=
                        new ClassPathXmlApplicationContext(xmlPath);
        //3.通过容器获取 userDao 实例
        UserDao userDao=
                    (UserDao)applicationContext.getBean("userDao");
        //4.调用 userDao 的 save()方法
        userDao.save();
    }
}
```

在文件 12-4 中，首先定义了配置文件的路径，然后创建 Spring 容器，加载配置文件，并通过 Spring 容器获取 UserDao 接口实现类的调用，该实例的 save()方法。使用 JUnit4 测试运行 demo01()方法后，控制台的输出结果如图 12-7 所示。

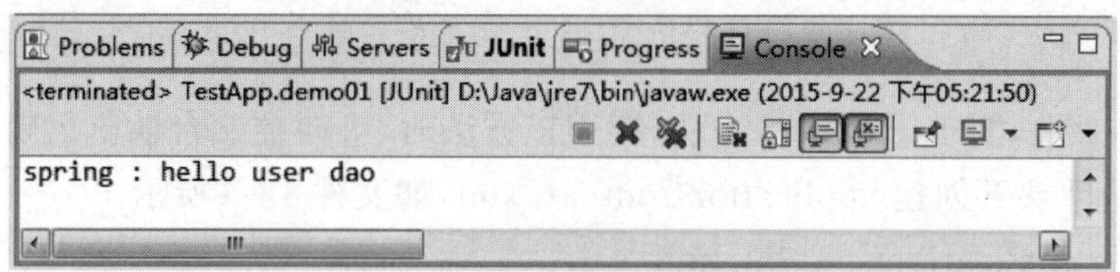

图 12-7 控制台输出结果

从图 12-7 中可以看出，控制台已成功输出了 UserDaoImpl 类中 save()方法中的输出语句。在测试类的 demo01()方法中，并没有自己 new 一个 UserDao 接口的实现类对象，而是从 Spring 的容器 ApplicationContext 中获取的 UserDao 接口的实现类对象。这就是 Spring IoC 容器思想的工作机制。

12.4　依赖注入

DI 的全称是 Dependency Injection，中文称之为依赖注入。它与控制反转的含义相同，只不过这两个称呼是从两个角度描述的同一个概念。可以这样理解 DI 的概念：如果一个对象 A 需要使用另一个对象 B 才能实现某个功能，这时就可以说 A 对象依赖于 B 对象，而 Spring 容器在创建 A 对象时，会自动将 A 对象需要的 B 对象注入到 A 对象中，此过程就是依赖注入。依赖注入的作用就是在使用 Spring 框架创建对象时，动态地将其所依赖的对象注入到 Bean 组件中。

依赖注入存在三种实现方式，分别是 setter 方法注入、构造方法注入和接口注入。具体介绍如下。

- 属性 setter 注入：指 IoC 容器使用 setter 方法来注入被依赖的实例。通过调用无参构造器或无参 static 工厂方法实例化 Bean 后，调用该 Bean 的 setter 方法，即可实现基于 setter 的 DI。
- 构造方法注入：指 IoC 容器使用构造方法来注入被依赖的实例。基于构造器的 DI 通过调用带参数的构造方法来实现，每个参数代表着一个依赖。
- 接口注入：Spring 容器不支持接口注入。

接下来，通过属性 setter 注入的案例来演示 Spring 容器在应用中，是如何实现依赖注入的。

(1) 在 chapter12 项目的 cn.itcast.ioc 包中，新建一个名称为 UserService 的接口，该接口中包含一个 addUser()方法，如文件 12-5 所示。

文件 12-5　UserService.java

```
package cn.itcast.ioc;
public interface UserService {
    public void addUser();
}
```

(2) 在 cn.itcast.ioc 包中新建一个名称为 UserServiceImpl 的类，该类实现了 UserService 接口，如文件 12-6 所示。

文件 12-6　UserServiceImpl.java

```
package cn.itcast.ioc;
public class UserServiceImpl implements UserService {
    //使用 UserDao 接口声明一个对象
    private UserDao userDao;
    //添加 UserDao 对象的 set 方法,用于依赖注入
    public void setUserDao(UserDao userDao){
        this.userDao=userDao;
    }
    //实现了 UserService 中的方法
    public void addUser(){
    this.userDao.save();                          //调用 UserDao 中的 save()方法
```

```
        System.out.println("spring : hello user Service");
    }
}
```

在文件 12-6 中，首先使用 UserDao 接口声明了一个 userDao 对象的引用，并为其添加 setter 方法用于依赖注入。然后实现方法 addUser()，并在方法中调用 UserDaoImpl 类中的 save()方法，用于输出一句话。

(3) 在配置文件 applicationContext. xml 中，创建一个 id 为 userService 的 Bean，该 Bean 用于实例化 UserServiceImpl 类的信息，并将 UserDaoImpl 类的实例注入到 UserServiceImpl 类中，其代码如下所示：

```
<!--注册一个名称为 userService 的实例 -->
<bean id="userService" class="cn.itcast.ioc.UserServiceImpl">
<!--将 userDao 实例注入到 userService 实例中 -->
    <property name="userDao" ref="userDao"/>
</bean>
```

(4) 在测试类 TestApp 中，创建一个名称为 demo02 的方法，其代码如下所示：

```
@Test
public void demo02(){
    //1.定义配置文件路径(类路径)
    String xmlPath="applicationContext.xml";
    //2.初始化 spring 容器,加载配置文件
    ApplicationContext applicationContext=
                        new ClassPathXmlApplicationContext(xmlPath);
    //3.通过容器获取 userService 实例
    UserService userService=
                (UserService)applicationContext.getBean("userService");
    //4.调用 userService 的 addUser()方法
    userService.addUser();
}
```

(5) 使用 JUnit4 测试运行 demo02()方法后，控制台的输出结果如图 12-8 所示。

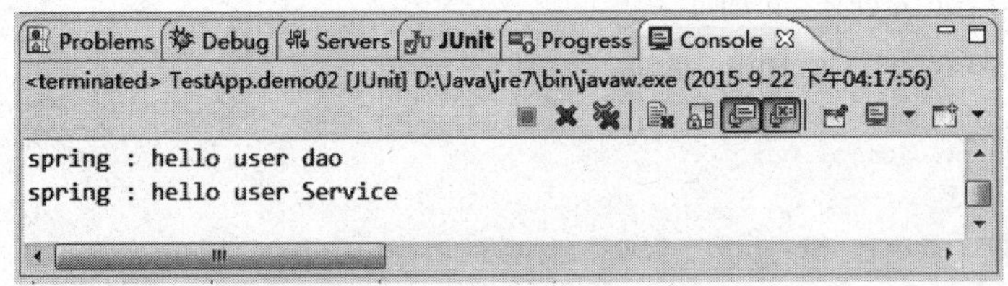

图 12-8 demo02 方法的运行结果

从图 12-8 的输出结果可以看出，使用 Spring 容器通过 UserService 实现类中的 addUser()方法，调用了 UserDao 实现类中的 save()方法，并输出了结果。这就是 Spring 容器属性 setter 注入的方式。由于在实际项目开发中，通常都使用属性 setter 注入的方式。

12.5　本章小结

本章主要讲解了 Spring 的基本知识，首先讲解了 Spring 的框架体系、JAR 包的下载及目录结构的介绍，然后介绍了 Spring 的 IoC 容器，并结合案例分别讲解了 Spring 中的控制反转（IoC）和依赖注入（DI）。通过本章的学习，读者可以熟悉 Spring 的框架体系、掌握搭建 Spring 框架的方法并理解控制反转和依赖注入的思想。

【思考题】

1. 请简单描述 Spring 框架的优点。
2. 请简单描述依赖注入的三种实现方式。

扫描右方二维码，查看思考题答案！

第 13 章 Spring中的Bean

学习目标

- 掌握 Bean 的配置和使用
- 了解实例化 Bean 的三种方式
- 了解 Bean 的作用域和生命周期
- 掌握 Bean 的装配方式

第 12 章中，详细介绍了 Spring 的 IoC 思想及原理，并通过案例演示了 Spring 框架的使用。本章将在上一章的基础上，针对 Spring 中 Bean 的相关知识进行详细的讲解。

13.1 Bean 的配置

可以把 Spring 看做一个大型的工厂，而 Spring 容器中的 Bean 就是该工厂的产品。要想使用这个工厂生产和管理 Bean，就需要在配置文件中告诉它需要哪些 Bean，以及需要使用何种方式将这些 Bean 装配到一起。

Spring 容器支持两种格式的配置文件，分别为 Properties 文件格式和 XML 文件格式。在实际开发中，最常使用的是 XML 文件格式的配置方式，这种配置方式是通过 XML 文件来注册并管理 Bean 之间的依赖关系的。本节将对 Bean 的属性和定义进行详细的介绍。

XML 配置文件的根元素是<beans>，<beans>中包含了多个<bean>子元素，每一个<bean>子元素定义了一个 Bean，并描述了该 Bean 如何被装配到 Spring 容器中。

一个<bean>元素中包含很多属性，具体如下。

- id：是一个 Bean 的唯一标识符，Spring 容器对 Bean 的配置、管理都通过该属性来完成。
- name：Spring 容器同样可以通过此属性对容器中的 Bean 进行配置和管理，name 属性中可以为 Bean 指定多个名称，每个名称之间用逗号或分号隔开（由于 Bean 的 id 属性在 Spring 容器中是唯一的，如果想给 Bean 添加别名或者想使用些不合法的 XML 字符，如"/"，就可以通过 name 属性进行设定）。
- class：该属性指定了 Bean 的具体实现类，它必须是一个完整的类名，使用类的全限定名。
- scope：用来设定 Bean 实例的作用域，其属性值有 singleton（单例）、prototype（原型）、request、session 和 global Session。其默认值是 singleton。
- constructor-arg：bean 元素的子元素，可以使用此元素传入构造参数进行实例化。该元素的 index 属性指定构造参数的序号(从 0 开始),type 属性指定构造参数的类型,其参数值可以通过 ref 属性或者 value 属性直接指定,也可以通过 ref 或 value 元素指定。

- property：bean 元素的子元素,用于调用 Bean 实例中的 Setter 方法完成属性赋值,从而完成依赖注入。该元素的 name 属性指定 Bean 实例中的相应属性名,属性值可通过 ref 或 value 属性直接指定。
- ref：property、constructor-arg 等元素的子元素,该元素中的 bean 属性用于指定对 Bean 工厂中某个 Bean 实例的引用。
- value：property、constructor-arg 等元素的子元素,用来直接指定一个常量值。
- list：用于封装 List 或数组类型的依赖注入。
- set：用于封装 Set 类型属性的依赖注入。
- map：用于封装 Map 类型属性的依赖注入。
- entry：map 元素的子元素,用于设置一个键值对。其 key 属性指定字符串类型的键值,ref 或 value 子元素指定其值。

在配置文件中,通常一个普通的 Bean 只需要定义 id(或 name)和 class 两个属性即可,定义 Bean 的方式如下所示：

```
<?xml version="1.0" encoding="UTF-8"?>
<beans xmlns="http://www.springframework.org/schema/beans"
      xmlns:xsi="http://www.w3.org/2001/XMLSchema-instance"
      xsi:schemaLocation="http://www.springframework.org/schema/beans
         http://www.springframework.org/schema/beans/spring-beans.xsd">
    <!-使用 id 属性定义 bean1,其对应的实现类为 cn.itcast.bean1 -->
    <bean id="bean1" class="cn.itcast.bean1"/>
    <!-使用 name 属性定义 bean2,其对应的实现类为 cn.itcast.bean2 -->
    <bean name="bean2" class="cn.itcast.bean2"/>
</beans>
```

在上述代码中,分别使用 id 属性和 name 属性定义了两个 Bean,并使用 class 元素指定其对应的实现类。

注意：如果在 Bean 中未指定 id 和 name,则 Spring 会将 class 值当作 id 使用。

13.2 Bean 的实例化

在面向对象的程序中,要想使用某个对象,就需要先实例化这个对象。在 Spring 中,实例化 Bean 有三种方式,分别为构造器实例化、静态工厂方式实例化和实例工厂方式实例化。接下来对这三种方式分别进行讲解。

13.2.1 构造器实例化

构造器实例化是指 Spring 容器通过 Bean 对应的类中默认的构造函数来实例化 Bean。下面通过一个案例来演示 Spring 容器是如何通过构造器来实例化对象的。

(1) 在 Eclipse 中创建一个 Web 项目 chapter13,在该项目的 lib 目录中添加好 Spring 支持和依赖的 JAR 包。

(2) 在 chapter13 项目的 src 目录下,新建一个名称为 cn. itcast. instance. constructor 的包,在该包中新建 Bean1 类,如文件 13-1 所示。

文件 13-1 Bean1. java

```
package cn.itcast.instance.constructor;
public class Bean1 {
}
```

(3) 在 cn. itcast. instance. constructor 包中新建 Spring 配置文件 beans1. xml,如文件 13-2 所示。

文件 13-2 beans1. xml

```
<?xml version="1.0" encoding="UTF-8"?>
<beans xmlns="http://www.springframework.org/schema/beans"
      xmlns:xsi="http://www.w3.org/2001/XMLSchema-instance"
      xsi:schemaLocation="http://www.springframework.org/schema/beans
      http://www.springframework.org/schema/beans/spring-beans.xsd">
   <bean id="bean1" class="cn.itcast.instance.constructor.Bean1"></bean>
</beans>
```

上述配置中,定义了一个 id 为 bean1 的 Bean,并通过 class 属性指定了其对应的实现类为 Bean1。

(4) 在 cn. itcast. instance. constructor 包中新建 InstanceTest1 类,如文件 13-3 所示。

文件 13-3 InstanceTest1. java

```
package cn.itcast.instance.constructor;
import org.junit.Test;
import org.springframework.context.ApplicationContext;
import
    org.springframework.context.support.ClassPathXmlApplicationContext;
public class InstanceTest1 {
    @Test
    public void demo01(){
        //相当于从类路径(src)
        String xmlPath="cn/itcast/instance/constructor/beans1.xml";
        //ApplicationContext 在加载配置文件时,对 bean 进行实例化
        ApplicationContext applicationContext=
                                new ClassPathXmlApplicationContext(xmlPath);
        System.out.println(applicationContext.getBean("bean1"));
    }
}
```

在文件 13-3 中,demo01( )方法首先定义了配置文件的路径,然后 Spring 容器 ApplicationContext 会加载配置文件。在加载时,Spring 容器会通过 bean1 的实现类 Bean1 中的默认无参构造函数对 Bean 进行实例化。使用 JUnit4 测试运行 demo01()方法后,控制台的输出结果如图 13-1 所示。

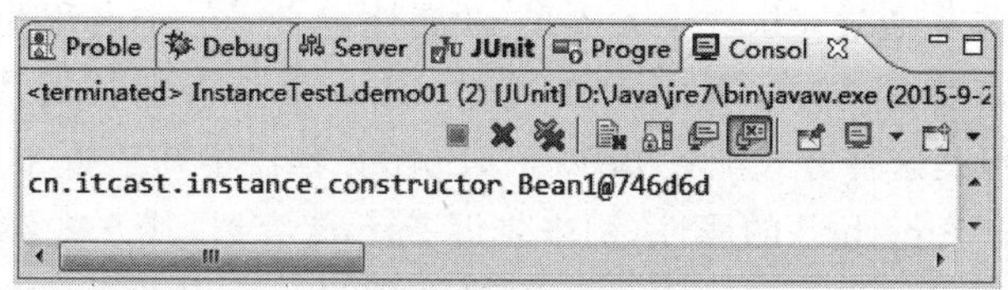

图 13-1　构造器实例化测试方法的控制台输出结果

从图 13-1 的输出结果可以看出，Spring 容器已经成功实例化 Bean，并输出了结果。

为了方便读者学习，本章中的所有配置文件和类文件都根据知识点放置在同一个包中。在实际开发中，为了方便管理和维护，建议将这些文件根据类别放置在不同目录中。

13.2.2　静态工厂方式实例化

使用静态工厂是实例化 Bean 的另一种方式。该方式要求自己创建一个静态工厂的方法来创建 Bean 的实例。下面通过一个案例来演示如何使用静态工厂方式实例化 Bean。

(1) 在 chapter13 项目中的 src 下创建一个名称为 cn. itcast. instance. static_factory 的包，在包中新建一个名称为 Bean2 的类，该类与 Bean1 类一样，不需添加任何方法。

(2) 在 cn. itcast. instance. static_factory 包中新建一个名称为 MyBean2Factory 的类，在文件中新建一个名称为 createBean()的静态方法，用来创建 Bean 实例，如文件 13-4 所示。

文件 13-4　MyBean2Factory. java

```
package cn.itcast.instance.static_factory;
public class MyBean2Factory {
    //使用自己的工厂创建 bean 实例
    public static Bean2 createBean() {
        return new Bean2();
    }
}
```

(3) 在 cn. itcast. instance. static_factory 包中新建 Spring 配置文件 beans2. xml，如文件 13-5 所示。

文件 13-5　beans2. xml

```
<?xml version="1.0" encoding="UTF-8"?>
<beans xmlns="http://www.springframework.org/schema/beans"
        xmlns:xsi="http://www.w3.org/2001/XMLSchema-instance"
        xsi:schemaLocation="http://www.springframework.org/schema/beans
        http://www.springframework.org/schema/beans/spring-beans.xsd">
    <bean id="bean2"
            class="cn.itcast.instance.static_factory.MyBean2Factory"
            factory-method="createBean">
    </bean>
</beans>
```

在上述配置中，首先通过<bean>元素的 id 属性定义了一个名称为 bean2 的 Bean，然后由于使用的是静态工厂方法，所以需要通过 class 属性指定其对应的工厂实现类为 MyBean2Factory。但是这种方式配置 Bean 后，Spring 容器不知道哪个是所需要的工厂方法，所以增加了 factory-method 的属性，用来告诉 Spring 容器，其方法名称为 createBean。

(4) 在 cn. itcast. instance. static_factory 包中创建一个名称为 InstanceTest2 的测试类，在该类中新建一个名称为 demo02()的方法，如文件 13-6 所示。

文件 13-6 InstanceTest2. java

```
package cn.itcast.instance.static_factory;
import org.junit.Test;
import org.springframework.context.ApplicationContext;
import
    org.springframework.context.support.ClassPathXmlApplicationContext;
public class InstanceTest2 {
    @Test
    public void demo02(){
        //定义配置文件路径,相当于从类路径(src)
        String xmlPath="cn/itcast/instance/static_factory/beans2.xml";
        //ApplicationContext 在加载配置文件时,对 Bean 进行实例化
        ApplicationContext applicationContext=
                        new ClassPathXmlApplicationContext(xmlPath);
        System.out.println(applicationContext.getBean("bean2"));
    }
}
```

使用 JUnit4 测试运行 demo02()方法后，控制台的输出结果如图 13-2 所示。

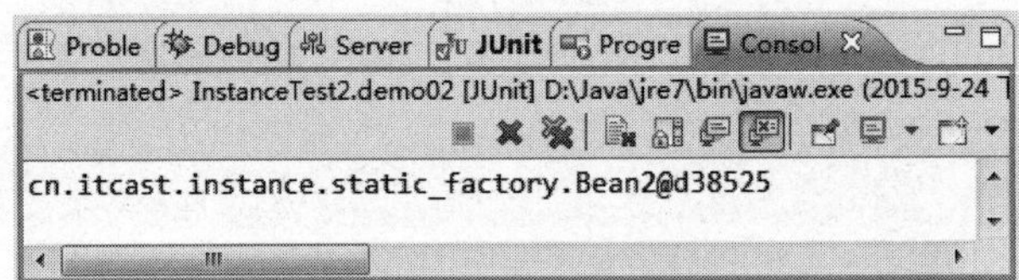

图 13-2 运行静态工厂实例化测试类方法后的控制台输出

从图 13-2 中可以看到，使用自己创建的静态工厂方法，已成功实例化 Bean。

13.2.3 实例工厂方式实例化

还有一种实例化 Bean 的方式就是采用实例工厂。该种方式的工厂类中，不再使用静态方法创建 Bean 实例，而是采用直接创建 Bean 实例的方式。同时，在配置文件中，需要实例化的 Bean 也不是通过 class 属性直接指向其实例化的类，而是通过 factory-bean 属性配置一个实例工厂，然后使用 factory-method 属性确定使用工厂中的哪个方法。下面就通过案例来演示实例工厂方式的使用。

(1) 在 chapter13 项目中的 src 目录下创建一个名称为 cn. itcast. instance. factory 的包，在该包中新建一个名称为 Bean3 的类，该类与 Bean1 类一样，不需添加任何方法。

(2) 在 cn.itcast.instance.factory 的包中新建一个名为 MyBean3Factory 的工厂类，如文件 13-7 所示。

文件 13-7　MyBean3Factory.java

```
package cn.itcast.instance.factory;
public class MyBean3Factory {
    public MyBean3Factory() {
        System.out.println("bean3 工厂实例化中");
    }
    //创建 Bean 的方法
    public Bean3 createBean() {
        return new Bean3();
    }
}
```

在文件 13-7 中，使用默认无参构造方法输出“bean3 工厂实例化中”语句，使用 createBean 方法来创建 Bean。

(3) 在 cn.itcast.instance.factory 的包中新建 Spring 配置文件 beans3.xml，如文件 13-8 所示。

文件 13-8　beans3.xml

```
<?xml version="1.0" encoding="UTF-8"?>
<beans xmlns="http://www.springframework.org/schema/beans"
      xmlns:xsi="http://www.w3.org/2001/XMLSchema-instance"
      xsi:schemaLocation="http://www.springframework.org/schema/beans
      http://www.springframework.org/schema/beans/spring-beans.xsd">
    <!--配置工厂 -->
    <bean id="myBean3Factory"
           class="cn.itcast.instance.factory.MyBean3Factory"/>
    <!--使用 factory-bean 属性配置一个实例工厂,
         使用 factory-method 属性确定使用工厂中的哪个方法-->
    <bean id="bean3" factory-bean="myBean3Factory"
        factory-method="createBean">
    </bean>
</beans>
```

在上述配置文件中，首先配置了一个工厂 Bean，然后配置了需要实例化的 Bean。在 id=“bean3”的 Bean 中，使用 factory-bean 属性配置一个实例工厂，该属性值就是上面配置工厂 Bean 的 id。使用 factory-method 属性来确定使用工厂中的 createBean()方法。

(4) 在 cn.itcast.instance.factory 的包中新建一个名称为 InstanceTest3 的测试类，如文件 13-9 所示。

文件 13-9　InstanceTest3.java

```
package cn.itcast.instance.factory;
import org.junit.Test;
import org.springframework.context.ApplicationContext;
```

```
import
    org.springframework.context.support.ClassPathXmlApplicationContext;
public class InstanceTest3 {
    @Test
    public void demo03(){
        //指定配置文件路径
         String xmlPath="cn/itcast/instance/factory/beans3.xml";
        //ApplicationContext 在加载配置文件时,对 Bean 进行实例化
        ApplicationContext applicationContext=
                        new ClassPathXmlApplicationContext(xmlPath);
        System.out.println(applicationContext.getBean("bean3"));
    }
}
```

使用 JUnit4 测试运行 demo03()方法后,控制台的输出结果如图 13-3 所示。

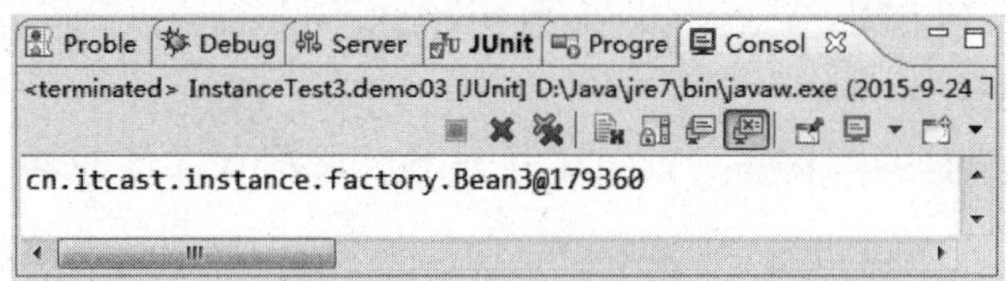

图 13-3 实例工厂方式测试类运行的控制台输出结果

13.3 Bean 的作用域

Spring 容器在初始化一个 Bean 实例时,可以同时为其指定特定的作用域。本节将主要围绕 Bean 的作用域进行讲解。

13.3.1 作用域的种类

Spring 3 为 Bean 实例定义了 5 种 Bean 的作用域,分别是 singleton(单例)、prototype(原型)、request、session 和 global Session。这 5 种作用域说明如下。

- singleton: 单例模式,使用 singleton 定义的 Bean 在 Spring 容器中将只有一个实例,也就是说,无论有多少个 Bean 引用它,始终将指向同一个对象。这也是 Spring 容器默认的作用域。
- prototype: 原型模式,每次通过 Spring 容器获取的 prototype 定义的 Bean 时,容器都将创建一个新的 Bean 实例。
- request: 在一次 HTTP 请求中,容器会返回该 Bean 的同一个实例。而对不同的 HTTP 请求则会产生一个新的 Bean,而且该 Bean 仅在当前 HTTP Request 内有效。
- session: 在一次 HTTP Session 中,容器会返回该 Bean 的同一个实例。而对不同的 HTTP 请求则会产生一个新的 Bean,而且该 Bean 仅在当前 HTTP Session 内有效。
- global Session: 在一个全局的 HTTP Session 中,容器会返回该 Bean 的同一个实

例。仅在使用 portlet context 时有效。

在上面 5 种作用域中，singleton 和 prototype 两种是最为常用的。

13.3.2 Singleton 作用域

Singleton 作用域是 Spring 容器默认的作用域，当一个 Bean 的作用域为 singleton 时，Spring 容器中只会存在一个共享的 Bean 实例，并且所有对 Bean 的请求，只要 id 与该 Bean 定义的 id 属性值相匹配的，就只会返回 Bean 的同一个实例。单例模式对于无会话状态的 Bean(如 Dao 组件、Service 组件)来说，是最理想的选择。

在 Spring 配置文件中，可以使用 Bean 元素的 scope 属性，将 Bean 的作用域定义成 singleton，其配置如下所示：

```
<bean id="hello" class="cn.itcast.hello.Hello" scope="singleton"/>
```

在项目 chapter13 中创建 cn. itcast. hello 包，在包中创建一个名称为 Hello 的类，该类中不需要写任何方法，然后创建一个名称为 beans4. xml 的配置文件，将上述 Bean 的定义方式写入配置文件中，最后创建一个名为 HelloTest 的测试类，如文件 13-10 所示。

文件 13-10 HelloTest. java

```
package cn.itcast.hello;
import org.junit.Test;
import org.springframework.context.ApplicationContext;
import
    org.springframework.context.support.ClassPathXmlApplicationContext;
public class HelloTest {
    @Test
    public void hello(){
        //定义配置文件路径
        String xmlPath="cn/itcast/hello/beans4.xml";
          //加载配置文件
        ApplicationContext applicationContext=
                                new ClassPathXmlApplicationContext(xmlPath);
        //输出获得实例
        System.out.println(applicationContext.getBean("hello"));
        System.out.println(applicationContext.getBean("hello"));
    }
}
```

运行测试类中的 hello()方法，控制台的输出结果如图 13-4 所示。

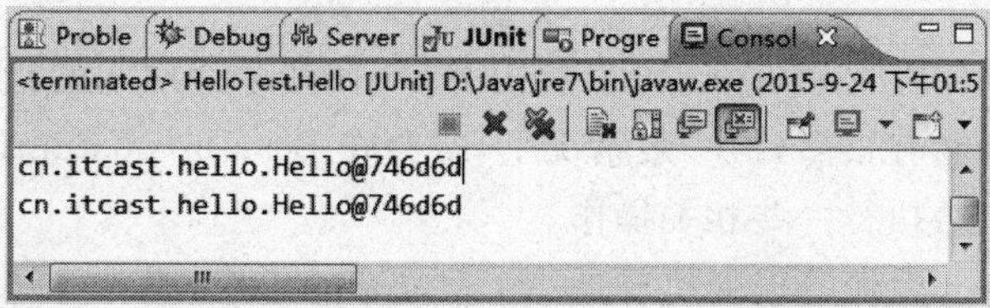

图 13-4 Singleton 作用域的控制台输出

从图 13-4 中可以看到，两次输出的结果相同，这说明 Spring 容器只创建了一个 Hello 类的实例。由于 Spring 容器默认作用域是 singleton，如果不设置 scope="singleton"，其输出结果也将是同一个实例。

13.3.3 Prototype 作用域

对需要保持会话状态的 Bean(如 Struts2 的 Action 类)应该使用 prototype 作用域。在使用 Prototype 作用域时，Spring 容器会为每个对该 Bean 的请求都创建一个新的实例。

要将 Bean 定义为 prototype，只需在配置 bean4. xml 文件中将<bean>元素的 scope 属性的值改为 prototype 即可，修改后的代码如下所示：

```
<bean id="hello" class="cn.itcast.hello.Hello" scope="prototype"/>
```

将 13.3.2 节中的配置文件更改成上述代码形式后，再次运行测试类中的 hello()方法，控制台的输出结果如图 13-5 所示。

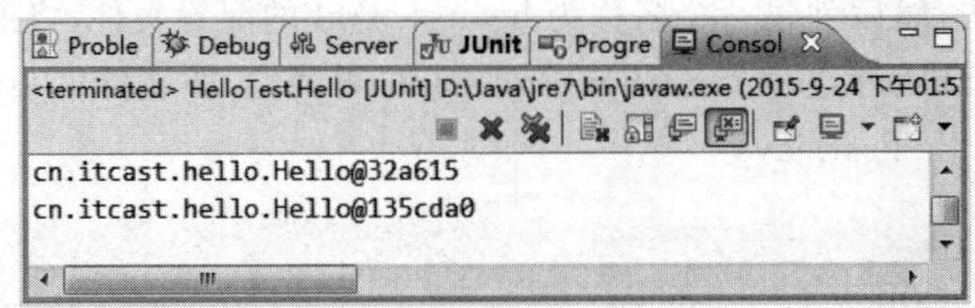

图 13-5 Prototype 作用域下 Bean 的控制台输出

从图 13-5 的输出结果可以看到，两次输出的 Bean 实例并不相同，这说明在 prototype 作用域下，创建了两个不同的 Hello 实例。

13.4 Bean 的生命周期

在 13.3 节中讲解了 Bean 的作用域，接下来将在 Bean 的作用域的基础上讲解 Bean 的生命周期。

Spring 容器可以管理 singleton 作用域下 Bean 的生命周期，在此作用域下，Spring 能够精确地知道该 Bean 何时被创建，何时初始化完成，以及何时被销毁。而对于 prototype 作用域的 Bean，Spring 只负责创建，当容器创建了 Bean 实例后，Bean 的实例就交给客户端代码来管理，Spring 容器将不再跟踪其生命周期。每次客户端请求 prototype 作用域的 Bean 时，Spring 容器都会创建一个新的实例，并且不会管那些被配置成 prototype 作用域的 Bean 的生命周期。

Spring 生命周期的意义就在于，可以利用 Bean 在其存活期间的指定时刻完成一些相关操作。这种时刻可能有很多，但一般情况下，常会在 Bean 的 postinitiation(初始化后)和 predestruction(销毁前)执行一些相关操作。

在 Spring 中，Bean 生命周期的执行是一个很复杂的过程，读者可以利用 Spring 提供的方法来定制 Bean 的创建过程。当一个 Bean 被加载到 Spring 容器时，它就具有了生命。而 Spring 容器在保证一个 Bean 能够使用之前，会做很多工作。Spring 容器中 Bean 的生命周期流程如图 13-6 所示。

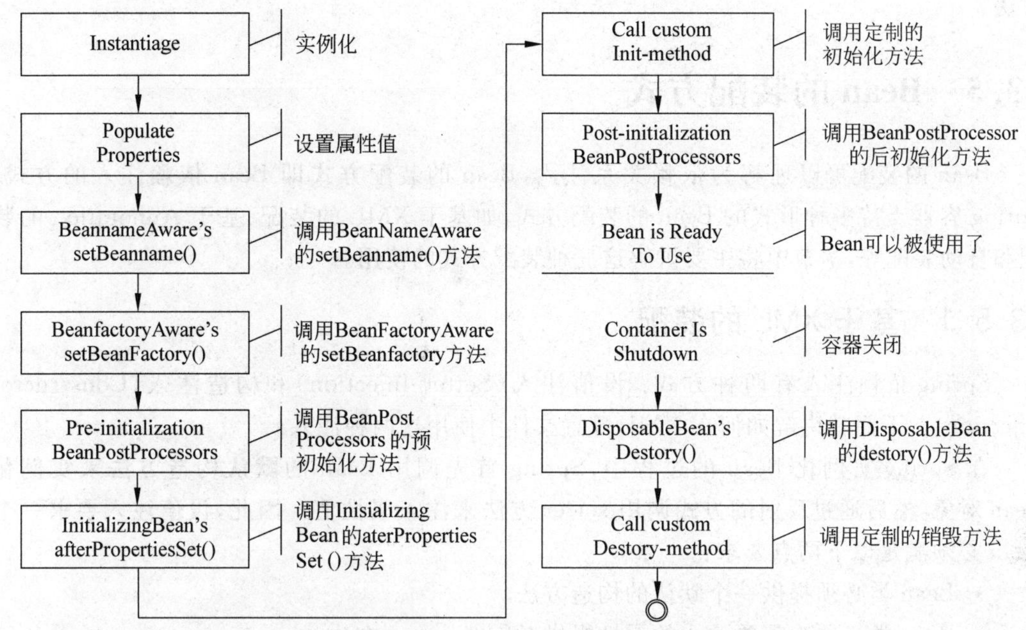

图 13-6　Bean 的生命周期图

从图 13-6 中可以看到，Spring 容器在一个 Bean 能够正常使用之前，已经做了很多工作，下面就对图 13-6 中的每一步工作进行讲解，具体如下。

（1）Spring 实例化 Bean。

（2）利用依赖注入来配置 Bean 中的所有属性值。

（3）如果 Bean 实现了 BeanNameAware 接口，则 Spring 调用 Bean 的 setBeanName()方法传入当前 Bean 的 ID 值。

（4）如果 Bean 实现了 BeanFactoryAware 接口，则 Spring 调用 setBeanFactory()方法传入当前工厂实例的引用。

（5）如果 Bean 实现了 ApplicationContextAware 接口，则 Spring 调用 setApplicationContext()方法传入当前 ApplicationContext 实例的引用。

（6）如果 Bean 实现了 BeanPostProcessor 接口，则 Spring 会调用 postProcessBeforeInitialzation()方法。

（7）如果 Bean 实现了 InitializingBean 接口，则 Spring 会调用 afterpropertiesSet()方法。

（8）如果在配置文件中通过 init-method 属性指定了初始化方法，则调用该初始化方法。

（9）如果 Bean 实现了 BeanPostProcessor 接口，则 Spring 会调用 postProcessAfterInitialization()方法。

（10）此时，Bean 实例化完成，就可以被使用了，它将一直存在于 Spring 容器中，直到被销毁。

（11）如果 Bean 实现了 DisposableBean 接口，则 Spring 会调用 destory()方法。

(12) 如果在配置文件中通过 destory-method 属性指定了 Bean 的销毁方法,则调用该方法。

13.5 Bean 的装配方式

Bean 的装配可以理解为依赖关系注入,Bean 的装配方式即 Bean 依赖注入的方式。Spring 容器支持多种形式的 Bean 的装配方式,如基于 XML 的装配、基于 Annotation 的装配和自动装配等,本节中将主要讲解这三种装配方式的使用。

13.5.1 基于 XML 的装配

Spring 依赖注入有两种方式:设值注入(Setter Injection)和构造注入(Constructor Injection)。下面就讲解如何在 XML 配置文件中使用这两种注入。

在 Spring 实例化 Bean 的过程中,Spring 首先调用 Bean 的默认构造方法来实例化 Bean 对象,然后通过反射的方式调用 setter 方法来注入属性值。因此,设值注入要求一个 Bean 必须满足以下两点要求:

- Bean 类必须提供一个默认的构造方法。
- Bean 类必须为需要注入的属性提供对应的 setter 方法。

使用设值注入时,在 Spring 配置文件中,需要使用<bean>元素的子元素<property>元素来为每个属性注入值。而使用构造注入时,在配置文件里,主要是使用<constructor-arg>标签来定义构造方法的参数,可以使用其 value 属性(或子元素)来设置该参数的值。下面通过案例来演示基于 XML 方式的 Bean 的装配。

(1) 在项目 chapter13 中的 src 目录下,新建一个名称为 cn.itcast.assemble 的包,在该包中新建一个名称为 User 的类,如文件 13-11 所示。

文件 13-11 User.java

```
package cn.itcast.assemble;
public class User {
    private String username;
    private Integer password;
    public String getUsername() {
        return username;
    }
    public void setUsername(String username) {
        this.username=username;
    }
    public Integer getPassword() {
        return password;
    }
    public void setPassword(Integer password) {
        this.password=password;
    }
    /**
     * 默认构造
```

```
     */
    public User(){
        super();
    }
    /**
     * 构造方法注入
     */
    public User(String username, Integer password){
        super();
        this.username=username;
        this.password=password;
    }
    @Override
    public String toString(){
        return "User [username="+username+", password="+password
                + "]";
    }
}
```

在文件 13-11 中，定义了 username 和 password 两个属性及其对应的 getter 和 setter 方法，由于要使用构造注入，所以需要其有参和无参的构造方法。为了输出时能够看到结果，还编写了其属性的 toString()方法。

(2) 在 cn. itcast. assemble 包中，新建一个名称为 beans5. xml 的配置文件，如文件 13-12 所示。

文件 13-12　beans5. xml

```
<?xml version="1.0" encoding="UTF-8"?>
<beans xmlns="http://www.springframework.org/schema/beans"
      xmlns:xsi="http://www.w3.org/2001/XMLSchema-instance"
      xsi:schemaLocation="http://www.springframework.org/schema/beans
        http://www.springframework.org/schema/beans/spring-beans.xsd">
    <!--使用构造方式装配 user 实例    -->
    <bean id="user1" class="cn.itcast.assemble.User">
     <constructor-arg index="0" value="jack"/>
     <constructor-arg index="1" value="1234"/>
    </bean>
    <!--使用 Set 方式装配 user 实例    -->
    <bean id="user2" class="cn.itcast.assemble.User">
     <property name="username" value="tom"></property>
     <property name="password" value="4321"></property>
    </bean>
</beans>
```

在上述配置文件中，首先使用了构造方式装配 User 类的实例，其中<constructor-arg >元素用来定义构造方法的参数，其属性 index 表示其索引(从 0 开始)，value 属性用于设置注入的值。然后又使用了设值注入方式装配 User 类的实例，使用其 property 元素用于调用 Bean 实例中的 Setter 方法完成属性赋值，从而完成依赖注入。

(3) 在 cn. itcast. assemble 包中新建一个名称为 XmlBeanAssembleTest 的测试类，如

文件 13-13 所示。

文件 13-13 XmlBeanAssembleTest. java

```
package cn.itcast.assemble;
import org.junit.Test;
import org.springframework.context.ApplicationContext;
import
    org.springframework.context.support.ClassPathXmlApplicationContext;
public class XmlBeanAssembleTest {
    @Test
    public void xmlAssembleTest(){
        //定义配置文件路径
        String xmlPath="cn/itcast/assemble/beans5.xml";
        //加载配置文件
        ApplicationContext applicationContext=
                             new ClassPathXmlApplicationContext(xmlPath);
        //构造方式输出结果
        System.out.println(applicationContext.getBean("user1"));
        //设值方式输出结果
        System.out.println(applicationContext.getBean("user2"));
    }
}
```

在文件 13-13 中，分别获取并输出了配置文件中配置的 user1 和 user2 实例。使用 JUnit4 测试运行 xmlAssembleTest()方法后，控制台的输出结果如图 13-7 所示。

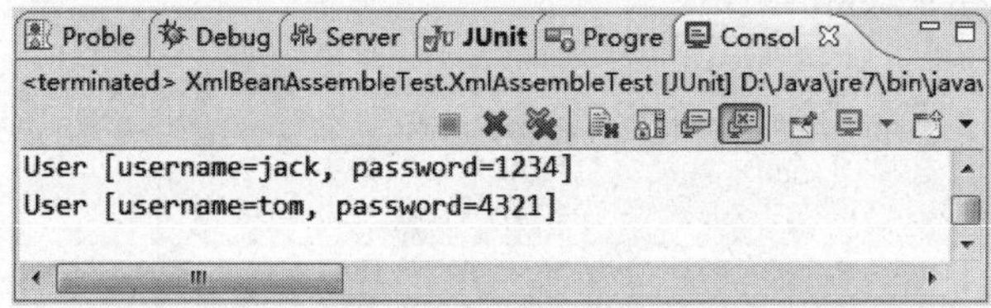

图 13-7 使用 XML 装配方式的控制台输出

从图 13-7 的输出结果可以看出，已经成功地使用设值注入和构造注入两种方式装配了 User 实例。

13.5.2 基于 Annotation 的装配

在 Spring 中，尽管使用 XML 配置文件可以实现 Bean 的装配工作，但如果应用中有很多 Bean 时，会导致 XML 配置文件过于臃肿，给后续的维护和升级工作带来一定的困难。为此，Java 从 JDK 1.5 以后，提供了 Annotation(注解)功能，Spring 也提供了对 Annotation 技术的全面支持。Spring 3 中定义了一系列的 Annotation(注解)，常用的注解如下所示。

- @Component ：可以使用此注解描述 Spring 中的 Bean，但它是一个泛化的概念，仅仅表示一个组件(Bean)，并且可以作用在任何层次。使用时只需将该注解标注在相应类上即可。
- @Repository：用于将数据访问层(DAO 层)的类标识为 Spring 中的 Bean，其功能与 @Component 相同。

- @Service：通常作用在业务层(Service 层)，用于将业务层的类标识为 Spring 中的 Bean，其功能与 @Component 相同。
- @Constroller：通常作用在控制层(如 Struts2 的 Action)，用于将控制层的类标识为 Spring 中的 Bean，其功能与 @Component 相同。
- @Autowired：用于对 Bean 的属性变量、属性的 Set 方法及构造函数进行标注，配合对应的注解处理器完成 Bean 的自动配置工作。默认按照 Bean 的类型进行装配。
- @Resource：其作用与 Autowired 一样。其区别在于@Autowired 默认按照 Bean 类型装配，而@Resource 默认按照 Bean 实例名称进行装配。@Resource 中有两个重要属性：name 和 type。Spring 将 name 属性解析为 Bean 实例名称，type 属性解析为 Bean 实例类型。如果指定 name 属性，则按实例名称进行装配；如果指定 type 属性，则按 Bean 类型进行装配；如果都不指定，则先按 Bean 实例名称装配，如果不能匹配，再按照 Bean 类型进行装配；如果都无法匹配，则抛出 NoSuchBeanDefinitionException 异常。
- @Qualifier：与@Autowired 注解配合使用，会将默认的按 Bean 类型装配修改为按 Bean 的实例名称装配，Bean 的实例名称由@Qualifier 注解的参数指定。

在上面几个注解中，虽然@Repository、@Service 与@Controller 功能与@Component 注解的功能相同，但为了使标注类本身用途更加清晰，建议使用@Repository、@Service 与@Controller 分别对实现类进行标注。

下面，通过案例演示如何通过这些注解来装配 Bean。

(1) 在项目 chapter13 中，新建一个名称为 cn. itcast. annotation 的包，在该包中新建一个名称为 UserDao 的接口，接口中包含一个 save()方法，如文件 13-14 所示。

文件 13-14 UserDao. java

```
package cn.itcast.annotation;
public interface UserDao {
 public void save();
}
```

(2) 在 cn. itcast. annotation 包中新建 UserDao 接口的实现类 UserDaoImpl，如文件 13-15 所示。

文件 13-15 UserDaoImpl. java

```
package cn.itcast.annotation;
import org.springframework.stereotype.Repository;
@Repository("userDao")
public class UserDaoImpl implements UserDao{
  public  void save(){
      System.out.println("userdao...save...");
  }
}
```

在文件 13-15 中，首先使用@Repository 注解将 UserDaoImpl 类标识为 Spring 中的 Bean，其写法相当于配置文件中<bean id="userDao" class="cn. itcast. annotation

. UserDaoImpl"/＞的书写。然后在 save()方法中输出打印一句话，用来验证是否成功调用了该方法。

(3) 在 cn. itcast. annotation 包中新建一个名称为 UserService 的接口，该接口中同样包含一个 save()方法，如文件 13-16 所示。

文件 13-16 UserService. java

```
package cn.itcast.annotation;
public interface UserService {
    public void save();
}
```

(4) 在 cn. itcast. annotation 包中新建 UserService 接口的实现类 UserServic-eImpl，如文件 13-17 所示。

文件 13-17 UserServiceImpl. java

```
package cn.itcast.annotation;
import javax.annotation.Resource;
import org.springframework.stereotype.Service;
@Service("userService")
public class UserServiceImpl implements UserService{
    @Resource(name="userDao")
    private UserDao userDao;
    /**
     *  userDao 的 set 方法
     */
    public void setUserDao(UserDao userDao){
        this.userDao=userDao;
    }
    public void save(){
         //调用 userDao 中的 save 方法
        this.userDao.save();
        System.out.println("userservice...save...");
    }
}
```

在文件 13-17 中，首先使用@Service 注解将 UserServiceImpl 类标识为 Spring 中的 Bean，其写法相当于配置文件中＜bean id＝"userService" class＝"cn. itcast. annotation . UserServiceImpl" /＞的书写。然后使用@Resource 注解标注在属性 userDao 上(也可标注在 userDao 的 set 方法上)，这相当于配置文件中＜property name＝"userDao" ref＝"userDao"/＞的写法。最后在该类的 save()方法中调用 userDao 中的 save()方法，并输出一句话。

(5) 在 cn. itcast. annotation 包中新建一个名称为 UserAction 的类，如文件 13-18 所示。

文件 13-18 UserAction. java

```
package cn.itcast.annotation;
import javax.annotation.Resource;
```

```
import org.springframework.stereotype.Controller;
@Controller("userAction")
public class UserAction {
    @Resource(name="userService")
    private UserService userService;
    /**
     *  userService 的 set 方法
     */
    public void setUserService(UserService userService) {
        this.userService=userService;
    }
    public void save() {
        //调用 userService 中的 save 方法
        this.userService.save();
        System.out.println("userAction...save...");
    }
}
```

在文件 13-18 中,首先使用@Controller 注解标注 UserAction 类,其写法相当于在配置文件中编写<bean id="userAction" class="cn.itcast.annotation.UserAction"/>。然后使用了@Resource 注解标注在 userService 上,这相当于在配置文件内编写<property name="userService" ref="userService"/>。最后在其 save()方法中调用了 userService 中的 save()方法,并输出一句话。

(6) 在 cn.itcast.annotation 包中新建一个名称为 beans6.xml 的配置文件,如文件 13-19 所示。

文件 13-19　beans6.xml

```
1   <?xml version="1.0" encoding="UTF-8"?>
2   <beans xmlns="http://www.springframework.org/schema/beans"
3          xmlns:xsi="http://www.w3.org/2001/XMLSchema-instance"
4          xmlns:context="http://www.springframework.org/schema/context"
5          xsi:schemaLocation="http://www.springframework.org/schema/beans
6         http://www.springframework.org/schema/beans/spring-beans.xsd
7         http://www.springframework.org/schema/context
8         http://www.springframework.org/schema/context/spring-context.xsd">
9       <!--使用 context 命名空间 ,通知 spring 扫描指定目录,进行注解的解析-->
10      <context:component-scan base-package="cn.itcast.annotation"/>
11  </beans>
```

在配置文件 13-19 中,与之前的配置文件有很大不同。首先,在<beans>元素中,增加了第 4 行,第 7 行和第 8 行中包含了 context 的代码,然后使用 context 命名空间的 component-scan 元素进行注解的扫描,其 base-package 属性用来通知 spring 所需要扫描的目录。

(7) 在 cn.itcast.annotation 包中新建一个名称为 AnnotationAssembleTest 的测试类,如文件 13-20 所示。

文件 13-20 AnnotationAssembleTest.java

```java
package cn.itcast.annotation;
import org.junit.Test;
import org.springframework.context.ApplicationContext;
import
    org.springframework.context.support.ClassPathXmlApplicationContext;
public class AnnotationAssembleTest {
    @Test
    public void annotationTest(){
        //定义配置文件路径
        String xmlPath="cn/itcast/annotation/beans6.xml";
        //加载配置文件
        ApplicationContext applicationContext=
                              new ClassPathXmlApplicationContext(xmlPath);
        //获取 userAction 实例
        UserAction userAction=
                    (UserAction)applicationContext.getBean("userAction");
        //输出实例
        System.out.println(userAction);
        //调用 userAction 中的 save()方法
        userAction.save();
    }
}
```

在文件 13-20 中，首先获取了配置文件的路径，然后加载配置文件并获取了 userAction 的实例，接下来输出实例，最后调用实例中的 save()方法。使用 JUnit4 测试运行 annotationTest()方法后，控制台的输出结果如图 13-8 所示。

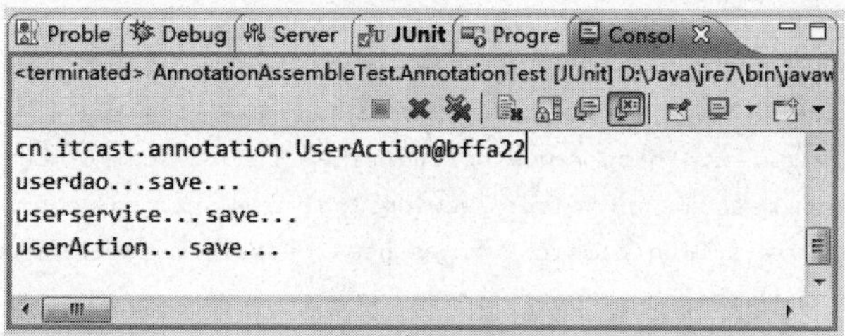

图 13-8 基于 Annotation 装配的控制台输出

从图 13-8 中可以看到，Spring 容器已成功输出了 userAction 的实例，并输出了各层中输出的语句。这说明已成功实现了使用 Annotation 装配 Bean。

13.5.3 自动装配

除了使用 XML 和 Annotation 进行装配 Bean，还有一种常用的装配方式就是使用自动装配。所谓自动装配，就是将一个 Bean 注入到其他 Bean 的 Property 中。

要使用自动装配，就需要配置＜bean＞元素的 autowire 属性。autowire 属性有 5 个值，其值说明如下。

- byName：根据 Property 的 Name 自动装配，如果一个 Bean 的 name，和另一个 Bean 中的 Property 的 name 相同，则自动装配这个 Bean 到 Property 中。
- byType：根据 Property 的数据类型（Type）自动装配，如果一个 Bean 的数据类型，兼容另一个 Bean 中 Property 的数据类型，则自动装配。
- constructor：根据构造函数参数的数据类型，进行 byType 模式的自动装配。
- autodetect：如果发现默认的构造函数，用 constructor 模式，否则用 byType 模式。
- no：默认情况下，不使用自动装配，Bean 依赖必须通过 ref 元素定义。

下面通过修改 13.5.2 节中的案例来演示如何使用自动装配。

修改 13.5.2 节中的配置文件 beans6.xml，将配置文件修改成自动装配形式，如文件 13-21 所示。

文件 13-21　beans6.xml

```
<?xml version="1.0" encoding="UTF-8"?>
<beans xmlns="http://www.springframework.org/schema/beans"
    xmlns:xsi="http://www.w3.org/2001/XMLSchema-instance"
    xmlns:context="http://www.springframework.org/schema/context"
    xsi:schemaLocation="http://www.springframework.org/schema/beans
    http://www.springframework.org/schema/beans/spring-beans.xsd
    http://www.springframework.org/schema/context
    http://www.springframework.org/schema/context/spring-context.xsd">
  <bean id="userDao" class="cn.itcast.annotation.UserDaoImpl"/>
  <bean id="userService"
      class="cn.itcast.annotation.UserServiceImpl" autowire="byName"/>
  <bean id="userAction"
      class="cn.itcast.annotation.UserAction" autowire="byName"/>
</beans>
```

上述配置文件中，用来配置 userService 和 userAction 的<bean>元素中除了 id 和 class 属性外，还增加了 autowire 属性，并将其属性值设置为 byName（按属性名称自动装配）。默认情况下，配置文件中需要通过 ref 来装配 Bean，但设置了 autowire="byName"，Spring 会自动寻找与属性名字“userDao”相同的<bean>，找到后，通过调用 setUserDao (UserDao userDao)将其注入属性，这时就不需要通过 ref 来装配了。使用 JUnit4 再次运行测试类中的 annotationTest()方法，控制台的显示结果如图 13-9 所示。

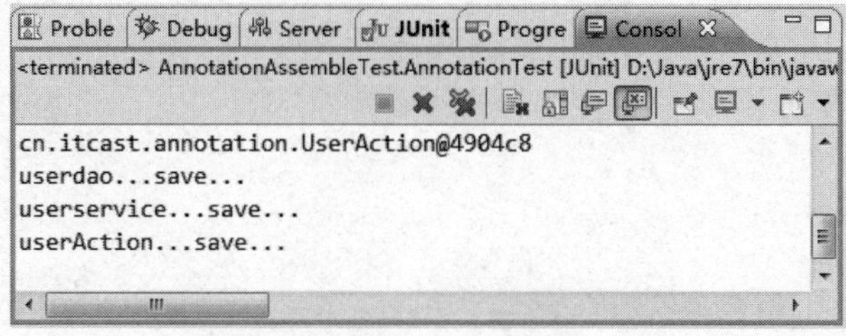

图 13-9　测试自动装配的控制台输出

从图 13-9 的控制台输出结果可以看出，使用自动 Bean 装配已完成了依赖注入。

13.6 本章小结

本章对 Spring 的 Bean 进行了详细讲解，首先介绍了 Bean 的配置，然后通过案例讲解了 Bean 实例化的三种方式，接下来介绍了 Bean 的作用域和生命周期，最后讲解了 Bean 的三种装配方式。通过本章的学习，要求读者了解 Bean 的装配过程，并能使用 Bean 的装配进行开发。

【思考题】

1. 请说说你知道的 Spring 实例化 Bean 的方式。
2. 请简述 Spring 中定义的 5 种 Bean 的作用域。

扫描右方二维码，查看思考题答案！

第 14 章 面向切面编程（Spring AOP）

学习目标

- 熟悉 AOP 的作用和相关概念
- 理解 AOP 的执行过程
- 掌握 AspectJ 编程开发

为了将那些与业务无关，却为业务模块所共同调用的逻辑或责任封装起来，Spring 提供了面向切面的编程方式，也称 Spring AOP，这有效地减少了系统间的重复代码，达到了模块间的松耦合目的。本章将对面向切面编程(Spring AOP)进行详细的讲解。

14.1 Spring AOP 简介

14.1.1 什么是 AOP

AOP 的全称是 Aspect Oriented Programing，即面向切面编程。AOP 采取横向抽取机制，取代了传统纵向继承体系重复性代码，主要体现在事务处理、日志管理、权限控制、异常处理等方面，使开发人员在编写业务逻辑时可以专心于核心业务，提高了代码的可维护性。

目前最流行的 AOP 框架有两个，分别为 Spring AOP 和 AspectJ。Spring AOP 使用纯 Java 实现，不需要专门的编译过程和类加载器，在运行期通过代理方式向目标类织入增强的代码。AspectJ 是一个基于 Java 语言的 AOP 框架，从 Spring 2.0 开始，Spring AOP 引入对 Aspect 的支持，AspectJ 扩展了 Java 语言，提供了一个专门的编译器，在编译时提供横向代码的织入。

14.1.2 AOP 术语

AOP 的专业术语包括 Joinpoint、Pointcut、Advice、Target、Weaving、Proxy 和 Aspect，对于专业术语的解释，具体如下。

- Joinpoint(连接点)：是指那些被拦截到的点，在 Spring 中，可以被动态代理拦截目标类的方法。
- Pointcut(切入点)：是指要对哪些 Joinpoint 进行拦截，即被拦截的连接点。
- Advice(通知)：是指拦截到 Joinpoint 之后要做的事情，即对切入点增强的内容。
- Target(目标)：是指代理的目标对象。
- Weaving(织入)：是指把增强代码应用到目标上，生成代理对象的过程。
- Proxy(代理)：是指生成的代理对象。

• Aspect(切面)：是切入点和通知的结合。

14.2 手动代理

代理模式是 Java 中的常用设计模式,代理类通过调用被代理类的相关方法,提供预处理、过滤、事后处理等服务。AOP 手动使用代理模式有两个典型的例子,分别为 JDK 动态代理和 CGLIB 代理。为了让读者了解 AOP 的执行过程,本节将通过这两种手动代理的实现方式,结合相关案例,模拟 AOP 的执行过程。

14.2.1 JDK 动态代理

JDK 动态代理是通过 JDK 中的 java.lang.reflect.Proxy 类来实现的,接下来通过一个案例来演示 JDK 动态代理的具体实现步骤。

(1) 创建 Web 项目 chapter14,导入 Spring 框架所需 JAR 包到项目的 lib 目录中。

(2) 在 chapter14 项目的 src 目录下,创建包 cn.itcast.dao,在该包下创建一个简单的接口 UserDao,如文件 14-1 所示。

文件 14-1 UserDao.java

```
package cn.itcast.dao;
public interface UserDao {
    public void save();
    public void update();
    public void delete();
    public void find();

}
```

在文件 14-1 中,定义了增、删、改、查需要的 4 个方法。然后在该包中创建该接口的实现类 UserDaoImpl,如文件 14-2 所示。

文件 14-2 UserDaoImpl.java

```
package cn.itcast.dao;
//target 目标类
public class UserDaoImpl implements UserDao {
    @Override
    public void save(){
        System.out.println("save 添加用户");
    }
    @Override
    public void update(){
        System.out.println("update 修改用户");
    }
    @Override
    public void delete(){
        System.out.println("delete 删除用户");
    }
```

```
    @Override
    public void find(){
        System.out.println("find 查询用户");
    }
}
```

实现类 UserDaoImpl 作为目标类,实现了 UserDao 接口的方法,每个方法调用成功后向控制台输出相应的语句。

(3) 在项目的 src 目录下,创建包 cn.itcast.jdk,在该包下创建切面类 MyAspect,如文件 14-3 所示。

文件 14-3　MyAspect.java

```
package cn.itcast.jdk;
//切面类:可以存在多个通知 Advice(增强的方法内容)
public class MyAspect {
    public void myBefore(){
        System.out.println("方法执行前");
    }
    public void myAfter(){
        System.out.println("方法执行后");
    }
}
```

在文件 14-3 中,主要是通知(Advice)的内容,代码中有两个增强方法,分别为 myBefore()方法和 myAfter()方法,像这样的方法在切面类中可以有多个,在实现动态代理的类中会调用这些方法。

(4) 在 cn.itcast.jdk 包下,创建 MyBeanFactory 类,在该类中通过 Proxy 实现动态代理,如文件 14-4 所示。

文件 14-4　MyBeanFactory.java

```
package cn.itcast.jdk;
import java.lang.reflect.InvocationHandler;
import java.lang.reflect.Method;
import java.lang.reflect.Proxy;
import cn.itcast.dao.UserDao;
import cn.itcast.dao.UserDaoImpl;
public class MyBeanFactory {
    public static UserDao getBean(){
        //1.准备目标类(spring 创建对象,IoC)
        final UserDao userDao=new UserDaoImpl();
        //2.创建切面类实例
        final MyAspect myAspect=new MyAspect();
        //3.使用代理类,进行增强,参数 2:userDao.getClass().getInterfaces()
        return(UserDao)Proxy.newProxyInstance(
                    MyBeanFactory.class.getClassLoader(),
                    new Class[]{UserDao.class},
                    new InvocationHandler(){
```

```
18              @Override
19              public Object invoke(Object proxy, Method method, Object[] args)
20                      throws Throwable {
21                      //前增强
22                      myAspect.myBefore();
23
24                      //目标类的方式
25                      Object obj=method.invoke(userDao, args);
26
27                      //后增强
28                      myAspect.myAfter();
29                      return obj;
30                  }
31          });
32      }
33  }
```

在文件 14-4 中，定义了一个静态的 getBean()方法，这里模拟 Spring 框架 IoC 思想，通过调用 getBean()方法创建实例，第 10 行代码创建了 UserDaoImpl 类的实例；第 12 行代码创建的切面类实例方便调用切面类中相应的方法；第 14～30 行代码就是使用代理类，对要创建的实例 UserDaoImpl 类中的方法进行增强，Proxy 的 newProxyInstance()方法的第一个参数是当前类的类加载器，第二参数是要创建实例的实现类的接口，第三个参数就是需要增强的方法了。在目标类方法执行的前后，分别执行切面类中的 myBefore()方法和 myAfter()方法。

(5) 在 cn.itcast.jdk 包下，创建测试类 TestJDK，如文件 14-5 所示。

文件 14-5 TestJDK.java

```
package cn.itcast.jdk;
import org.junit.Test;
import cn.itcast.dao.UserDao;
public class TestJDK {
    @Test
    public void demo01(){
        //1.从工厂获得指定的内容(相当于 Spring 获得,但此内容,是代理对象)
        UserDao userDao=MyBeanFactory.getBean();
        //2.执行方法
        userDao.save();
        userDao.update();
        userDao.delete();
        userDao.find();
    }
}
```

在文件 14-5 中，首先从代理对象中获得 UserDaoImpl 类的实例，然后调用该实例中的方法。

(6) 使用 JUnit4 测试运行 demo01()方法后控制台的输出结果如图 14-1 所示。

从图 14-1 的输出结果可以看出，UserDaoImpl 类的实例中的方法被成功调用并增强

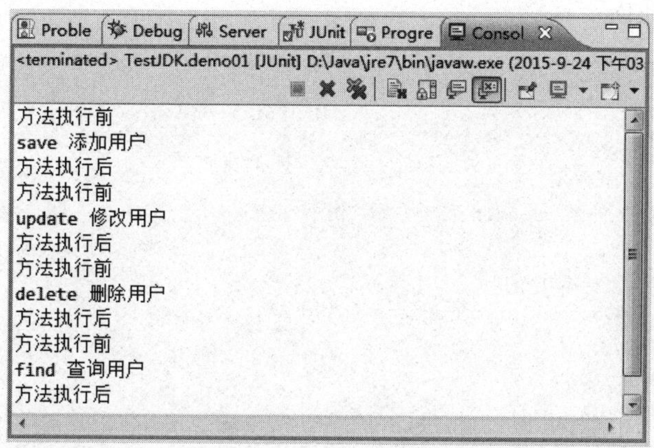

图 14-1　运行结果

了,JDK 动态代理已经实现。

14.2.2　CGLIB 代理

通过前面的学习可以知道,JDK 的动态代理用起来非常简单,但它是有局限性的,使用动态代理的对象必须实现一个或多个接口,如果想代理没有实现接口的类,那么可以使用 CGLIB 代理。

CGLIB(Code Generation Library)是一个高性能开源的代码生成包,它的底层通过使用一个小而快的字节码处理框架 ASM(Java 字节码操控框架)来转换字节码,为一个类创建子类,然后对子类进行增强,解决无接口代理问题。所以 CGLIB 要依赖于 ASM 的包,解压 Spring 的核心包 spring-core-3. 2. 2. RELEASE. jar,文件目录如图 14-2 所示。

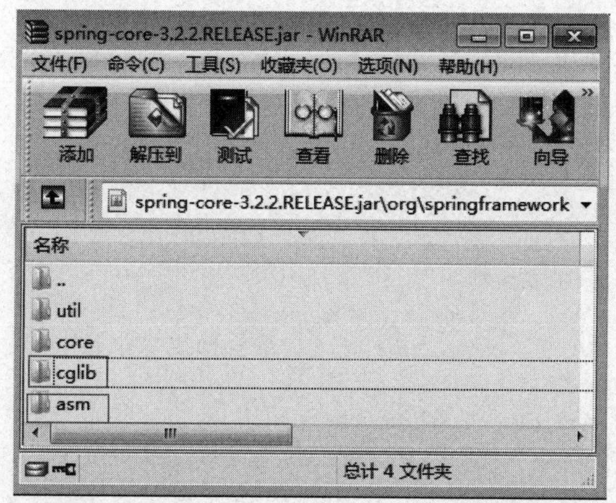

图 14-2　spring-core-3. 2. 2. RELEASE. jar

在图 14-2 中可以看出,解压的核心包中,包含 cglib 和 asm,也就是说,Spring3. 2. 2 版本的核心包已经集成了 CGLIB 所需要的包,所以开发中不需要另外导入 ASM 的 JAR 包了。接下来,通过一个案例来演示实现 CGLIB 的代理过程。

(1) 在 cn. itcast. dao 包下,创建目标类 BookDao,如文件 14-6 所示。

文件 14-6 BookDao.java

```java
package cn.itcast.dao;
//target 目标类
public class BookDao {
    public void save(){
        System.out.println("save 添加图书");
    }
    public void update(){
        System.out.println("update 修改图书");
    }
    public void delete(){
        System.out.println("delete 删除图书");
    }
    public void find(){
        System.out.println("find 查询图书");
    }
}
```

在文件 14-6 中，实现了简单的增、删、改、查方法，每个方法调用成功后向控制台输出相应的语句。需要注意的是这是一个普通类，没有实现任何接口。

(2) 在项目的 src 目录下，创建包 cn.itcast.cglib，该包下创建类 MyBeanFactory，如文件 14-7 所示。

文件 14-7 MyBeanFactory.java

```java
package cn.itcast.cglib;
import java.lang.reflect.Method;
import org.springframework.cglib.proxy.Enhancer;
import org.springframework.cglib.proxy.MethodInterceptor;
import org.springframework.cglib.proxy.MethodProxy;
import cn.itcast.dao.BookDao;
import cn.itcast.jdk.MyAspect;
public class MyBeanFactory {
    public static BookDao getBean(){
        //1. 准备目标类(spring 创建对象,IoC)
        final BookDao bookDao=new BookDao();
        //2. 创建切面类实例
        final MyAspect myAspect=new MyAspect();
        //3. 生成代理类,CGLIB 在运行时,生成指定对象的子类,增强
        //3.1 核心类
        Enhancer enhancer=new Enhancer();
        //3.2 确定需要增强的类
        enhancer.setSuperclass(bookDao.getClass());
        //3.3 添加回调函数
        enhancer.setCallback(new MethodInterceptor(){
            //intercept 相当于 jdk invoke , 前三个参数与 jdk invoke 一致
        @Override
        public Object intercept(Object proxy, Method method, Object[] args,
                MethodProxy methodProxy)throws Throwable {
            //#1 之前
            myAspect.myBefore();
```

```
27                  //#2 目标方法执行
28                  Object obj=method.invoke(bookDao, args);
29                  //#3 之后
30                  myAspect.myAfter();
31
32                  return obj;
33              }
34          });
35          //3.4 创建代理类
36          BookDao bookDaoProxy= (BookDao)enhancer.create();
37          return bookDaoProxy;
38      }
39  }
40
```

在文件 14-7 中，应用了 CGLIB 的核心类 Enhancer，在第 18 行代码调用了 Enhancer 类的 setSuperclass()方法，来确定目标对象；第 20 行代码调用 setCallback()方法添加回调函数；第 23 行代码的 intercept()方法相当于 JDK 动态代理方式中的 invoke()方法，在目标方法执行的前后，调用切面类中的方法进行增强；第 36、37 行代码调用 Enhancer 类的 create()方法创建代理类，最后将代理类返回。

(3) 在 cn. itcast. cglib 包下，创建测试类 TestCGLIB，如文件 14-8 所示。

文件 14-8　TestCGLIB. java

```
package cn.itcast.cglib;
import org.junit.Test;
import cn.itcast.dao.BookDao;
public class TestCGLIB {
    @Test
    public void demo01(){
        //1.从工厂获得指定的内容(相当于 Spring 获得,但此内容,是代理对象)
        BookDao bookDao=MyBeanFactory.getBean();
        //2.执行方法
        bookDao.save();
        bookDao.update();
        bookDao.delete();
        bookDao.find();
    }
}
```

在文件 14-8 中，首先从代理对象中获得 BookDao 类的实例，然后调用该实例中的方法。

(4) 使用 JUnit4 测试运行 demo01()方法后，控制台的输出结果如图 14-3 所示。

从图 14-3 的输出结果可以看出，BookDao 类的实例中的方法被成功调用并增强了，CGLIB 代理已经实现。

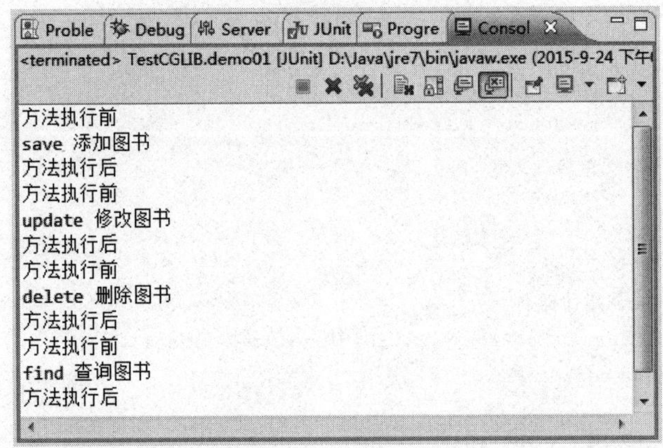

图 14-3 运行结果

14.3 声明式工厂 Bean

在 14.2 节中讲解了 AOP 手动代理，接下来通过讲解 Spring 的通知来介绍 Spring 是怎样创建 AOP 代理的。

14.3.1 Spring 通知类型

通过前面的学习知道，通知(Advice)就是对目标切入点增强的内容，AOP 联盟为通知(Advice)定义了 org. aopalliance. aop. Advice 接口，Spring 通知按照在目标类方法的连接点位置，可以分为 5 种类型，具体如下：

- org. springframework. aop. MethodBeforeAdvice(前置通知)

在目标方法执行前实施增强，可以应用于权限管理等功能。

- org. springframework. aop. AfterReturningAdvice(后置通知)

在目标方法执行后实施增强，可以应用于关闭流、上传文件、删除临时文件等功能。

- org. aopalliance. intercept. MethodInterceptor(环绕通知)

在目标方法执行前后实施增强，可以应用于日志、事务管理等功能。

- org. springframework. aop. ThrowsAdvice(异常抛出通知)

在方法抛出异常后实施增强，可以应用于处理异常记录日志等功能。

- org. springframework. aop. IntroductionInterceptor(引介通知)

在目标类中添加一些新的方法和属性，可以应用于修改老版本程序(增强类)。

14.3.2 声明式 Spring AOP

在 Spring 中创建一个 AOP 代理的基本方法是：使用 org. springframework. aop . framework. ProxyFactoryBean，这个类对应的切入点和通知提供了完整的控制能力，生成指定的内容。ProxyFactoryBean 类中的常用可配置属性如表 14-1 所示。

表 14-1　ProxyFactoryBean 的常用属性

属性名称	描　述
target	代理的目标对象
proxyInterfaces	代理要实现的接口,如果有多个接口,可以使用以下格式赋值 <list> <value></value> .... </list>
proxyTargetClass	是否对类代理而不是接口,设置为 true 时,使用 CGLIB 代理
interceptorNames	需要织入目标的 Advice
singleton	删除 index 索引处的元素
optimize	当设置为 true 时,强制使用 CGLIB

在 Spring 通知中,环绕通知是一个非常典型的应用,对 ProxyFactoryBean 有了初步的了解后,接下来通过一个环绕通知的案例,来演示 Spring 创建 AOP 代理的步骤,具体如下。

(1) 在核心 JAR 包的基础上,再向 chapter14 项目的 lib 目录中导入 AOP 的 JAR 包 spring-aop-3.2.2.RELEASE.jar 和 com.springsource.org.aopalliance-1.0.0.jar。

- spring-aop-3.2.2.RELEASE.jar:是 Spring 为 AOP 提供的实现,Spring 的包中已经提供。
- com.springsource.org.aopalliance-1.0.0.jar:是 AOP 联盟提供的规范,可以在 Spring 官网 http://repo.spring.io/webapp/#/artifacts/browse/tree/search/quick/地址进行搜索下载。

(2) 在 chapter14 项目的 src 目录下,创建包 cn.itcast.factorybean,在该包下创建切面类 MyAspect,如文件 14-9 所示。

文件 14-9　MyAspect.java

```
1   package cn.itcast.factorybean;
2   import org.aopalliance.intercept.MethodInterceptor;
3   import org.aopalliance.intercept.MethodInvocation;
4   //1.需要实现接口,确定哪个通知,及告诉 spring 应该执行哪个方法
5   public class MyAspect implements MethodInterceptor {
6       @Override
7       public Object invoke(MethodInvocation mi)throws Throwable {
8           System.out.println("方法执行之前");
9           //2.执行目标方法
10          Object obj=mi.proceed();
11          System.out.println("方法执行之后");
12          return obj;
13      }
14  }
```

在文件 14-9 中,MyAspect 类实现了 MethodInterceptor 接口,MethodInterceptor 接口是 AOP 联盟的 JAR 包提供的。代码第 7 行实现了 MethodInterceptor 接口中的 invoke()

方法，用于确定目标方法 mi，并且告诉 Spring 要在目标方法前后执行哪些方法，这里为了演示效果在目标方法前后分别向控制台输出了相应语句。

(3) 在 cn. itcast. factorybean 包下创建配置文件 applicationContext. xml，如文件 14-10 所示。

文件 14-10 applicationContext. xml

```
1   <?xml version="1.0" encoding="UTF-8"?>
2   <beans xmlns="http://www.springframework.org/schema/beans"
3          xmlns:xsi="http://www.w3.org/2001/XMLSchema-instance"
4          xsi:schemaLocation="http://www.springframework.org/schema/beans
5      http://www.springframework.org/schema/beans/spring-beans.xsd">
6       <!--1. 目标类 -->
7       <bean id="userDao" class="cn.itcast.dao.UserDaoImpl"></bean>
8       <!--2. 通知 advice -->
9       <bean id="myAspect" class="cn.itcast.factorybean.MyAspect"></bean>
10      <!--3. 生成代理对象 -->
11      <bean id="userDaoProxy"
12           class="org.springframework.aop.framework.ProxyFactoryBean">
13         <!--3.1 代理实现的接口 -->
14         <property name="interfaces"
15                       value="cn.itcast.dao.UserDao"></property>
16         <!--3.2 目标 -->
17         <property name="target" ref="userDao"></property>
18         <!--3.3 用通知增强目标 -->
19         <property name="interceptorNames" value="myAspect"></property>
20         <!--3.4 如何生成代理,true:使用 cglib,false:使用 jdk 动态代理 -->
21         <property name="proxyTargetClass" value="true"></property>
22      </bean>
23  </beans>
```

在文件 14-10 中，首先配置目标类和通知，然后使用 ProxyFactoryBean 类生成代理对象；第 14、15 行代码配置了代理实现的接口；第 17 行代码配置了代理的目标对象；第 19 行代码配置了需要织入目标的通知；第 21 行代码中 value 属性值为 true 时，表示使用 CGLIB 代理，属性值为 false 时，表示使用 jdk 动态代理。以上配置可以参考表 14-1 中的属性进行对照。

(4) 在 cn. itcast. factorybean 包下，创建测试类 TestFactoryBean，如文件 14-11 所示。

文件 14-11 TestFactoryBean. java

```
package cn.itcast.factorybean;
import org.junit.Test;
import org.springframework.context.ApplicationContext;
import
org.springframework.context.support.ClassPathXmlApplicationContext;
import cn.itcast.dao.UserDao;
public class TestFactoryBean {
    @Test
```

```
    public void demo01(){
        String xmlPath="cn/itcast/factorybean/applicationContext.xml";
        ApplicationContext applicationContext=
                new ClassPathXmlApplicationContext(xmlPath);
        //1.从 spring 容器获得内容
        UserDao userDao=
                (UserDao)applicationContext.getBean("userDaoProxy");
        //2.执行方法
        userDao.save();
        userDao.update();
        userDao.delete();
        userDao.find();
    }
}
```

在文件 14-11 中,通过 Spring 创建了代理对象,使用 JUnit4 测试运行 demo01()方法后,控制台的输出结果如图 14-4 所示。

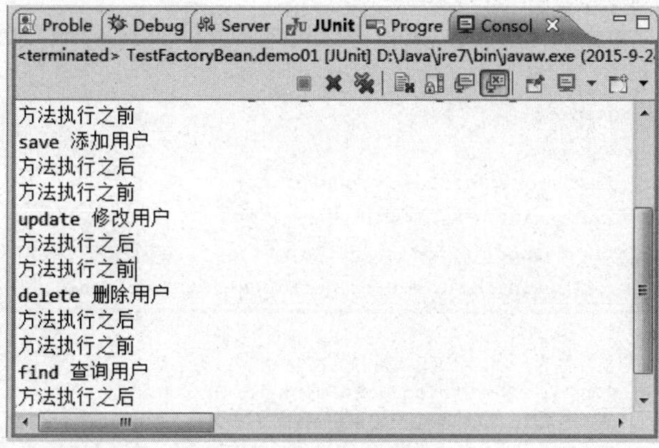

图 14-4　运行结果

14.4　AspectJ 开发

AspectJ 是一个基于 Java 语言的 AOP 框架,Spring 2.0 以后新增了对 AspectJ 切点表达式的支持。@AspectJ 是 AspectJ 1.5 的新增功能,通过 JDK 5.0 注解技术,允许直接在 Bean 类中定义切面,新版本 Spring 框架,建议使用 AspectJ 方式来开发 AOP,接下来对两种 AspectJ 的开发方式进行讲解。

14.4.1　基于 XML 的声明式 AspectJ

基于 XML 的声明式 AspectJ 是指,通过在 XML 文件中进行配置,来定义切面、切入点及声明通知,所有的切面和通知都必须定义在<aop:config>元素内。

接下来,通过案例来演示在 Spring 中使用基于 XML 的声明式 AspectJ 的方式,实现 AOP 的开发。

(1) 导入 AspectJ 相关 JAR 包。使用 AspectJ 除了需要导入 Spring AOP 的 JAR 包外，还需导入 AspectJ 相关 JAR 包，具体如下。

- spring-aspects-3.2.0.RELEASE.jar：Spring 为 AspectJ 提供的实现，Spring 的包中已经提供。
- com.springsource.org.aspectj.weaver-1.6.8.RELEASE.jar：是 AspectJ 提供的规范，可以去官网 http://repo.spring.io/webapp/#/artifacts/browse/tree/search/quick/ 页面中搜索、下载。

(2) 在 chapter14 项目的 src 目录下，创建包 cn.itcast.aspectj.xml，在该包下创建切面类 MyAspect，如文件 14-12 所示。

文件 14-12 MyAspect.java

```
package cn.itcast.aspectj.xml;
import org.aspectj.lang.JoinPoint;
import org.aspectj.lang.ProceedingJoinPoint;
/*
 * 切面类,在此编写通知
 * 可以在 XML 配置文件中确定通知类型
 */
public class MyAspect{
//前置通知
    public void myBefore(JoinPoint joinPoint){
        System.out.print("前置通知 ,目标:");
        System.out.print(joinPoint.getTarget()+", 方法名称:");
        System.out.println(joinPoint.getSignature().getName());
    }
//后置通知
    public void myAfterReturning(JoinPoint joinPoint){
        System.out.print("后置通知,方法名称:"
                        +joinPoint.getSignature().getName());
    }
//环绕通知
    //ProceedingJoinPoint 是 JoinPoint 子接口,表示可以执行目标方法
    //* 1.必须返回 Object 类型值
    //* 2.必须接收一个参数,类型为 ProceedingJoinPoint
    //* 3.必须 throws Throwable
    public Object myAround(ProceedingJoinPoint proceedingJoinPoint)
     throws Throwable{
        //开始
        System.out.println("环绕开始");
        //执行当前目标方法
        Object obj=proceedingJoinPoint.proceed();
        //结束
        System.out.println("环绕结束");
        return obj;
    }
//异常通知
    public void myAfterThrowing(JoinPoint joinPoint , Throwable e){
```

```
            System.out.println("异常通知"+"出错了"+e.getMessage());
        }
        //最终通知
        public void myAfter(){
            System.out.println("最终通知");
        }
    }
```

在文件 14-12 中,分别定义了几种不同的通知类型的相应方法,JoinPoint 连接点作为参数传递,可以通过该参数获得目标对象的类名、目标方法名和目标方法参数等;需要注意的是,环绕通知必须接收一个类型为 ProceedingJoinPoint 的参数,返回值必须是 Object 类型,且必须抛出异常;异常通知中可以传入 Throwable 类型的参数,用来输出异常信息。

(3) 在 cn. itcast. aspectj. xml 包下,创建配置文件 applicationContext. xml,如文件 14-13 所示。

文件 14-13　applicationContext. xml

```
<?xml version="1.0" encoding="UTF-8"?>
<beans xmlns="http://www.springframework.org/schema/beans"
       xmlns:xsi="http://www.w3.org/2001/XMLSchema-instance"
       xmlns:aop="http://www.springframework.org/schema/aop"
       xsi:schemaLocation="http://www.springframework.org/schema/beans
      http://www.springframework.org/schema/beans/spring-beans.xsd
      http://www.springframework.org/schema/aop
      http://www.springframework.org/schema/aop/spring-aop.xsd">
    <!--1.目标类 -->
    <bean id="userDao" class="cn.itcast.dao.UserDaoImpl"></bean>
    <!--2.切面 -->
    <bean id="myAspect" class="cn.itcast.aspectj.xml.MyAspect"></bean>
    <!--3.aop 编程 -->
    <aop:config>
        <aop:aspect ref="myAspect">
            <!--3.1 配置切入点,通知最后增强哪些方法 -->
            <aop:pointcut expression=
                "execution(* cn.itcast.dao..*.*(..))" id="myPointCut"/>
            <!--3.2 关联通知 Advice 和切入点 pointCut -->
            <!--#1 前置通知 -->
            <aop:before method="myBefore" pointcut-ref="myPointCut"/>
            <!--#2 后置通知,在方法返回之后执行,就可以获得返回值
        returning 属性:用于设置后置通知的第二个参数的名称,类型是 Object    -->
            <aop:after-returning method="myAfterReturning"
                pointcut-ref="myPointCut" returning="returnVal"/>
            <!--#3 环绕通知 -->
            <aop:around method="myAround" pointcut-ref="myPointCut" />
<!--        #4 抛出通知:用于处理程序发生异常,就可以接收当前方法产生的异常  -->
<!--         * 注意:如果程序没有异常,将不会执行增强 -->
<!--         * throwing 属性:用于设置通知第二个参数的名称,类型 Throwable -->
            <aop:after-throwing method="myAfterThrowing"
                pointcut-ref="myPointCut" throwing="e"/>
            <!--#5 最终通知:无论程序发生任何事情,都将执行 -->
```

```
34              <aop:after method="myAfter" pointcut-ref="myPointCut"/>
35          </aop:aspect>
36      </aop:config>
37  </beans>
```

在配置文件 14-13 中,首先在第 4、7、8 行代码中,分别导入了 AOP 的命名空间;第 15 行代码指定了切面类;第 17、18 行代码配置了切入点,通知最后增强哪些方法,expression ="execution(* cn. itcast. dao. . * . * (. .))的意思是增强 cn. itcast. dao 包下所有的方法;然后关联通知 Advice 和切入点 pointCut,以第 21 行代码前置通知为例,用<aop:before>标签的 method 属性指定通知,pointcut-ref 属性指定切入点,也就是要增强的方法,其他几种通知的配置可以参考代码注释。

(4) 在 cn. itcast. aspectj. xml 包下,创建测试类 TestXML,如文件 14-14 所示。

文件 14-14 TestXML. java

```
package cn.itcast.aspectj.xml;
import org.junit.Test;
import org.springframework.context.ApplicationContext;
import
org.springframework.context.support.ClassPathXmlApplicationContext;
import cn.itcast.dao.UserDao;
public class TestXML {
    @Test
    public void demo01(){
        String xmlPath="cn/itcast/aspectj/xml/applicationContext.xml";
        ApplicationContext applicationContext=
                              new ClassPathXmlApplicationContext(xmlPath);
        //1.从 Spring 容器获得内容
        UserDao userDao=(UserDao)applicationContext.getBean("userDao");
        //2.执行方法
        userDao.save();
    }
}
```

在文件 14-14 中,为了更加清晰地演示几种通知的执行情况,只对 save()方法进行测试。

使用 JUnit4 测试运行 demo01()方法后,控制台的输出结果如图 14-5 所示。

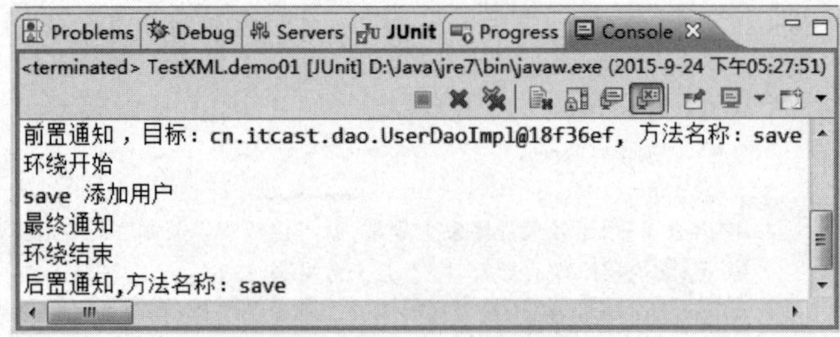

图 14-5 运行结果

异常通知的演示可以在 UserDaoImpl 类的 save()方法中添加错误代码，如添加 int i=10/0;，重新运行测试类，可以看到异常通知的执行，此时控制台的输出结果如图 14-6 所示。

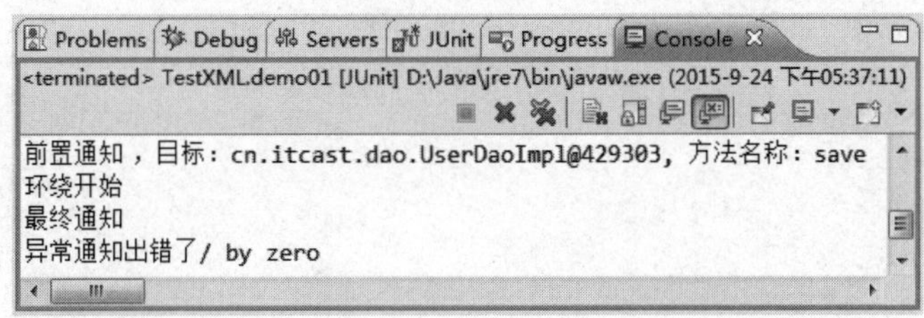

图 14-6　运行结果

从图 14-5 和图 14-6 的输出结果可以看出，基于 AspectJXML 方式实现 AOP 的效果与基于代理类 ProxyFactoryBean 的实现效果是相同的，但是前者更加方便快捷。

14.4.2　基于 Annotation 的声明式 AspectJ

与传统的 AOP 编程方式相比，基于 XML 的声明式 ApectJ 便捷得多，但是它的缺点是要在 Spring 文件中配置大量的信息。为了解决这个问题，AspectJ 框架为 AOP 提供了一套 Annotation 注解，用以取代 Spring 配置文件中为实现 AOP 功能所配置的臃肿的代码。关于 Annotation 注解的介绍具体如下。

- @AspectJ：用于定义一个切面。
- @Before：用于定义前置通知，相当于 BeforeAdvice。
- @AfterReturning：用于定义后置通知，相当于 AfterReturningAdvice。
- @Around：用于定义环绕通知，相当于 MethodInterceptor。
- @AfterThrowing：用于定义抛出通知，相当于 ThrowAdvice。
- @After：用于定义最终 final 通知，不管是否异常，该通知都会执行。
- @DeclareParents：用于定义引介通知，相当于 IntroductionInterceptor(不要求掌握)。

接下来，通过一个案例来演示在项目中如何基于注解进行 AOP 开发，重新实现 14.4.1 节的功能，具体如下。

(1) 导入 spring-test-3.2.2.RELEASE.jar，此 JAR 包是 Spring 框架的测试包，包中对 JUnit 等框架做了简单的封装。该 JAR 文件可在下载的 Spring 包的 libs 目录中找到。

(2) 在 chapter14 项目下创建包 cn.itcast.aspectj.annotation，将文件 14-12 的切面类 MyAspect 拷贝到该包下，在文件中添加注解，如文件 14-15 所示。

文件 14-15　MyAspect.java

```
package cn.itcast.aspectj.annotation;
import org.aspectj.lang.JoinPoint;
import org.aspectj.lang.ProceedingJoinPoint;
import org.aspectj.lang.annotation.After;
import org.aspectj.lang.annotation.AfterReturning;
```

```
import org.aspectj.lang.annotation.AfterThrowing;
import org.aspectj.lang.annotation.Around;
import org.aspectj.lang.annotation.Aspect;
import org.aspectj.lang.annotation.Before;
import org.aspectj.lang.annotation.Pointcut;
import org.springframework.stereotype.Component;
/*
 * 切面类,在此编写通知
 * 基于注解实现 AOP 编程
 */
@Aspect
@Component
public class MyAspect{
    //用于取代： <aop:pointcut
    //expression="execution(* cn.itcast.dao..*.*(..))" id="myPointCut"/>
    //要求：方法必须是 private 没有值 名称自定义 ,没有参数
    @Pointcut("execution(* cn.itcast.dao..*.*(..))")
    private void myPointCut(){    }
    //前置通知
    @Before("myPointCut()")
    public void myBefore(JoinPoint joinPoint){
        System.out.print("前置通知 , 目标:");
        System.out.print(joinPoint.getTarget()+", 方法名称:");
        System.out.println(joinPoint.getSignature().getName());
    }
     //后置通知
    @AfterReturning(value="myPointCut()")
    public void myAfterReturning(JoinPoint joinPoint){
        System.out.print("后置通知"+joinPoint.getSignature().getName());
            }
  //环绕通知
    @Around("myPointCut()")
    public Object myAround(ProceedingJoinPoint proceedingJoinPoint)
    throws Throwable{
        //开始
        System.out.println("环绕开始");
        //执行当前目标方法
        Object obj=proceedingJoinPoint.proceed();
        //结束
        System.out.println("环绕结束");
        return obj;
    }
      //异常通知
    @AfterThrowing(value="myPointCut()",throwing="e")
    public void myAfterThrowing(JoinPoint joinPoint , Throwable e){
        System.out.println("异常通知:出错了"+e.getMessage());
    }
     //最终通知
    @After("myPointCut()")
    public void myAfter(){
```

```
56              System.out.println("最终通知");
57          }
58      }
```

在文件 14-15 中,第 16 行@Aspect 注解用来声明这是一个切面类,该类作为组件使用,所以要添加@Component 注解才能生效;第 22 行中@Poincut 注解用来配置切入点,取代 XML 文件中配置切入点的代码;然后在每个通知相应的方法上添加注解声明,并且将切入点方法名"myPointCut"作为参数传递,指定要在哪个切入点执行这个方法,如需其他参数如异常通知的异常参数,可以根据代码提示传递相应的属性值。

(3) 在目标类 cn. itcast. dao. UserDaoImpl 中添加注解@Repository()。

(4) 在 cn. itcast. aspectj. annotation 包下,创建配置文件 applicationContext. xml,如文件 14-16 所示。

文件 14-16　applicationContext. xml

```
1   <?xml version="1.0" encoding="UTF-8"?>
2   <beans xmlns="http://www.springframework.org/schema/beans"
3         xmlns:xsi="http://www.w3.org/2001/XMLSchema-instance"
4         xmlns:aop="http://www.springframework.org/schema/aop"
5         xmlns:context="http://www.springframework.org/schema/context"
6         xsi:schemaLocation="http://www.springframework.org/schema/beans
7         http://www.springframework.org/schema/beans/spring-beans.xsd
8         http://www.springframework.org/schema/aop
9         http://www.springframework.org/schema/aop/spring-aop.xsd
10        http://www.springframework.org/schema/context
11       http://www.springframework.org/schema/context/spring-context.xsd">
12      <!--扫描包:使注解生效 -->
13      <context:component-scan
14      base-package="cn.itcast"></context:component-scan>
15      <!--使切面开启自动代理 -->
16      <aop:aspectj-autoproxy></aop:aspectj-autoproxy>
17  </beans>
```

在配置文件 14-16 中,首先导入了 AOP 命名空间及其配套的约束,使切面类中的@AspectJ 注解能够正常工作;第 13、14 行代码添加了扫描包,使注解生效,需要注意的是,这里还包括目标类 cn. itcast. dao. UserDaoImpl 的注解,所以 base-package 的值为"cn. itcast";第 16 行代码的作用是切面开启自动代理。

(5) 在 cn. itcast. aspectj. annotation 包下,创建测试类 TestAnnotation,如文件 14-17 所示。

文件 14-17　TestAnnotation. java

```
package cn.itcast.aspectj.annotation;
import org.junit.Test;
import org.junit.runner.RunWith;
import org.springframework.beans.factory.annotation.Autowired;
import org.springframework.test.context.ContextConfiguration;
import org.springframework.test.context.junit4.SpringJUnit4ClassRunner;
```

```
import cn.itcast.dao.UserDao;
@RunWith(SpringJUnit4ClassRunner.class)
@ContextConfiguration(
"classpath:cn/itcast/aspectj/annotation/applicationContext.xml")
public class TestAnnotation {
    @Autowired
    private UserDao userDao;
    @Test
    public void demo01(){
        //执行方法
        userDao.save();
    }
}
```

在文件 14-17 中，@ RunWith 注解表示这是一个 JUnit4 的测试程序；@ ContextConfiguration 注解定义了 Spring 配置文件的路径；@ Autowired 注解将 UserDao 接口的实现类对象注入到该测试类中；最后用 save()方法进行测试，控制台的输出结果如图 14-7 所示。

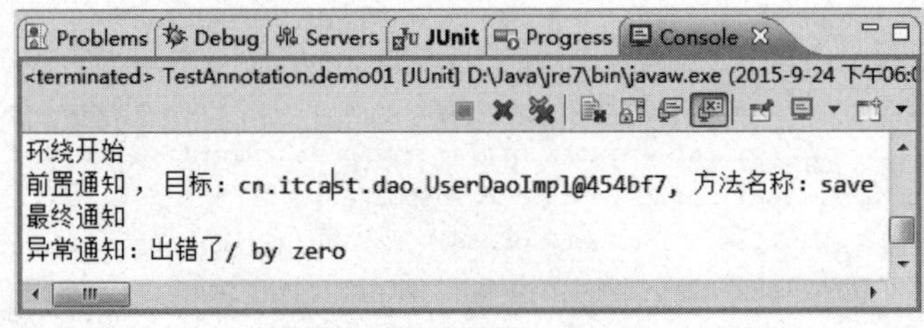

图 14-7　运行结果

删掉 save()方法中的错误代码，重新运行 save()方法，此时控制台的输出结果如图 14-8 所示。

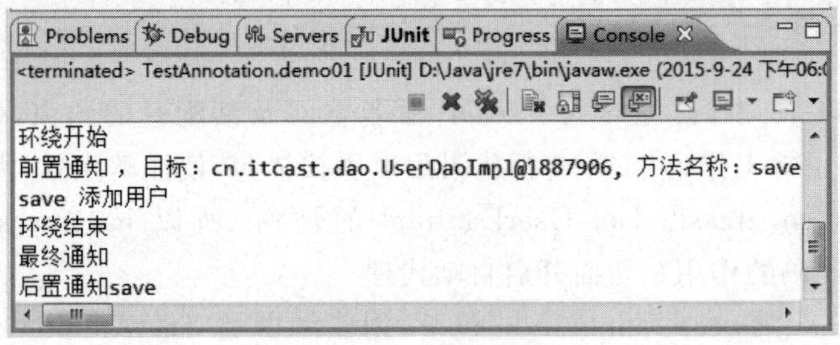

图 14-8　运行结果

从图 14-7 和图 14-8 的输出结果可以看出，基于 Annotation 注解方式实现 AOP 的效果与其他方式相比是最方便的，所以实际开发中推荐使用注解的方式。

14.5　本章小结

本章主要讲解了面向切面编程(AOP)思想，首先对 AOP 进行了简单的介绍，通过手动代理模拟了 AOP 的执行过程,然后通过案例演示了如何使用 Spring 工厂进行底层开发,最后讲解了使用 AspectJ 框架的开发过程。通过本章的学习,读者可以熟悉 AOP 的作用和相关概念、了解 AOP 的执行过程、掌握使用 AspectJ 框架进行开发的两种方式。

【思考题】

1. 请列举你所知道的 AOP 专业术语并解释。
2. 请列举你所知道的 Spring 的通知类型并解释。

扫描右方二维码,查看思考题答案!

第15章 Spring的数据库开发

学习目标

- 了解 Spring 中 JDBC 的基本概念
- 掌握 Spring JDBCTemplate 的配置
- 掌握 JDBCTemplate 的常用方法

在前几章中，已经详细介绍了 Spring 框架核心技术的基本知识，针对 Spring 框架在数据库开发中的应用主要使用的是 JDBCTemplate 类，该类作为 Spring 对 JDBC 支持的核心，提供了所有对数据库操作功能的支持。本章将针对 JDBCTemplate 类进行详细的讲解。

15.1 Spring JDBC

使用 JDBCTemplate 类可以完成对数据库的增加、删除、修改和查询等操作。Spring 中对 JDBC 的支持大大简化了开发中对数据库操作的步骤，这使得开发人员可以从烦琐的数据库操作中解脱出来，从而将更多的精力投入到业务逻辑当中。接下来我们来学习 Spring 中的 JDBCTemplate。

15.1.1 Spring JDBCTemplate 的解析

Spring 框架提出了 JdbcTemplate 类作为数据库访问类，该类是 Spring 框架数据抽象层的基础，其他更高层次的抽象类也是构建于 JdbcTemplate 类之上。所以掌握了 JdbcTemplate 类，就掌握了 Spring JDBC 数据库操作的核心。

Spring 框架提供的 JDBC 支持主要由 4 个包组成，分别是 core（核心包）、object（对象包）、dataSource（数据源包）和 support（支持包），org. springframework. jdbc. core. JdbcTemplate 类就包含在核心包中。作为 Spring JDBC 的核心，JdbcTemplate 类中包含了所有数据库操作的基本方法。

JdbcTemplate 类继承自抽象类 JdbcAccessor，同时实现了 JdbcOperations 接口。其直接父类 org. springframework. jdbc. support. JdbcAccessor 为子类提供了一些访问数据库时使用的公共属性，具体介绍如下。

- DataSource：其主要功能是获取数据库连接，具体实现时还可以引入对数据库连接的缓冲池和分布式事务的支持，它可以作为访问数据库资源的标准接口。
- SQLExceptionTranslator：org. springframework. jdbc. support. SQLExceptionTranslator 接口负责对 SQLException 进行转译工作。通过必要的设置或者获取

SQLExceptionTranslator 中的方法，可以使 JdbcTemplate 在需要处理 SQLException 时，委托 SQLExceptionTranslator 的实现类来完成相关的转译工作。

org. springframework. jdbc. core. JdbcOperations 接口定义了在 JdbcTemplate 类中可以使用的操作集合，包括添加、修改、查询和删除等操作。

Spring 中 JDBC 的配置是在 Spring 配置文件中完成的，其配置模板如文件 15-1 所示。

文件 15-1　applicationContext. xml

```
<?xml version="1.0" encoding="UTF-8"?>
<beans xmlns="http://www.springframework.org/schema/beans"
    xmlns:xsi="http://www.w3.org/2001/XMLSchema-instance"
    xsi:schemaLocation="http://www.springframework.org/schema/beans
    http://www.springframework.org/schema/beans/spring-beans.xsd">
    <!--1.配置数据源 -->
    <bean id="dataSource"
    class="org.springframework.jdbc.datasource.DriverManagerDataSource">
        <!--数据库驱动 -->
          <property name="driverClassName" value="com.mysql.jdbc.Driver"/>
        <!--连接数据库的 URL -->
          <property name="url" value="jdbc:mysql://localhost/spring"/>
        <!--连接数据库的用户名 -->
          <property name="username" value="root"/>
        <!--连接数据库的密码 -->
          <property name="password" value="itcast"/>
    </bean>
    <!--2.配置 JDBC 模板 -->
    <bean id="jdbcTemplate"
      class="org.springframework.jdbc.core.JdbcTemplate">
        <!--默认必须使用数据源 -->
        <property name="dataSource" ref="dataSource"/>
    </bean>
    <!--3.配置注入类 -->
    <bean id="xxx" class="Xxx">
        <property name="jdbcTemplate" ref="jdbcTemplate"/>
    </bean>
    ...
</beans>
```

在上述文件中，定义了三个 Bean，分别是 dataSource、jdbcTemplate 和需要注入类的 Bean。其中 dataSource 对应 org. springframework. jdbc. datasource. DriverManagerDataSource 类，用来对数据源进行配置。jdbcTemplate 对应 org. springframework. jdbc. core. JdbcTemplate 类，类中定义了 JdbcTemplate 的相关配置。

在 dataSource 中，定义了 4 个连接数据库的属性，如表 15-1 所示。

表 15-1　dataSource 的 4 个属性

属 性 名	含 义
driverClassName	所使用的驱动名称，对应驱动 JAR 包中的 Driver 类
url	数据源所在地址

续表

属 性 名	含 义
username	访问数据库的用户名
password	访问数据库的密码

表 15-1 中属性的值,需要根据数据库类型或者机器配置的不同进行相应设置。如果数据库类型不同,需要更改驱动名称。如果数据库不在本地,则需要将 localhost 替换成相应的主机 IP。

定义 id 为 jdbcTemplate 时,需要将 dataSource 注入到 jdbcTemplate 中。而在其他的类中要使用 jdbcTemplate,也需要将 jdbcTemplate 注入到使用类中(通常注入到 dao 类中)。

15.1.2 Spring JDBCTemplate 的常用方法

在 JdbcTemplate 类中,提供了大量的查询和更新数据库的方法,本节中将对一些常用方法进行讲解。

(1) 在 MySQL 中创建一个名称为 spring 的数据库,创建方式如图 15-1 所示。

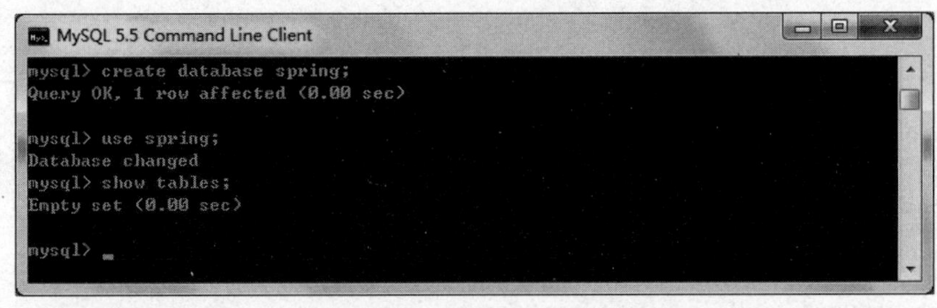

图 15-1 创建 spring 数据库

在图 15-1 中,首先使用创建数据库的 SQL 语句进行创建,然后进入名称为 spring 的数据库,使用 show tables 语句查看数据库中的表,其结果显示为空。

(2) 使用 Eclipse 创建一个名称为 chapter15 的 Web 项目,将 Spring 所需的 5 个基础 JAR 包放到项目的 lib 目录中。由于使用的是 MySQL 数据库,所以还需要将 MySQL 的驱动 JAR 包以及使用 Spring JDBC 操作数据库所需 JAR 包一同放到项目的 lib 目录中,其中使用 Spring JDBC 操作数据库所需 JAR 包需要在 Spring 解压包的 libs 目录中找到 spring-jdbc-3. 2. 2. RELEASE .jar 和 spring-tx-3. 2. 2. RELEASE. jar,并添加到项目的 lib 目录中,spring-jdbc-3. 2. 2. RELEASE. jar 是 Spring 对 JDBC 支持的 JAR,而 spring-tx-3. 2. 2 . RELEASE. jar 是 Spring 处理事务的 JAR。项目中 lib 目录下的 JAR 包如图 15-2 所示。

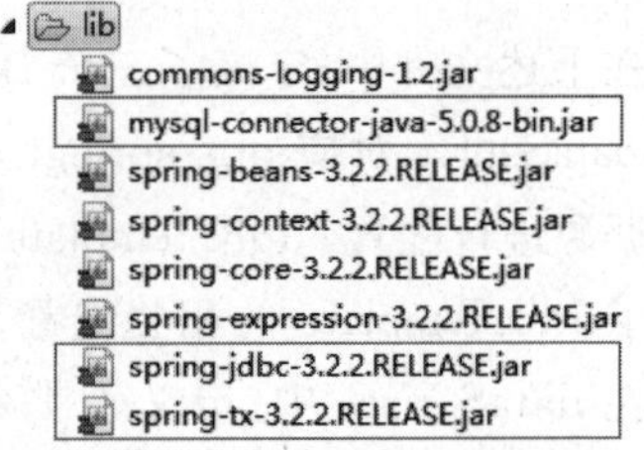

图 15-2 项目中 lib 目录下的 JAR 包

1. execute()方法

execute(Stringsql)方法能够完成执行 SQL 语句的功能。下面以创建数据表的 SQL 语句为例,来演示此方法的使用。

(1) 在项目的 src 目录下,创建一个名称为 cn. itcast. jdbc 的包,在该包中新建一个名称为 JdbcTemplateBeans. xml 的配置文件,如文件 15-2 所示。

文件 15-2 JdbcTemplateBeans. xml

```
<?xml version="1.0" encoding="UTF-8"?>
<beans xmlns="http://www.springframework.org/schema/beans"
    xmlns:xsi="http://www.w3.org/2001/XMLSchema-instance"
    xsi:schemaLocation="http://www.springframework.org/schema/beans
    http://www.springframework.org/schema/beans/spring-beans.xsd">
    <!--1.配置数据源 -->
<bean id="dataSource"
    class="org.springframework.jdbc.datasource.DriverManagerDataSource">
        <!--数据库驱动 -->
          <property name="driverClassName" value="com.mysql.jdbc.Driver"/>
        <!--连接数据库的 URL -->
          <property name="url" value="jdbc:mysql://localhost/spring"/>
        <!--连接数据库的用户名 -->
          <property name="username" value="root"/>
        <!--连接数据库的密码 -->
          <property name="password" value="itcast"/>
</bean>
    <!--2.配置 JDBC 模板 -->
<bean id="jdbcTemplate"
       class="org.springframework.jdbc.core.JdbcTemplate">
    <!--默认必须使用数据源 -->
    <property name="dataSource" ref="dataSource"/>
 </bean>
</beans>
```

在配置文件 15-2 中,配置了 id 为 dataSource 的数据源 Bean 和 id 为 jdbcTemplate 的 JDBC 模板 Bean,并将数据源注入到 JDBC 模板中。

(2) 在 cn. itcast. jdbc 包中,新建一个名称为 JdbcTemplateTest 的类,如文件 15-3 所示。

文件 15-3 JdbcTemplateTest. java

```
package cn.itcast.jdbc;
import org.junit.Test;
import org.springframework.context.ApplicationContext;
import
org.springframework.context.support.ClassPathXmlApplicationContext;
import org.springframework.jdbc.core.JdbcTemplate;
public class JdbcTemplateTest {
/**
```

```
     * 使用 execute()方法建表
     */
    @Test
    public void createTableTest(){
        //定义配置文件路径
        String xmlPath="cn/itcast/jdbc/JdbcTemplateBeans.xml";
        //加载配置文件
        ApplicationContext applicationContext=
                                  new ClassPathXmlApplicationContext(xmlPath);
         //获取 jdbcTemplate 实例
        JdbcTemplate jdTemplate=
                   (JdbcTemplate)applicationContext.getBean("jdbcTemplate");
        //使用 execute 方法执行 SQL 语句,创建数据表
        jdTemplate.execute("create table t_user("+
                           "userid int primary key auto_increment,"+
                           "username varchar(50),"+
                           "password varchar(32))");
        }
    }
```

在文件 15-3 中,定义了一个 execute()方法,该方法用于创建表。Spring 容器所获取的是在配置文件中定义的 JdbcTemplate 接口实现类的实例,然后使用该实例的 execute(String)sql 方法执行创建数据表的 SQL 语句。使用 JUnit4 测试运行 createTableTest()方法后,再次查询 spring 数据库,其结果如图 15-3 所示。

```
MySQL 5.5 Command Line Client
mysql> show tables;
+-----------------+
| Tables_in_spring |
+-----------------+
| t_user          |
+-----------------+
1 row in set (0.00 sec)

mysql>
```

图 15-3 spring 数据库中的表

从图 15-3 中可以看出,程序使用 execute(String)sql 方法已成功创建了数据表 t_user。t_user 表的表结构如图 15-4 所示。

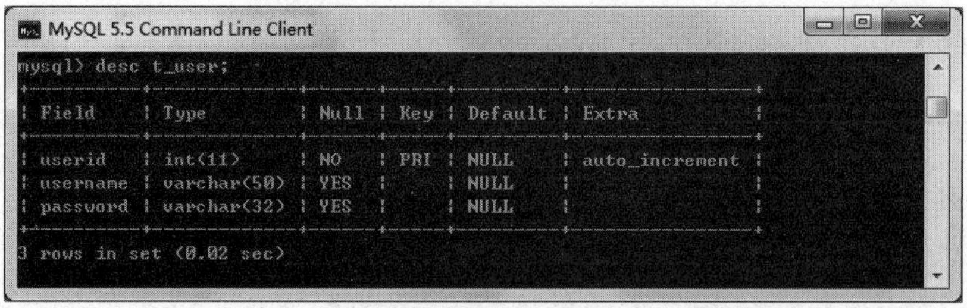

```
MySQL 5.5 Command Line Client
mysql> desc t_user;
+----------+-------------+------+-----+---------+----------------+
| Field    | Type        | Null | Key | Default | Extra          |
+----------+-------------+------+-----+---------+----------------+
| userid   | int(11)     | NO   | PRI | NULL    | auto_increment |
| username | varchar(50) | YES  |     | NULL    |                |
| password | varchar(32) | YES  |     | NULL    |                |
+----------+-------------+------+-----+---------+----------------+
3 rows in set (0.02 sec)
```

图 15-4 t_user 表结构

2. update()方法

update()方法可以完成插入、更新和删除的操作。在 update()方法中,存在多个重载的方法,具体介绍如下。

- int update(Stringsql):该方法是最简单的 update 方法重载形式,它直接执行传入的 SQL 语句并返回受影响的行数。
- int update(PreparedStatementCreatorpsc):该方法执行从 PreparedStatementCreator 返回的语句,然后返回受影响的行数。
- int update(Stringsql,PreparedStatementSetterpss):该方法通过 PreparedStatement-Setter 设置 SQL 语句中的参数,并返回受影响的行数。
- int update(Stringsql,Object...args):该方法使用 Object...设置 SQL 语句中的参数,要求参数不能为 NULL,并返回受影响的行数。

接下来,通过一个具体案例来演示 update()方法的使用。

(1) 在 chapter15 项目的 cn.itcast.jdbc 包中,新建一个名称为 User 的类,如文件 15-4 所示。

文件 15-4　User.java

```
package cn.itcast.jdbc;
/**
 * 实体类 User
 */
public class User {
    private Integer userid;                         //用户 id
    private String username;                        //用户名
    private String password;                        //密码
    public Integer getUserid(){
        return userid;
    }
    public void setUserid(Integer userid){
        this.userid=userid;
    }
    public String getUsername(){
        return username;
    }
    public void setUsername(String username){
        this.username=username;
    }
    public String getPassword(){
        return password;
    }
    public void setPassword(String password){
        this.password=password;
    }
    @Override
    public String toString(){
        return "UserDao [userid="+userid+", username="+username
```

```
            +", password="+password+"]";
    }
}
```

在文件 15-4 中，定义了 userid、username 和 password 三个属性，以及对应的 getter 和 setter 方法，为了输出时可以显示结果，还定义了一个 toString()方法。

(2) 在 cn. itcast. jdbc 包中创建一个名称为 UserDao 的接口，如文件 15-5 所示。

文件 15-5 UserDao. java

```
package cn.itcast.jdbc;
import java.util.List;
public interface UserDao {
    //添加用户
    public int addUser(User user);
    //更新用户
    public int updateUser(User user);
    //删除用户
    public int deleteUserById(int id);
}
```

在文件 15-5 中，定义了添加用户、更新用户和删除用户的方法，这些方法的具体实现需要在其实现类 UserDaoImpl 中完成。

(3) 在 cn. itcast. jdbc 包中创建 UserDao 接口的实现类 UserDaoImpl，如文件 15-6 所示。

文件 15-6 UserDaoImpl. java

```
package cn.itcast.jdbc;
import org.springframework.jdbc.core.JdbcTemplate;
//UserDao 的实现类
public class UserDaoImpl implements UserDao{
    //定义 JdbcTemplate 属性及其 getter 和 setter 方法
    private JdbcTemplate jdbcTemplate;
    public JdbcTemplate getJdbcTemplate(){
        return jdbcTemplate;
    }
    public void setJdbcTemplate(JdbcTemplate jdbcTemplate){
        this.jdbcTemplate=jdbcTemplate;
    }

     //添加用户
    public int addUser(User user){
        //定义 SQL 语句
        String sql="insert into t_user(username,password)values(?,?)";
        //存放 SQL 语句的参数
        Object[] obj=new Object[]{
            user.getUsername(),
            user.getPassword()
        };
```

```
            //获取返回结果
            int flag=this.jdbcTemplate.update(sql, obj);
            return flag;
        }
        //更新用户数据
        public int updateUser(User user){
            //定义 SQL 语句
            String sql="update t_user set username=?"+
                                        ",password=?where userid=?";
            Object[] params=new Object[]{ //存放 SQL 语句的参数
                    user.getUsername(),
                    user.getPassword(),
                    user.getUserid()
            };
            //获取返回结果
            int flag=this.jdbcTemplate.update(sql, params);
            return flag;
        }
         //删除用户
        public int deleteUserById(int id){
            //定义 SQL 语句
            String sql ="delete from t_user where userid=?";
            //获取返回结果
            int flag=this.jdbcTemplate.update(sql, id);
            return flag;
        }
    }
```

在文件 15-6 中，首先定义了 JdbcTemplate 的属性及其 getter 和 setter 方法，以便 Spring 进行注入。然后分别使用 update()方法实现了插入更新和删除操作。从三种操作的代码中可以看出，插入、更新和删除操作类似，只是定义的 SQL 语句有所不同。

(4) 在 JdbcTemplateBeans. xml 中定义一个 id 为 userDao 的 Bean，该 Bean 将 JdbcTemplate 的实现类对象注入到 UserDao 接口的实现类中，其代码如下所示。

```
<!--将 jdbcTemplate 对象注入到 userDao 实现类中 -->
<bean id="userDao" class="cn.itcast.jdbc.UserDaoImpl">
    <property name="jdbcTemplate" ref="jdbcTemplate"/>
</bean>
```

(5) 在测试类 JdbcTemplateTest 中添加一个名称为 addUserTest()的方法，来测试插入操作，代码如下所示：

```
//添加用户
@Test
public void addUserTest(){
        //定义配置文件路径
        String xmlPath="cn/itcast/jdbc/JdbcTemplateBeans.xml";
        //创建 Spring 容器,加载配置文件
```

```
        ApplicationContext applicationContext=
                        new ClassPathXmlApplicationContext(xmlPath);
        //获取 userDao 实例
        UserDao userDao=(UserDao)applicationContext.getBean("userDao");
        User user=new User();
         //向 user 对象添加属性值
        user.setUsername("jack");
        user.setPassword("1234");
        //调用 addUser 方法,获取返回结果
        int flag=userDao.addUser(user);
        if(flag==1){
            System.out.println("添加用户成功");
        }else{
            System.out.println("添加用户失败");
        }
}
```

在上述代码中，获取了 UserDao 实现类的实例后，又创建了 user 对象，并添加属性值。然后调用了 UserDao 实现类中的 addUser()方法向数据表中插入数据，并获取返回结果。由于方法中只插入一条数据，所以受影响的行数就为 1 行。为了在操作后控制台有显示结果，所以下面又通过返回结果判断是否添加成功。使用 JUnit4 测试运行 addUserTest()方法后，控制台的输出结果如图 15-5 所示。

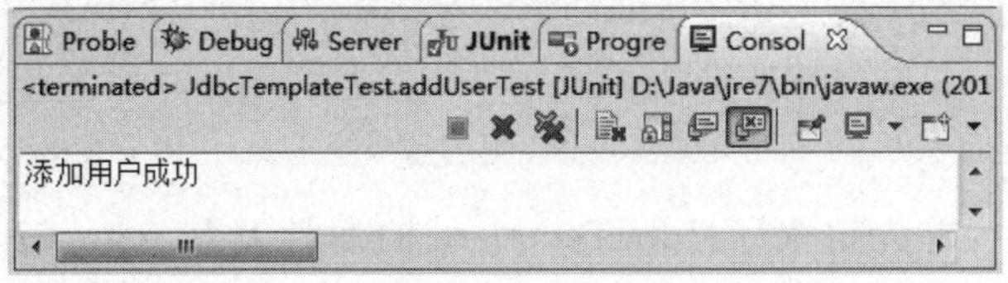

图 15-5　执行 addUserTest()方法后的控制台输出

此时再次查询数据库中的 t_user 表，其结果如图 15-6 所示。

```
MySQL 5.5 Command Line Client

mysql> select * from t_user;
+--------+----------+----------+
| userid | username | password |
+--------+----------+----------+
|      1 | jack     | 1234     |
+--------+----------+----------+
1 row in set (0.00 sec)

mysql> _
```

图 15-6　执行 addUserTest()方法后的 t_user 表

从图 15-6 中可以看出，使用 JdbcTemplate 的 update()方法已成功向数据表中增加了一条数据。

(6) 执行完插入操作后，接下来使用 JdbcTemplate 的 update()方法执行更新操作，在测试类 JdbcTemplateTest 中添加一个名称为 updateUserTest()的测试方法，代码如下所示：

```
//更新数据
@Test
public void updateUserTest(){
    String xmlPath="cn/itcast/jdbc/JdbcTemplateBeans.xml";
    ApplicationContext applicationContext=
                            new ClassPathXmlApplicationContext(xmlPath);
    UserDao userDao=(UserDao)applicationContext.getBean("userDao");
    User user=new User();
    user.setUserid(1);
    user.setUsername("tom");
    user.setPassword("1111");
  //调用 userDao 中的 updateUser()方法执行更新
    int flag=userDao.updateUser(user);
    if(flag==1){
        System.out.println("修改用户成功");
    }else{
        System.out.println("修改用户失败");
    }
}
```

上述代码中，修改了 id 为 1 的用户信息，使用 JUnit4 成功测试运行 updateUserTest() 方法后，再次查询 t_user 表中数据，其结果如图 15-7 所示。

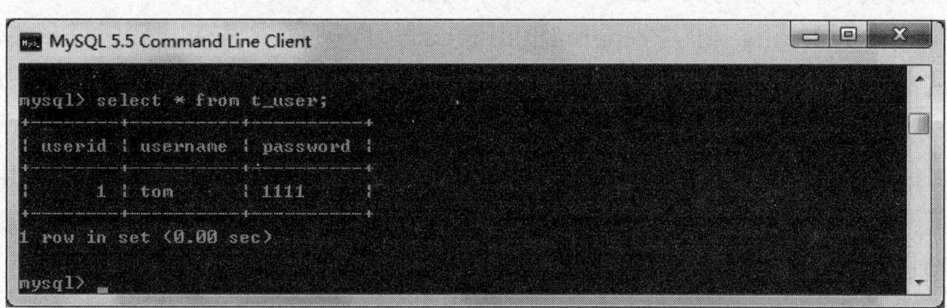

图 15-7　执行 updateUserTest()方法后的数据表

从图 15-7 中可以看出，已成功修改 t_user 表中 id 为 1 的用户数据。

(7) 编写使用 update 执行删除操作的测试方法。在测试类 JdbcTemplateTest 中添加一个名称为 deleteUserTest()的方法，代码如下所示：

```
//删除数据
@Test
public void deleteUserTest(){
    String xmlPath="cn/itcast/jdbc/JdbcTemplateBeans.xml";
    ApplicationContext applicationContext=
                            new ClassPathXmlApplicationContext(xmlPath);
    UserDao userDao=(UserDao)applicationContext.getBean("userDao");
  //调用 userDao 中的 deleteUserById()方法执行删除操作
    int flag=userDao.deleteUserById(1);
    if(flag==1){
        System.out.println("删除用户成功");
    }else{
        System.out.println("删除用户失败");
    }
}
```

上述代码中，获取了 UserDao 实现类的实例后，使用了 UserDao 实现类中的 deleteUserById()方法来执行删除操作。使用 JUnit4 测试运行 deleteUserTest()方法后，再次查询数据库中的 t_user 表，其结果如图 15-8 所示。

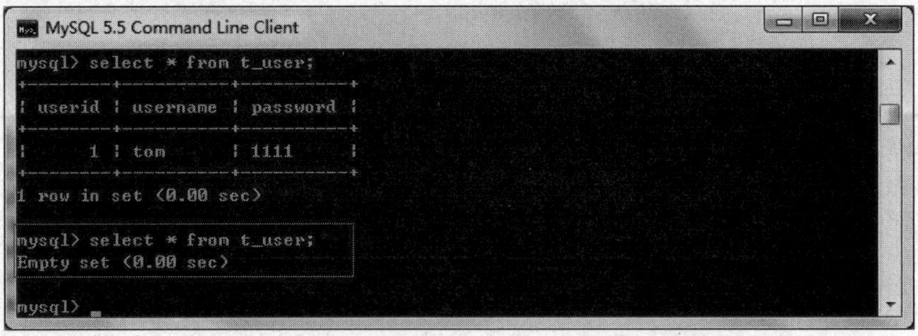

```
MySQL 5.5 Command Line Client
mysql> select * from t_user;
+--------+----------+----------+
| userid | username | password |
+--------+----------+----------+
|      1 | tom      | 1111     |
+--------+----------+----------+
1 row in set (0.00 sec)

mysql> select * from t_user;
Empty set (0.00 sec)

mysql> _
```

图 15-8 执行 deleteUserTest()方法后的数据表

从图 15-8 中可以看出，使用 deleteUserTest()方法已成功删除了 t_user 表中的数据。

3. query()

JdbcTemplate 对 JDBC 的流程做了封装，并提供了大量的 query()方法来处理各种对数据库表的查询操作。常用的 query()方法介绍如下。

- List query(String sql, PreparedStatementSetterpss, RowMapper rowMapper)：该方法根据 String 类型参数提供的 SQL 语句创建 PreparedStatement 对象，通过 RowMapper 将结果返回到 List 中。
- List query(String sql, Object[]args, RowMapper rowMapper)：该方法使用 Object[]的值来设置 SQL 语句中的参数值，采用 RowMapper 回调方法可以直接返回 List 类型的数据。
- queryForObject(String sql, Object[]args, RowMapper rowMapper)：该方法将 args 参数绑定到 SQL 语句中，通过 RowMapper 返回单行记录，并转换为一个 Object 类型返回。
- queryForList(String sql, Object[]args, class＜T＞elementType)：该方法可以返回多行数据的结果，但必须是返回列表，elementType 参数返回的是 List 元素类型。

了解了 query()的几个常用方法后，接下来通过具体案例来演示 query()方法的使用。

(1) 向数据表 t_user 中插入几条数据，插入后的 t_user 表数据如图 15-9 所示。

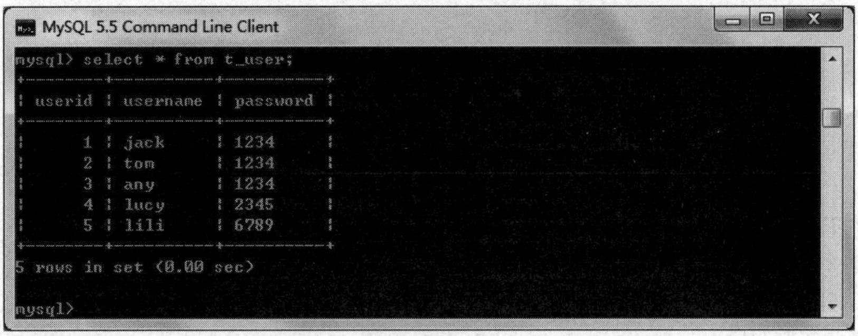

```
MySQL 5.5 Command Line Client
mysql> select * from t_user;
+--------+----------+----------+
| userid | username | password |
+--------+----------+----------+
|      1 | jack     | 1234     |
|      2 | tom      | 1234     |
|      3 | any      | 1234     |
|      4 | lucy     | 2345     |
|      5 | lili     | 6789     |
+--------+----------+----------+
5 rows in set (0.00 sec)

mysql>
```

图 15-9 插入数据后的 t_user 表

(2) 在 chapter15 项目的 UserDao 接口中，分别添加一个单个查询和查询所有的方法，代码如下所示：

```
//根据 id 查询
public User findUserById(int id);
//查询所有用户
public List<User>findAllUser();
```

(3) 在其实现类 UserDaoImpl 中，实现这两个方法，并在两个方法中使用 query()方法进行查询，具体代码如下所示：

```
//根据 id 查询用户
public User findUserById(int id){
    //定义 SQL 语句
    String sql="select * from t_user where userid=?";
    //将结果集通过 Java 的反射机制映射到 Java 对象中
    RowMapper<User> rowMapper=ParameterizedBeanPropertyRowMapper
                                        .newInstance(User.class);
    //使用 queryForObject()方法查询，返回单行记录
    return this.jdbcTemplate.queryForObject(sql, rowMapper, id);
}
//查询所有用户
public List<User> findAllUser(){
    //定义 SQL 语句
    String sql="select * from t_user";
    //将结果集通过 Java 的反射机制映射到 Java 对象中
    RowMapper<User> rowMapper=ParameterizedBeanPropertyRowMapper
                                          .newInstance(User.class);
    //使用 query()方法执行查询，并返回一个集合
    return this.jdbcTemplate.query(sql, rowMapper);
}
```

在上述代码的 findUserById()方法中，首先定义了一个通过 id 查询数据的 SQL 语句，然后使用 Spring 提供的默认实现类 ParameterizedBeanPropertyRowMapper 将结果集通过 Java 的反射机制映射到 Java 对象中，需要注意的是，使用此类要求数据表的列必须和 Java 对象的属性对应。最后使用 queryForObject()方法执行查询，并返回单行记录。

在 findAllUser()方法中，同样使用了 ParameterizedBeanPropertyRowMapper 将结果集通过 Java 的反射机制映射到 Java 对象中，最后使用 query()方法执行查询，其返回值是一个集合。

(4) 在测试类 JdbcTemplateTest 中添加一个名称为 findUserByIdTest()的方法，具体代码如下所示：

```
//根据 id 查找用户
@Test
public void findUserByIdTest(){
    //定义配置文件路径
    String xmlPath="cn/itcast/jdbc/JdbcTemplateBeans.xml";
    //创建 Spring 容器，加载配置文件
```

```
    ApplicationContext applicationContext=
                        new ClassPathXmlApplicationContext(xmlPath);
    //获取 userDao 实例
    UserDao userDao=(UserDao)applicationContext.getBean("userDao");
    //调用 findUserById()方法,获取 user 对象
    User user=userDao.findUserById(1);
    //输出查询结果
    System.out.println(user);
}
```

在上述代码中,获取了 UserDao 实现类的实例后,调用了 UserDao 实现类中的 findUserById()方法来查询 id 为 1 的对象,最后输出查询结果。使用 JUnit4 测试运行 findUserByIdTest()方法,运行成功后,控制台的输出结果如图 15-10 所示。

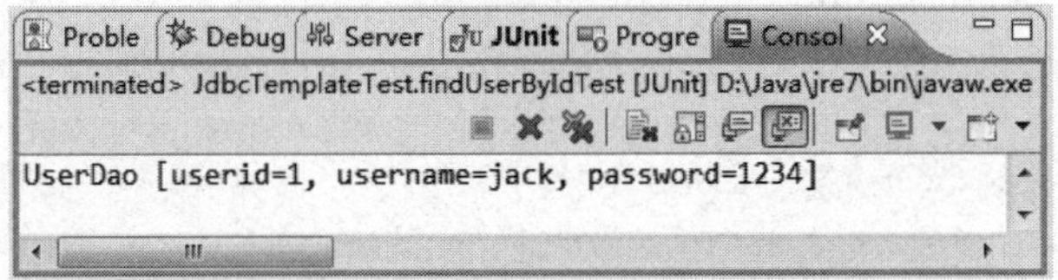

图 15-10 执行 findUserByIdTest()方法后的控制台输出

从图 15-10 中可以看出,findUserByIdTest()方法已经查询出结果,说明使用 queryForObject()方法执行成功。

(5) 测试完单数据查询方法后,接下来测试查询所有数据的方法。在测试类 JdbcTemplateTest 中添加一个名称为 findAllUserTest()的方法,具体代码如下所示:

```
//查找所有用户
@Test
public void findAllUserTest(){
    //定义配置文件路径
    String xmlPath="cn/itcast/jdbc/JdbcTemplateBeans.xml";
    //创建 Spring 容器,加载配置文件
    ApplicationContext applicationContext=
                        new ClassPathXmlApplicationContext(xmlPath);
    //获取 userDao 实例
    UserDao userDao=(UserDao)applicationContext.getBean("userDao");
    //调用 findAllUser()方法,获取 user 对象集合
    List<User>user=userDao.findAllUser();
    //循环输出集合中的对象
    for(User u : user){
        System.out.println(u);
    }
}
```

上述代码中,获取 UserDao 实现类的实例后,调用了 UserDao 实现类的 findAllUser()方法来查询所有数据对象,最后循环输出集合中的对象。使用 JUnit4 测试运行 findAllUserTest()方法后,控制台的输出结果如图 15-11 所示。

从图 15-11 中可以看出,findAllUserTest()方法执行成功,并将数据库中的 5 条数据全

```
<terminated> JdbcTemplateTest.findAllUserTest [JUnit] D:\Java\jre7\bin\javaw.exe (2
UserDao [userid=1, username=jack, password=1234]
UserDao [userid=2, username=tom, password=1234]
UserDao [userid=3, username=any, password=1234]
UserDao [userid=4, username=lucy, password=2345]
UserDao [userid=5, username=lili, password=6789]
```

图 15-11　执行完 findAllUserTest()方法后的控制台输出

部查询出来。

15.2　本章小结

本章对 Spring 框架中，使用 JdbcTemplate 类进行数据操作做了详细的讲解，并通过案例演示了 JdbcTemplate 类中常用方法的使用。通过本章的学习，读者能够学会使用 Spring JdbcTemplate 进行数据库开发，并且可以深入地体会到使用 Spring 框架的优势。

【思考题】

请简单描述 Spring JDBCTemplate 的优势。

扫描右方二维码，查看思考题答案！

第 16 章 Spring事务管理

学习目标

- 熟悉 Spring 事务管理的三个核心接口
- 了解 Spring 事务管理的原始方式
- 掌握 Spring 基于 AOP 的事务管理方式

在实际开发中都会涉及事务管理的问题，提到事务管理我们常常想到繁复的代码和手动操作，为此，Spring 提供了事务管理的 API，Spring 事务管理简化了传统的事务管理流程，在一定程度上减少了开发者的工作量。本章将针对 Spring 事务管理进行详细的讲解。

16.1 Spring 事务管理的三个核心接口

Spring 的事务管理是基于 AOP 实现的，而 AOP 是以方法为单位的。Spring 的事务属性分别为传播行为、隔离级别、只读和超时属性，所有这些属性提供了事务应用的方法和描述策略。JavaEE 的开发经常采用分层模式，Spring 的事务处理位于业务逻辑层并提供了针对性的解决方案。

在 Spring 解压包的 libs 目录中，包含一个名称为 spring-tx-3.2.2.RELEASE.jar 的文件，该文件是 Spring 提供的用于事务管理的 JAR 包，其中包括事务管理的三个核心接口：PlatformTransactionManager、TransactionDefinition 和 TransactionStatus。将该 JAR 包的后缀名.jar 改成.zip 的形式后，解压压缩包，单击进入解压文件夹中的\org\springframework\transaction 目录后，该目录中的文件如图 16-1 所示。

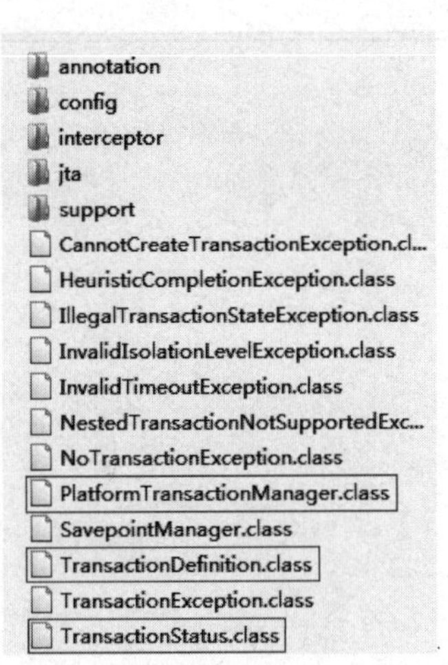

图 16-1 事务管理核心接口

在图 16-1 中，框线标注的三个接口文件就是将要讲解的核心接口，接下来对这三个接口分别进行讲解。

1. PlatformTransactionManager

PlatformTransactionManager 接口是 Spring 提供的平台事务管理器，用于管理事务。该接口中提供了三个事务操作方法，具体如下。

- TransactionStatus getTransaction(TransactionDefinition definition)：用于获取事

务状态信息。

- void commit(TransactionStatus status)：用于提交事务。
- void rollback(TransactionStatus status)：用于回滚事务。

在项目中通过 XML 配置事务的详细信息，Spring 将这些信息封装到对象 TransactionDefinition 中，通过事务管理器的 getTransaction()方法获得事务的状态 TransactionStatus，就可以对事务进行下一步的操作。

2. TransactionDefinition

TransactionDefinition 接口是事务定义(描述)对象，提供事务相关信息获取的方法，包括 5 个操作，具体如下。

- String getName()：获取事务对象名称。
- int getIsolationLevel()：获取事务的隔离级别。
- int getPropagationBehavior()：获取事务的传播行为。
- int getTimeout()：获取事务的超时时间。
- boolean isReadOnly()：获取事务是否只读。

上述方法中需要注意事务传播行为的概念，事务的传播行为是指在同一个方法中，不同操作前后所使用的事务，传播行为的种类如表 16-1 所示。

表 16-1　传播行为的种类

属性名称	值	描述
PROPAGATION_REQUIRED	required	支持当前事务。如果 A 方法已经在事务中，B 将直接使用。如果没有将创建新事务
PROPAGATION_SUPPORTS	supports	支持当前事务。如果 A 方法已经在事务中，B 将直接使用。如果没有将以非事务状态执行
PROPAGATION_MANDATORY	mandatory	支持当前事务。如果 A 方法没有事务，将抛异常
PROPAGATION_REQUIRES_NEW	requires_new	将创建新的事务，如果 A 方法已经在事务中，将 A 事务挂起
PROPAGATION_NOT_SUPPORTED	not_supported	不支持当前事务，总是以非事务状态执行。如果 A 方法已经在事务中，将挂起
PROPAGATION_NEVER	never	不支持当前事务，如果 A 方法在事务中，将抛异常
PROPAGATION_NESTED	nested	嵌套事务，底层将使用 Savepoint 形成嵌套事务

在事务管理过程中，传播行为可以控制是否需要创建事务以及如何创建事务，通常情况下，数据的查询不会影响原数据的改变，所以不需要进行事务管理，而对于数据的增加、修改、删除等操作，必须进行事务管理，如果没有指定事务的传播行为，Spring3 默认传播行为是 required。

3. TransactionStatus

TransactionStatus 接口是事务的状态，描述了某一时间点上事务的状态信息，包含 6 个操作,具体如下。

- void flush():刷新事务。
- boolean hasSavepoint():获取是否存在保存点。
- boolean isCompleted():获取事务是否完成。
- boolean isNewTransaction():获取是否是新事务。
- boolean isRollbackOnly():获取是否回滚。
- void setRollbackOnly():设置事务回滚。

16.2 TransactionProxyFactoryBean

Spring 的事务管理分为两种方式,分别为声明式事务管理和编程式事务管理。

编程式事务管理使用事务管理模板 TransactionTemplate 手动地管理事务,在实际开发中一般不使用,这里作为了解即可。

声明式事务管理是 Spring 最原始的事务管理方式,我们需要在配置文件中定义数据源和事务管理器,然后把事务管理器注入到 TransactionProxyFactoryBean 中,设置目标类和事务的相关属性,使用 TransactionProxyFactoryBean 生成代理,它的优势在于代码中无须关注事务逻辑,而是交给 Spring 容器进行事务控制。

接下来,我们通过银行转账的案例来讲解如何使用 TransactionProxyFactoryBean 实现 Spring 声明式事务管理。

(1) 在名称为 spring 的数据库中创建数据表 account,并向表中插入两条数据,其 SQL 语句如下所示:

```
USE spring;
CREATE TABLE 'account'(
  'id' INT(11)PRIMARY KEY NOT NULL AUTO_INCREMENT,
  'name' VARCHAR(20)NOT NULL,
  'money' INT DEFAULT NULL
);
INSERT INTO 'account' VALUES('1', 'jack', 1000);
INSERT INTO 'account' VALUES('2', 'rose', 1000);
```

创建后的数据表如图 16-2 所示。

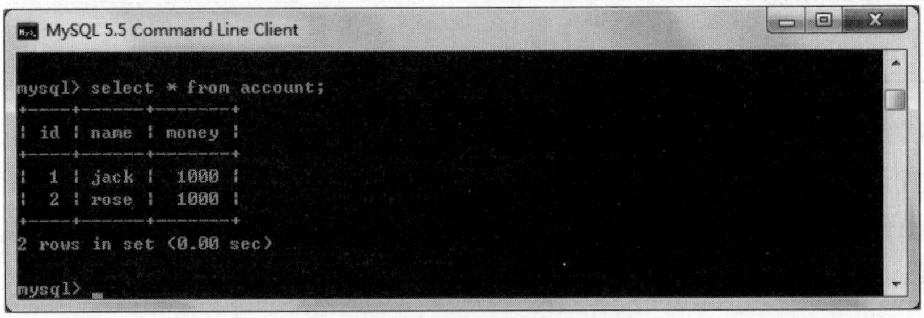

```
MySQL 5.5 Command Line Client
mysql> select * from account;
+----+------+-------+
| id | name | money |
+----+------+-------+
|  1 | jack |  1000 |
|  2 | rose |  1000 |
+----+------+-------+
2 rows in set (0.00 sec)

mysql> _
```

图 16-2 account 表中的数据

(2) 新建 Java 项目 chapter16，在该项目的根目录下创建 lib 文件夹，将项目所需的 JAR 包复制到 lib 文件夹下，并将所有 JAR 添加到类路径中，如图 16-3 所示。

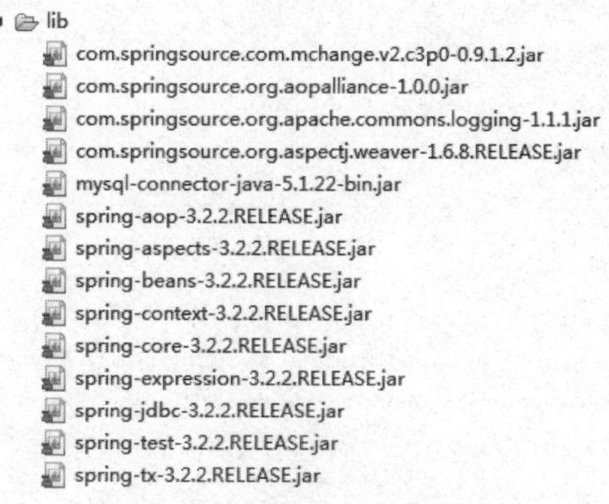

图 16-3　需要导入的 JAR

从图 16-3 中可以看出，这里导入了 spring-tx-3. 2. 2. RELEASE. jar(事务管理)，另外还有 mysql、jdbc 和 c3p0 的 JAR 包等。

(3) 在项目 chapter16 的 src 目录下创建文件 c3p0-db. properties，这里使用 c3p0 数据源，需要在该文件中进行如下配置。

```
jdbc.driverClass=com.mysql.jdbc.Driver
jdbc.jdbcUrl=jdbc:mysql:///spring
jdbc.user=root
jdbc.password=itcast
```

(4) 在 chapter16 项目下的 src 目录中创建包 cn. itcast. dao，在该包下创建接口 AccountDao，如文件 16-1 所示。

文件 16-1　AccountDao. java

```
package cn.itcast.dao;
public interface AccountDao {
    //汇款
    public void out(String outUser ,int money);
    //收款
    public void in(String inUser ,int money);
}
```

在文件 16-1 中，定义了两个待实现的方法：out()汇款和 in()收款。在 chapter16 项目的 src 目录下创建包 cn. itcast. dao. impl，在该包下创建实现类 AccountDaoImpl，如文件 16-2 所示。

文件 16-2　AccountDaoImpl. java

```
package cn.itcast.dao.impl;
import org.springframework.jdbc.core.JdbcTemplate;
import cn.itcast.dao.AccountDao;
public class AccountDaoImpl implements AccountDao {
```

```
    private JdbcTemplate jdbcTemplate;
    public void setJdbcTemplate(JdbcTemplate jdbcTemplate){
        this.jdbcTemplate=jdbcTemplate;
    }
    //汇款的实现方法
    public void out(String outUser, int money){
        this.jdbcTemplate.update("update account set money=money-?"+
                " where name=?", money, outUser);
    }
    //收款的实现方法
    public void in(String inUser, int money){
        this.jdbcTemplate.update("update account set money=money+?"+
                "where name=?", money, inUser);
    }
}
```

在文件 16-2 中，使用了 JdbcTemplate 类，使汇款和收款操作的方法在被调用时执行相应的 SQL 语句。

（5）在 chapter16 项目的 src 目录下创建包 cn. itcast. service，在该包下创建接口 AccountService，如文件 16-3 所示。

文件 16-3 AccountService. java

```
package cn.itcast.service;
public interface AccountService {
    //转账
    public void transfer(String outUser,String inUser ,int money);
}
```

在文件 16-3 中，定义了转账方法 transfer()，在 src 目录中创建包 cn. itcast. service. impl，在该包下创建实现类 AccountServiceImpl，如文件 16-4 所示。

文件 16-4 AccountServiceImpl. java

```
package cn.itcast.service.impl;
import cn.itcast.dao.AccountDao;
import cn.itcast.service.AccountService;
public class AccountServiceImpl implements AccountService {
    private AccountDao accountDao;
    public void setAccountDao(AccountDao accountDao){
        this.accountDao=accountDao;
    }
    @Override
    public void transfer(String outUser, String inUser, int money){
        this.accountDao.out(outUser, money);
        this.accountDao.in(inUser, money);
    }
}
```

文件 16-4 中，对转账的方法进行了具体的实现，根据参数调用 dao 层相应的方法。

（6）在 src 目录下创建 Spring 配置文件 applicationContext. xml，如文件 16-5 所示。

文件 16-5　applicationContext. xml

```
<?xml version="1.0" encoding="UTF-8"?>
<beans xmlns="http://www.springframework.org/schema/beans"
       xmlns:xsi="http://www.w3.org/2001/XMLSchema-instance"
       xmlns:context="http://www.springframework.org/schema/context"
       xsi:schemaLocation="http://www.springframework.org/schema/beans
http://www.springframework.org/schema/beans/spring-beans.xsd
 http://www.springframework.org/schema/context
http://www.springframework.org/schema/context/spring-context.xsd">
    <!--0 加载 properties 文件 -->
<context:property-placeholder location="classpath:c3p0-db.properties"/>
    <!--1. 配置数据源,读取 properties 文件信息-->
    <bean id="dataSource"
          class="com.mchange.v2.c3p0.ComboPooledDataSource">
  <property name="driverClass" value="${jdbc.driverClass}"></property>
        <property name="jdbcUrl" value="${jdbc.jdbcUrl}"></property>
        <property name="user" value="${jdbc.user}"></property>
        <property name="password" value="${jdbc.password}"></property>
    </bean>
    <!--2. 配置 JDBC 模板 -->
    <bean id="jdbcTemplate"
           class="org.springframework.jdbc.core.JdbcTemplate">
        <property name="dataSource" ref="dataSource"></property>
    </bean>
    <!--3. 配置 dao -->
    <bean id="accountDao" class="cn.itcast.dao.impl.AccountDaoImpl">
        <property name="jdbcTemplate" ref="jdbcTemplate"></property>
    </bean>
    <!--4. 配置 service -->
    <bean id="accountService"
          class="cn.itcast.service.impl.AccountServiceImpl">
        <property name="accountDao" ref="accountDao"></property>
    </bean>
    <!--#1 事务管理器,依赖于数据源 -->
    <bean id="transactionManager" class=
     "org.springframework.jdbc.datasource.DataSourceTransactionManager">
        <property name="dataSource" ref="dataSource"></property>
    </bean>
    <!--#2 生成代理类,让代理管理事务,依赖于事务管理器 -->
    <bean id="accountServiceProxy" class="org.springframework.
                transaction.interceptor.TransactionProxyFactoryBean">
        <!--#2.1 提供事务管理器 -->
        <property name="transactionManager"
                  ref="transactionManager"></property>
        <!--#2.2 目标类-->
        <property name="target" ref="accountService"></property>
        <!--#2.3 提供接口 -->
        <property name="proxyInterfaces"
          value="cn.itcast.service.AccountService"></property>
```

```
49         <!--#2.4 事务的详情配置,给 TransactionDefinition 进行赋值 -->
50         <property name="transactionAttributes">
51             <props>
52 <prop key="*">PROPAGATION_REQUIRED,ISOLATION_REPEATABLE_READ</prop>
53             </props>
54         </property>
55     </bean>
56 </beans>
```

在配置文件 16-5 中，配置了数据源、JDBC 模板、dao、service 等；第 34～37 行代码配置了 JDBC 的事务管理器；第 39、40 行代码生成代理类，这个代理类依赖于事务管理器；第 45～48 行代码配置了目标类；最后给 TransactionDefinition 对象赋值，<prop>标签的 key 属性用来配置对目标内的哪些方法进行增强，key 表示方法名称，如果使用“*”，表示所有的方法，如果使用“save*”，表示以 save 开头的方法，<prop>标签的 text 文本按照固定的格式编写事务的详情及 TransactionDefinition 的内容，例如传播行为、隔离级别等，值之间使用逗号进行分隔。

(7) 在 chapter16 项目的 src 目录下创建包 cn.itcast.test，在该包下创建测试类 Test，如文件 16-6 所示。

文件 16-6　Test.java

```
package cn.itcast.test;
import org.springframework.context.ApplicationContext;
import
org.springframework.context.support.ClassPathXmlApplicationContext;
import cn.itcast.service.AccountService;
public class Test {
    public static void main(String[] args){
        //获得容器,并操作
        String xmlPath="applicationContext.xml";
        ApplicationContext applicationContext=new
                    ClassPathXmlApplicationContext(xmlPath);
        AccountService accountService=(AccountService)
                    applicationContext.getBean("accountServiceProxy");
        accountService.transfer("jack", "rose", 100);
        System.out.println("ok");
    }
}
```

在文件 16-6 中，模拟银行转账业务，从 jack 的账户向 rose 的账户中转账 100 元，上述代码执行后，控制台输出 ok 代表转账成功，这时查询表 account 中的数据，查询结果如图 16-4 所示。

从图 16-4 的查询结果可以看出，转账成功了。事务管理的作用就是在系统发生错误时执行回滚，使转账操作不能成功提交。接下来，演示系统发生错误的情况，在文件 16-4 AccountServiceImpl 类的第 11、12 行代码之间添加代码“int i=1/0”来模拟系统断电，具体如下：

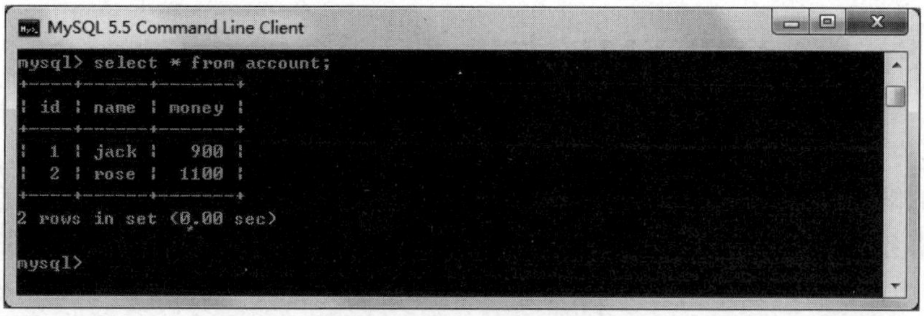

```
mysql> select * from account;
+----+------+-------+
| id | name | money |
+----+------+-------+
|  1 | jack |   900 |
|  2 | rose |  1100 |
+----+------+-------+
2 rows in set (0.00 sec)

mysql>
```

图 16-4 查询结果

```
@Override
public void transfer(String outUser, String inUser, int money){
    this.accountDao.out(outUser, money);
    //模拟断电
    int i=1/0;
    this.accountDao.in(inUser, money);
}
```

重新执行测试代码,控制台输出异常信息,如图 16-5 所示。

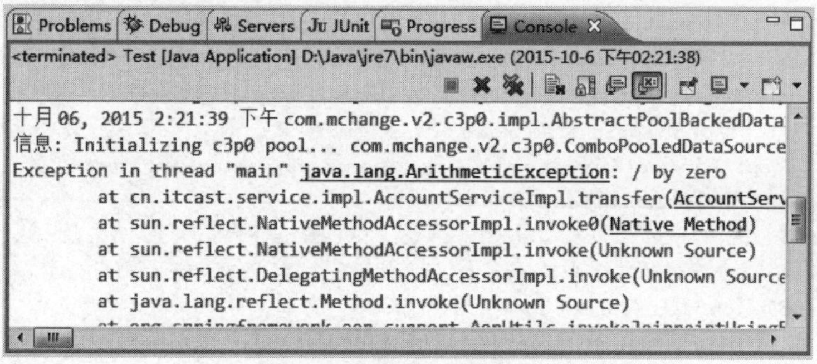

```
<terminated> Test [Java Application] D:\Java\jre7\bin\javaw.exe (2015-10-6 下午02:21:38)
十月 06, 2015 2:21:39 下午 com.mchange.v2.c3p0.impl.AbstractPoolBackedData
信息: Initializing c3p0 pool... com.mchange.v2.c3p0.ComboPooledDataSource
Exception in thread "main" java.lang.ArithmeticException: / by zero
	at cn.itcast.service.impl.AccountServiceImpl.transfer(AccountServ
	at sun.reflect.NativeMethodAccessorImpl.invoke0(Native Method)
	at sun.reflect.NativeMethodAccessorImpl.invoke(Unknown Source)
	at sun.reflect.DelegatingMethodAccessorImpl.invoke(Unknown Source
	at java.lang.reflect.Method.invoke(Unknown Source)
```

图 16-5 控制台输出结果

这时再次查询表 account,查询结果如图 16-6 所示。

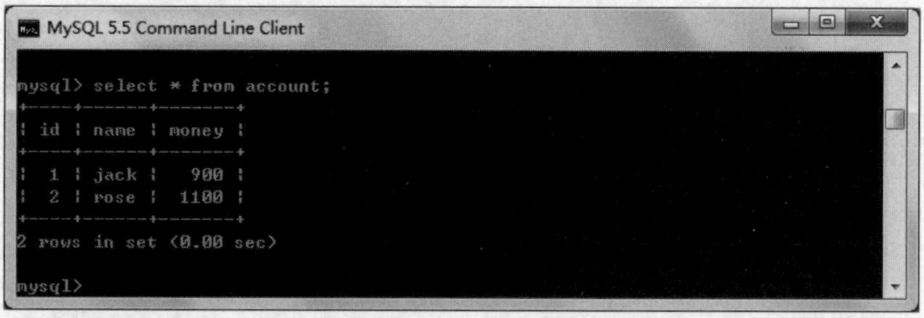

```
mysql> select * from account;
+----+------+-------+
| id | name | money |
+----+------+-------+
|  1 | jack |   900 |
|  2 | rose |  1100 |
+----+------+-------+
2 rows in set (0.00 sec)

mysql>
```

图 16-6 查询结果

从图 16-6 的查询结果可以看出,由于系统出现异常,事务没有被成功提交,说明事务管理生效了。

16.3 Spring AOP XML 方式

在 16.2 节中学习了使用 TransactionProxyFactoryBean 实现声明式事务管理的方式，这种方式的缺点是配置文件过于臃肿、难以阅读。因此，Spring 提供了基于 tx/AOP 配置的声明式事务管理方式，也是实际开发中最常用的事务管理方式之一。它的实现非常简单，以 16.2 节中的银行转账案例为例，只需修改 Spring 的配置文件 applicationContext.xml 即可，修改后的配置如文件 16-7 所示。

文件 16-7 applicationContext.xml

```
<?xml version="1.0" encoding="UTF-8"?>
<beans xmlns="http://www.springframework.org/schema/beans"
       xmlns:xsi="http://www.w3.org/2001/XMLSchema-instance"
       xmlns:context="http://www.springframework.org/schema/context"
       xmlns:tx="http://www.springframework.org/schema/tx"
       xmlns:aop="http://www.springframework.org/schema/aop"
       xsi:schemaLocation="http://www.springframework.org/schema/beans
       http://www.springframework.org/schema/beans/spring-beans.xsd
       http://www.springframework.org/schema/context
       http://www.springframework.org/schema/context/spring-context.xsd
       http://www.springframework.org/schema/tx
       http://www.springframework.org/schema/tx/spring-tx.xsd
       http://www.springframework.org/schema/aop
      http://www.springframework.org/schema/aop/spring-aop.xsd">
    <!--0.加载 properties 文件 -->
<context:property-placeholder location="classpath:c3p0-db.properties"/>
    <!--1.配置数据源,读取 properties 文件信息 -->
    <bean id="dataSource"
          class="com.mchange.v2.c3p0.ComboPooledDataSource">
<property name="driverClass" value="${jdbc.driverClass}"></property>
        <property name="jdbcUrl" value="${jdbc.jdbcUrl}"></property>
        <property name="user" value="${jdbc.user}"></property>
        <property name="password" value="${jdbc.password}"></property>
    </bean>
    <!--2.配置 JDBC 模板 -->
    <bean id="jdbcTemplate"
          class="org.springframework.jdbc.core.JdbcTemplate">
        <property name="dataSource" ref="dataSource"></property>
    </bean>
    <!--3.配置 dao -->
    <bean id="accountDao" class="cn.itcast.dao.impl.AccountDaoImpl">
        <property name="jdbcTemplate" ref="jdbcTemplate"></property>
    </bean>
    <!--4.配置 service -->
    <bean id="accountService"
            class="cn.itcast.service.impl.AccountServiceImpl">
        <property name="accountDao" ref="accountDao"></property>
    </bean>
```

```
39    <!--#1 事务管理器,依赖于数据源 -->
40    <bean id="txManager" class=
41    "org.springframework.jdbc.datasource.DataSourceTransactionManager">
42        <property name="dataSource" ref="dataSource"></property>
43    </bean>
44    <!--#2 编写通知:对事务进行增强(通知),需要编写对切入点和具体执行事务细节-->
45    <tx:advice id="txAdvice" transaction-manager="txManager" >
46        <tx:attributes>
47    <!--<tx:method>给切入点方法添加事务详情
48             name:方法名称, * 表示任意方法名称,  save* 以 save 开头
49                     propagation : 设置传播行为
50                     isolation : 隔离级别
51                     read-only:是否只读
52              -->
53            <tx:method name="*" propagation="REQUIRED"
54                          isolation="DEFAULT" read-only="false"/>
55        </tx:attributes>
56    </tx:advice>
57    <!--#3 aop 编写,让 Spring 自动对目标生成代理,需要使用 AspectJ 的表达式 -->
58    <aop:config>
59        <!--#3.1 切入点 -->
60        <aop:pointcut expression=
61              "execution(* cn.itcast.service.*.*(..))" id="txPointCut"/>
62        <!--#3.1 切面:将切入点与通知整合-->
63        <aop:advisor advice-ref="txAdvice" pointcut-ref="txPointCut"/>
64    </aop:config>
65 </beans>
```

在配置文件 16-7 中，首先在<beans>标记的第 6、13 和 14 行代码分别添加了 AOP 所需的命名空间声明，从配置数据源到声明事务管理器的部分都没有变化，然后从声明事务管理器以下的部分开始进行修改，首先是编写通知，然后使用 AOP 方式让 Spring 自动生成代理。第 45～56 行代码使用<tx:advice>标记配置通知内容，主要配置给切入点方法添加的事务详情，可参考注释；第 60～64 行代码使用<aop:config>标记定义切面，其中第 61 行代码应用了 AspectJ 表达式，代表 cn. itcast. service 包下所有类的所有方法都应用事务规则，第 63 行代码使用<aop:advistor>标记将切入点与事务通知整合，基于 AOP 的声明式事务配置完成。

修改文件 16-6 的 Test. java，代码如文件 16-8 所示。

文件 16-8　Test. java

```
package cn.itcast.test;
import org.springframework.context.ApplicationContext;
import
org.springframework.context.support.ClassPathXmlApplicationContext;
import cn.itcast.service.AccountService;
public class Test {
    public static void main(String[] args){
        //获得 spring 容器,并操作
```

```
9            String xmlPath="applicationContext.xml";
10           ApplicationContext applicationContext=new
11             ClassPathXmlApplicationContext(xmlPath);
12           AccountService accountService=(AccountService)
13                               applicationContext.getBean("accountService");
14           accountService.transfer("jack", "rose", 100);
15           System.out.println("ok");
16       }
17   }
```

在文件 16-8 中，修改了第 13 行代码 getBean()方法的参数，因为 AOP 方式是 Spring 自动生成代理的，所以这里的参数直接用 accountService。测试方法与 16.2 节相同，正常情况下事务提交，转账成功，如果系统出现异常，事务将回滚，转账失败。这里省略演示步骤，读者可参考 16.2 节的演示步骤自行完成演示。

16.4 Spring AOP Annotation 方式

Spring 的声明式事务管理还可以通过 Annotation 注解的方式，这种方式非常简单，我们需要做以下两件事情：

(1) 在 Spring 容器中注册驱动，代码如下。

```
<tx:annotation-driven transaction-manager="transactionManager"/>
```

(2) 在需要使用事务的业务类或者方法上添加注解@Transactional，这种方式的事务详情是通过@Transactional 的参数进行配置的，关于@Transactional 的参数如图 16-7 所示。

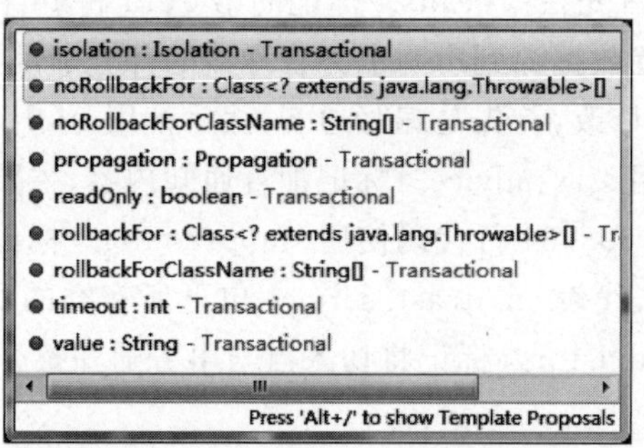

图 16-7 @Transactional 参数列表

接下来，还是应用银行转账案例对 Annotation 注解方式实现 Spring 声明式事务管理进行讲解。

在 16.3 节的基础上修改 Spring 配置文件 applicationContext.xml，如文件 16-9 所示。

文件 16-9 applicationContext.xml

```
<?xml version="1.0" encoding="UTF-8"?>
<beans xmlns="http://www.springframework.org/schema/beans"
       xmlns:xsi="http://www.w3.org/2001/XMLSchema-instance"
       xmlns:context="http://www.springframework.org/schema/context"
```

```
5          xmlns:tx="http://www.springframework.org/schema/tx"
6          xmlns:aop="http://www.springframework.org/schema/aop"
7          xsi:schemaLocation="http://www.springframework.org/schema/beans
8          http://www.springframework.org/schema/beans/spring-beans.xsd
9          http://www.springframework.org/schema/context
10         http://www.springframework.org/schema/context/spring-context.xsd
11         http://www.springframework.org/schema/tx
12         http://www.springframework.org/schema/tx/spring-tx.xsd
13        http://www.springframework.org/schema/aop
14       http://www.springframework.org/schema/aop/spring-aop.xsd">
15      <!--0.加载 properties 文件 -->
16  <context:property-placeholder location="classpath:c3p0-db.properties"/>
17      <!--1.数据源 -->
18  <bean id="dataSource" class="com.mchange.v2.c3p0.ComboPooledDataSource">
19      <property name="driverClass" value="${jdbc.driverClass}"></property>
20          <property name="jdbcUrl" value="${jdbc.jdbcUrl}"></property>
21          <property name="user" value="${jdbc.user}"></property>
22          <property name="password" value="${jdbc.password}"></property>
23      </bean>
24      <!--2.JDBC 模板 -->
25    <bean id="jdbcTemplate"
26           class="org.springframework.jdbc.core.JdbcTemplate">
27          <property name="dataSource" ref="dataSource"></property>
28      </bean>
29      <!--3.配置 dao -->
30      <bean id="accountDao" class="cn.itcast.dao.impl.AccountDaoImpl">
31          <property name="jdbcTemplate" ref="jdbcTemplate"></property>
32      </bean>
33      <!--4.配置 service -->
34      <bean id="accountService"
35            class="cn.itcast.service.impl.AccountServiceImpl">
36          <property name="accountDao" ref="accountDao"></property>
37      </bean>
38      <!--#1 事务管理器 -->
39      <bean id="transactionManager" class=
40    "org.springframework.jdbc.datasource.DataSourceTransactionManager">
41          <property name="dataSource" ref="dataSource"></property>
42      </bean>
43      <!--#2 注册事务管理驱动-->
44          <tx:annotation-driven transaction-manager="transactionManager"/>
45  </beans>
```

在配置文件 16-9 中，只修改配置事务管理器下面的部分，在第 44 行注册事务管理器的驱动即可，需要注意的是，在学习 AOP 注解方式开发的时候，需要在配置文件中开启注解处理器，指定扫描哪些包下的注解，这里没有开启注解处理器是因为我们在第 34～37 行手动配置了 AccountServiceImpl.java，而@Transactional 注解就配置在该类中，所以会直接生效。

在文件 16-4 中添加注解，如文件 16-10 所示。

文件 16-10 AccountServiceImpl.java

```
1  package cn.itcast.service.impl;
2  import org.springframework.transaction.annotation.Transactional;
3  import org.springframework.transaction.annotation.Isolation;
4  import org.springframework.transaction.annotation.Propagation;
5  import cn.itcast.dao.AccountDao;
6  import cn.itcast.service.AccountService;
7  @Transactional(propagation=Propagation.REQUIRED,
8                 isolation=Isolation.DEFAULT, readOnly=false)
9  public class AccountServiceImpl implements AccountService {
10     private AccountDao accountDao;
11     public void setAccountDao(AccountDao accountDao){
12         this.accountDao=accountDao;
13     }
14     @Override
15     public void transfer(String outUser, String inUser, int money){
16         this.accountDao.out(outUser, money);
17         //模拟断电
18         int i=1/0;
19         this.accountDao.in(inUser, money);
20     }
21 }
```

文件 16-10 中，在第 7 行代码处添加了@Transactional 注解，并且使用注解的参数配置了事务详情，参数之间用“,”进行分隔，在 18 行代码处可以看到模拟断电的代码，测试方法与 16.2 节测试方式相同，运行测试类 Test，控制台输出异常信息，事务回滚，将模拟断点的代码注释掉，重新运行 Test.java，控制台输出“ok”，事务被提交，转账成功。

16.5 本章小结

本章主要讲解了 Spring 事务管理，首先讲解了 Spring 事务管理的核心接口，然后通过银行转账的案例，分别介绍了基于 TransactionProxyFactoryBean 的事务管理和基于 AOP 的声明式事务管理，其中基于 AOP 的 XML 方式事务管理是在开发中经常使用的，要求必须掌握。

【思考题】

请简要说明如何使用 Spring AOP Annotation 方式实现声明式事务管理。

扫描右方二维码，查看思考题答案！

第 17 章 SSH框架整合

学习目标

- 掌握 Spring 和 Hibernate 的整合
- 掌握 Spring 和 Struts2 的整合
- 掌握注解方式进行 SSH 框架整合

在本书的前 16 章中，我们分别学习了 Struts2、Hibernate 和 Spring 框架。为了充分利用各个框架的优点，优势互补，在实际开发中，常常需要将这三个框架进行整合使用，接下来，本章将针对 SSH 框架的整合内容进行详细的讲解。

17.1 准备整合环境

所谓整合就是将不同的框架放在一个项目中，共同使用它们的技术，使它们发挥各自的优点，并形成互补。首先需要准备整合环境。在 Eclipse 中新建一个名称为 chapter17 的 Web 项目，然后分别在项目中配置 Struts2、Spring 和 Hibernate 环境。接下来，本节将结合添加用户的案例对 SSH 框架的整合环境进行详细的讲解。

17.1.1 准备数据库环境

在 SSH 框架整合时，需要连接数据库进行测试，因此需要准备数据库环境。创建名称为 chapter17 的数据库，然后在该数据库中创建一个 t_user 表，t_user 表中有 id、username 和 password 这三个字段，其中 id 是主键，username 和 password 分别用于表示用户名和密码。具体 SQL 语句如下：

```
create database chapter17;
use chapter17;
create table t_user(
    id int(11)not null AUTO_INCREMENT,
    username varchar(255)default null,
    password varchar(255)default null,
    primary key(id)
);
```

在数据库中执行上述 SQL 语句，执行成功后，查询 t_user 的表结构，查询结果如图 17-1 所示。

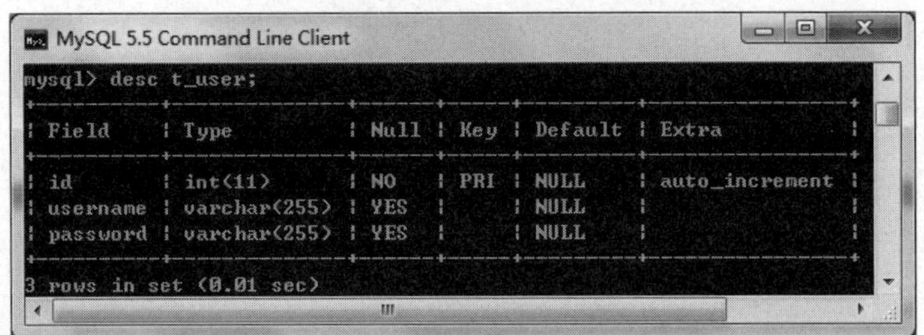
```
mysql> desc t_user;
+----------+--------------+------+-----+---------+----------------+
| Field    | Type         | Null | Key | Default | Extra          |
+----------+--------------+------+-----+---------+----------------+
| id       | int(11)      | NO   | PRI | NULL    | auto_increment |
| username | varchar(255) | YES  |     | NULL    |                |
| password | varchar(255) | YES  |     | NULL    |                |
+----------+--------------+------+-----+---------+----------------+
3 rows in set (0.01 sec)
```

图 17-1　创建的 t_user 表结构

从图 17-1 的查询结果可以看出，t_user 表已经创建成功。

17.1.2　配置 Strust2 环境

三大框架的整合其实是在项目中分别配置每个框架的环境，然后通过修改配置文件进行整合，首先按步骤配置 Strust2 环境。

1. 导入 Struts2 的相关 JAR 包

本书中使用的 struts-2.3.24 版本导入的相关 JAR 包共 13 个，具体如下：

- asm-3.3.jar
- asm-commons-3.3.jar
- asm-tree-3.3.jar
- commons-fileupload-1.3.1.jar
- commons-io-2.2.jar
- commons-lang3-3.2.jar
- freemarker-2.3.22.jar
- javassist-3.11.0.GA.jar
- log4j-api-2.2.jar
- log4j-core-2.2.jar
- ognl-3.0.6.jar
- struts2-core-2.3.24.jar
- xwork-core-2.3.24.jar

以上是 Struts2 整合环境需要的 JAR 包，针对这些 JAR 包的说明在本书的第 1 章中基本已经讲解过，在此不再赘述。在 Struts2 安装目录的 lib 目录中选取上述基础 JAR 包，复制到 chapter17 项目的 WEB-INF/lib 目录中，并发布到类路径下。

2. 添加 log4j.properties 文件

本项目需要添加一个 log4j.properties 文件，作为 log4j 日志技术的配置文件。在添加 log4j.properties 文件之前，首先在项目中创建一个名为 config 的 Source Folder，专门用于存放各种配置文件。然后在 config 中创建一个名为 log4j.properties 的文件，编写 log4j.properties 文件，具体内容如下：

```
###direct log messages to stdout ###
log4j.appender.stdout=org.apache.log4j.ConsoleAppender
log4j.appender.stdout.Target=System.out
log4j.appender.stdout.layout=org.apache.log4j.PatternLayout
log4j.appender.stdout.layout.ConversionPattern=%d{ABSOLUTE} %5p %c{1}:%L - %m%n

###direct messages to file mylog.log ###
log4j.appender.file=org.apache.log4j.FileAppender
log4j.appender.file.File=d:\mylog.log
log4j.appender.file.layout=org.apache.log4j.PatternLayout
log4j.appender.file.layout.ConversionPattern=%d{ABSOLUTE} %5p %c{1}:%L - %m%n

###set log levels - for more verbose logging change 'info' to 'debug' ###

log4j.rootLogger=info, stdout
```

3. 在 web.xml 中配置核心过滤器

在 chapter17 项目的 WEB-INF\web.xml 文件中配置 Struts2 的核心过滤器，如文件 17-1 所示。

文件 17-1 web.xml

```
<?xml version="1.0" encoding="UTF-8"?>
<web-app xmlns:xsi="http://www.w3.org/2001/XMLSchema-instance"
   xmlns="http://java.sun.com/xml/ns/javaee"
   xmlns:web="http://java.sun.com/xml/ns/javaee/web-app_2_5.xsd"
   xsi:schemaLocation="http://java.sun.com/xml/ns/javaee
   http://java.sun.com/xml/ns/javaee/web-app_3_0.xsd"
   id="WebApp_ID" version="3.0">
   <!--配置 Struts2 核心控制器-->
   <filter>
       <filter-name>struts2</filter-name>
       <filter-class>
 org.apache.struts2.dispatcher.ng.filter.StrutsPrepareAndExecuteFilter
       </filter-class>
   </filter>
   <filter-mapping>
       <filter-name>struts2</filter-name>
       <url-pattern>/*</url-pattern>
   </filter-mapping>
</web-app>
```

4. 添加 struts.xml 配置文件

在 config 路径下添加 Struts2 配置文件 struts.xml，如文件 17-2 所示。

文件 17-2 struts.xml

```
<?xml version="1.0" encoding="UTF-8"?>
```

```
<!DOCTYPE struts PUBLIC
    "-//Apache Software Foundation//DTD Struts Configuration 2.3//EN"
    "http://struts.apache.org/dtds/struts-2.3.dtd">
<struts>
    <!--开发模式 -->
    <constant name="struts.devMode" value="true"></constant>
    <package name="ssh" namespace="/" extends="struts-default">
    </package>
</struts>
```

在配置文件 17-2 中，将 Struts2 框架设置为开发模式。

17.1.3 配置 Spring 环境

配置完 Struts2 环境后，接下来配置 Spring 环境。

1. 导入 Spring 的依赖 JAR 包

本书中使用的 Spring 3.2.2 版本依赖的基础 JAR 包共 14 个，具体如下：

- spring-aop-3.2.2.RELEASE.jar
- spring-aspects-3.2.2.RELEASE.jar
- spring-beans-3.2.2.RELEASE.jar
- spring-context-3.2.2.RELEASE.jar
- spring-core-3.2.2.RELEASE.jar
- spring-expression-3.2.2.RELEASE.jar
- spring-jdbc-3.2.2.RELEASE.jar
- spring-test-3.2.2.RELEASE.jar
- spring-tx-3.2.2.RELEASE.jar
- spring-web-3.2.2.RELEASE.jar
- commons-logging-1.2.jar
- com.springsource.com.mchange.v2.c3p0-0.9.1.2.jar
- com.springsource.org.aopalliance-1.0.0.jar
- com.springsource.org.aspectj.weaver-1.6.8.RELEASE.jar

在下载的 Spring 的 JAR 包的 libs 目录中和之前章节下载的第三方依赖包中，选取上述 JAR 包，添加到 chapter17 项目的 WEB-INF/lib 目录中，并添加到类路径下。

2. 核心配置文件 applicationContext.xml

在 chapter17 项目中的 config 文件夹中创建 Spring 的配置文件，命名为 applicationContext.xml，如文件 17-3 所示。

文件 17-3 applicationContext.xml

```
<?xml version="1.0" encoding="UTF-8"?>
<beans xmlns="http://www.springframework.org/schema/beans"
       xmlns:xsi="http://www.w3.org/2001/XMLSchema-instance"
```

```
       xmlns:context="http://www.springframework.org/schema/context"
       xmlns:tx="http://www.springframework.org/schema/tx"
       xmlns:aop="http://www.springframework.org/schema/aop"
       xsi:schemaLocation="http://www.springframework.org/schema/beans
             http://www.springframework.org/schema/beans/spring-beans.xsd
              http://www.springframework.org/schema/context
        http://www.springframework.org/schema/context/spring-context.xsd
              http://www.springframework.org/schema/tx
              http://www.springframework.org/schema/tx/spring-tx.xsd
              http://www.springframework.org/schema/aop
              http://www.springframework.org/schema/aop/spring-aop.xsd">
</beans>
```

3. 在 web.xml 文件中配置 Spring 的监听器

在 web.xml 文件中配置 Spring 的监听器，添加完该配置后的 web.xml 如文件 17-4 所示。

文件 17-4　web.xml

```
<?xml version="1.0" encoding="UTF-8"?>
<web-app version="3.0"
   xmlns="http://java.sun.com/xml/ns/javaee"
   xmlns:xsi="http://www.w3.org/2001/XMLSchema-instance"
   xsi:schemaLocation="http://java.sun.com/xml/ns/javaee
   http://java.sun.com/xml/ns/javaee/web-app_3_0.xsd">
   <!--监听器 -->
   <context-param>
      <param-name>contextConfigLocation</param-name>
      <param-value>classpath:applicationContext.xml</param-value>
   </context-param>
   <listener>
      <listener-class>
            org.springframework.web.context.ContextLoaderListener
      </listener-class>
   </listener>
  <!--struts 过滤器 -->
  <filter>
    <filter-name>struts2</filter-name>
    <filter-class>
org.apache.struts2.dispatcher.ng.filter.StrutsPrepareAndExecuteFilter
    </filter-class>
  </filter>
  <filter-mapping>
    <filter-name>struts2</filter-name>
    <url-pattern>/*</url-pattern>
  </filter-mapping>
</web-app>
```

在配置监听器时，监听器中监听的 contextConfigLocation 是类路径下的

applicationContext. xml 文件，对应的监听器类是 org. springframework. web. context . ContextLoaderListener。

17.1.4 配置 Hibernate 环境

Struts2 和 Spring 的环境配置完毕后，接下来，对 Hibernate 的环境进行配置。

1. 导入运行 Hibernate 所需的 JAR 包

运行 Hibernate 项目所依赖的 JAR 包共 12 个，具体如下：

- antlr-2. 7. 6. jar
- c3p0-0. 9. 1. jar
- commons-collections-3. 1. jar
- dom4j-1. 6. 1. jar
- hibernate-jpa-2. 0-api-1. 0. 1. Final. jar
- hibernate3. jar
- javassist-3. 12. 0. GA. jar
- jta-1. 1. jar
- log4j-1. 2. 17. jar
- mysql-connector-java-5. 0. 8-bin. jar
- slf4j-api-1. 6. 1. jar
- slf4j-log4j12-1. 7. 12. jar

选取上述 JAR 包，添加到 chapter17 项目的 WEB-INF/lib 目录中，并发布到类路径下。需要注意的是，在上述 JAR 包中，javassist-3. 12. 0. GA. jar 在 Struts2 中已经添加过，所以在项目整合时不需要重复添加，使用其中一个即可。

2. 添加核心配置文件 hibernate. cfg. xml

在 chapter17 项目的 config 文件夹中添加 hibernate. cfg. xml 配置文件，如文件 17-5 所示。

文件 17-5 hibernate. cfg. xml

```
<?xml version="1.0" encoding="UTF-8"?>
<!DOCTYPE hibernate-configuration PUBLIC
    "-//Hibernate/Hibernate Configuration DTD 3.0//EN"
    "http://www.hibernate.org/dtd/hibernate-configuration-3.0.dtd">
<hibernate-configuration>
    <session-factory>
        <!--1. 基本 4 项 -->
    <property name="connection.driver_class">
     com.mysql.jdbc.Driver
    </property>
        <property name="connection.url">
                jdbc:mysql://localhost:3306/chapter17
```

```
        </property>
        <property name="connection.username">root</property>
        <property name="connection.password">itcast</property>
        <!--2.方言 -->
<property name="dialect">org.hibernate.dialect.MySQL5Dialect</property>
        <!--3. SQL -->
        <property name="show_sql">true</property>
        <property name="format_sql">true</property>
        <property name="hbm2ddl.auto">update</property>
        <!--4.取消 Bean 校验 -->
    <property name="javax.persistence.validation.mode">none</property>
        <!--5.整合 c3p0 -->
        <property name="hibernate.connection.provider_class">
                org.hibernate.connection.C3P0ConnectionProvider
        </property>

        <!--可以添加映射文件 -->
    </session-factory>
</hibernate-configuration>
```

在上述配置中，分别配置了连接数据库的 4 项基本信息、方言等，需要注意的是，如果创建了实体类的映射文件，需要在该文件中进行配置。至此，Struts2、Spring 和 Hibernate 的环境均准备完成，完成后的项目结构如图 17-2 所示。

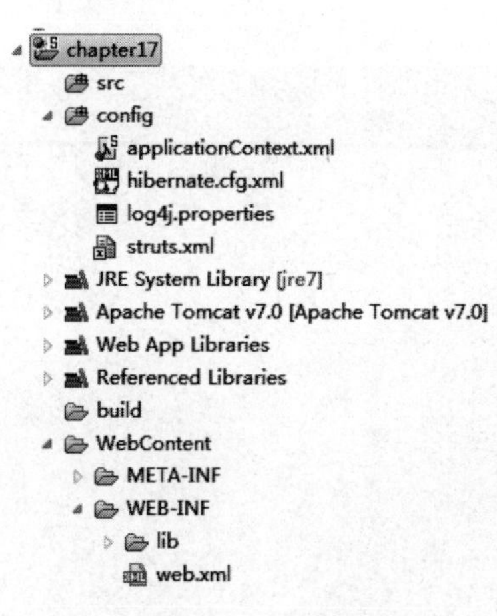

图 17-2 项目结构

从图 17-2 中可以看出，三大框架的配置文件和日志文件都在 config 中统一管理，打开项目的 WEB-INF\lib 目录，该目录中目前为止总共 38 个 JAR 包。

17.2 Spring 和 Hibernate 的整合

hibernate.cfg.xml 文件是 Hibernate 中重要的配置文件，当 Spring 和 Hibernate 整合时，由于 hibernate.cfg.xml 文件中的配置信息可以交予 Spring 来管理，所以可以选择是否使用 hibernate.cfg.xml 文件。本节将从使用 hibernate.cfg.xml 文件和不使用 hibernate

. cfg. xml文件两种情况来讲解 Spring 和 Hibernate 的整合。

17.2.1 介绍

Spring 和 Hibernate 的整合，需要再添加一个支持整合的 JAR 包 spring-orm-3. 2. 2. RELEASE. jar，该 JAR 包可以在下载的 Spring 解压目录的 libs 目录中找到。

在讲解 Spring 和 Hibernate 的整合前，首先需要了解三个重要的对象，具体如下。

- HibernateTemplate：相当于 Hibernate 的 session 可以直接操作 PO 类，依赖于 SessionFactory。
- LocalSessionFactoryBean：获得 SessionFactory。
- HibernateTransactionManager：Hibernate 的事务管理器。

17.2.2 使用 hibernate. cfg. xml 文件

对 Spring 和 Hibernate 的整合有了初步的了解后，接下来，通过案例来演示在整合过程中使用 hibernate. cfg. xml 文件的情况。

1. Domain 层

在 src 目录中创建包 cn. itcast. domain，在该包中创建一个名称为 User 的实体类，如文件 17-6 所示。

文件 17-6 User. java

```
package cn.itcast.domain;
public class User {
    private Integer id;
    private String username;
    private String password;
    public Integer getId(){
        return id;
    }
    public void setId(Integer id){
        this.id=id;
    }
    public String getUsername(){
        return username;
    }
    public void setUsername(String username){
        this.username=username;
    }
    public String getPassword(){
        return password;
    }
    public void setPassword(String password){
        this.password=password;
    }
}
```

实体类编写之后，编写与之对应的映射文件 User. hbm. xml，如文件 17-7 所示。

文件 17-7　User. hbm. xml

```
<?xml version="1.0" encoding="UTF-8"?>
<!DOCTYPE hibernate-mapping PUBLIC
    "-//Hibernate/Hibernate Mapping DTD 3.0//EN"
    "http://www.hibernate.org/dtd/hibernate-mapping-3.0.dtd">
<hibernate-mapping>
    <class name="cn.itcast.domain.User" table="t_user">
        <id name="id">
            <generator class="native"></generator>
        </id>
        <property name="username"></property>
        <property name="password"></property>
    </class>
</hibernate-mapping>
```

User. hbm. xml 映射文件编写完成后，需要在 Hibernate 的核心配置文件 hibernate . cfg. xml 中添加此映射文件的信息，具体如下：

```
<!--添加映射文件 -->
<mapping resource="cn/itcast/domain/User.hbm.xml"/>
```

2. Dao 层

在 src 目录中创建 cn. itcast. dao 包，在该包中创建接口 UserDao，如文件 17-8 所示。

文件 17-8　UserDao. java

```
package cn.itcast.dao;
import java.util.List;
import cn.itcast.domain.User;
public interface UserDao {
    public void save(User user);
    public void update(User user);
    public void delete(User user);
    public User findById(Integer id);
    public List<User> findAll();
}
```

在上述代码中，分别定义了用于保存、修改、删除、根据 id 查询和查询所有用户的方法。

在 src 目录中创建 cn. itcast. dao. impl 包，在该包中创建 UserDao 接口的实现类 UserDaoImpl，如文件 17-9 所示。

文件 17-9　UserDaoImpl. java

```
package cn.itcast.dao.impl;
import java.util.List;
import org.springframework.orm.hibernate3.HibernateTemplate;
```

```
import cn.itcast.dao.UserDao;
import cn.itcast.domain.User;
public class UserDaoImpl implements UserDao {
    //提供 Hibernate 模板
    private HibernateTemplate hibernateTemplate;
public void setHibernateTemplate(HibernateTemplate hibernateTemplate){
        this.hibernateTemplate=hibernateTemplate;
    }
    public User findById(Integer id){
        return this.hibernateTemplate.get(User.class, id);
    }
    public List<User>findAll(){
        return this.hibernateTemplate.find("from User");
    }
    public void save(User user){
        this.hibernateTemplate.save(user);
    }
    public void update(User user){
        this.hibernateTemplate.update(user);
    }
    public void delete(User user){
        this.hibernateTemplate.delete(user);
    }
}
```

在上述代码中，分别对 UserDao 接口的几个方法进行了实现，并且使用了 Hibernate 的模板 HibernateTemplate 进行相应的操作。

3. Service 层

在 src 目录中创建 cn. itcast. service 包，在该包中创建 UserService 接口，如文件 17-10 所示。

文件 17-10 UserService. java

```
package cn.itcast.service;
import java.util.List;
import cn.itcast.domain.User;
public interface UserService {
    public void saveUser(User user);
    public void updateUser(User user);
    public void deleteUser(User user);
    public User findUserById(Integer id);
    public List<User>findAllUser();
}
```

在上述代码中，方法的命名方式很重要。为了方便实现调用 Dao 层的方法，Service 层中的接口最好与 Dao 层接口的方法保持一致。

在 src 目录中创建 cn. itcast. service. impl 包，在该包中创建 UserService 接口的实现类 UserServiceImpl，如文件 17-11 所示。

文件 17-11 UserServiceImpl. java

```java
package cn.itcast.service.impl;
import java.util.List;
import cn.itcast.dao.UserDao;
import cn.itcast.domain.User;
import cn.itcast.service.UserService;
public class UserServiceImpl implements UserService {
    private UserDao userDao;
    public void setUserDao(UserDao userDao){
        this.userDao=userDao;
    }
    public void saveUser(User user){
        this.userDao.save(user);
    }
    public void updateUser(User user){
        this.userDao.update(user);
    }
    public void deleteUser(User user){
        this.userDao.delete(user);
    }
    public User findUserById(Integer id){
        return this.userDao.findById(id);
    }
    public List<User>findAllUser(){
        return this.userDao.findAll();
    }
}
```

在上述代码中，首先定义了 UserDao 接口的实例，并实现了其 setter 方法。然后实现类 UserServic 接口中的所有方法。在这些方法中，分别调用了 UserDao 接口中相应的方法。

4. 在 Spring 配置文件中进行配置

在 Spring 配置文件 applicationContext. xml 中进行相应配置，配置完成后的 applicationContext. xml 如文件 17-12 所示。

文件 17-12 applicationContext. xml

```xml
<?xml version="1.0" encoding="UTF-8"?>
<beans xmlns="http://www.springframework.org/schema/beans"
       xmlns:xsi="http://www.w3.org/2001/XMLSchema-instance"
       xmlns:context="http://www.springframework.org/schema/context"
       xmlns:tx="http://www.springframework.org/schema/tx"
       xmlns:aop="http://www.springframework.org/schema/aop"
       xsi:schemaLocation="http://www.springframework.org/schema/beans
        http://www.springframework.org/schema/beans/spring-beans.xsd
        http://www.springframework.org/schema/context
        http://www.springframework.org/schema/context/spring-context.xsd
```

```
        http://www.springframework.org/schema/tx
        http://www.springframework.org/schema/tx/spring-tx.xsd
        http://www.springframework.org/schema/aop
        http://www.springframework.org/schema/aop/spring-aop.xsd">
    <!--1.配置 SessionFactory -->
    <bean id="sessionFactory"
    class="org.springframework.orm.hibernate3.LocalSessionFactoryBean">
        <!--加载 Hibernate 核心配置文件 -->
  <property name="configLocation" value="classpath:hibernate.cfg.xml">
   </property>
    </bean>
    <!--2.配置 Hibernate 模板 -->
    <bean id="hibernateTemplate"
            class="org.springframework.orm.hibernate3.HibernateTemplate">
        <!--通过工厂获得 Session,操作 PO类 -->
        <property name="sessionFactory" ref="sessionFactory"></property>
    </bean>
    <!--3.配置 Dao -->
    <bean id="userDao" class="cn.itcast.dao.impl.UserDaoImpl">
    <property name="hibernateTemplate" ref="hibernateTemplate">
   </property>
    </bean>
    <!--4.配置 Service -->
    <bean id="userService"
    class="cn.itcast.service.impl.UserServiceImpl">
        <property name="userDao" ref="userDao"></property>
    </bean>
    <!--事务管理 -->
  <!--#1 事务管理器,就是平台,Spring 工具产生,依赖于使用 持久方案
  (hibernate、jdbc 等)-->
    <bean id="txManager" class="org.springframework
        .orm.hibernate3.HibernateTransactionManager">
        <property name="sessionFactory" ref="sessionFactory"></property>
    </bean>
    <!--#2 通知:增强事务 -->
    <tx:advice id="txAdvice" transaction-manager="txManager">
        <tx:attributes>
            <tx:method name="save*"/>
            <tx:method name="update*"/>
            <tx:method name="delete*"/>
            <tx:method name="find*" read-only="true"/>
        </tx:attributes>
    </tx:advice>
    <!--#3 切面:将切入点与通知关联 -->
    <aop:config>
        <aop:advisor advice-ref="txAdvice"
            pointcut="cn.itcast.service.*.*(..)"/>
    </aop:config>
</beans>
```

在上述配置中，首先配置了 SessionFactory 接口，并加载 Hibernate 配置文件 hibernate. cfg. xml，然后把 SessionFactory 配置到 Hibernate 模板中，目的是使用 SessionFactory 接口提供的 Session 类实例来操作 PO 类，并使用 Hibernate 模板进行数据库访问；接下来分别配置了 Dao、Service 和事务管理等信息。实际上，这样的配置就是将 Hibernate 中用到的数据源、SessionFactory 实例和事务管理器交予 Spring 容器进行统一管理，具体可以参考代码注释。

5. 测试

为了验证 Spring 和 Hibernate 的整合是否成功，接下来对此进行测试。在项目的 src 目录中创建 cn. itcast. test 包，在该包中创建测试类 TestApp，如文件 17-13 所示。

文件 17-13 TestApp. java

```
1   package cn.itcast.test;
2   import org.junit.Test;
3   import org.springframework.context.ApplicationContext;
4   import
5   org.springframework.context.support.ClassPathXmlApplicationContext;
6   import cn.itcast.domain.User;
7   import cn.itcast.service.UserService;
8   public class TestApp {
9       @Test
10      public void demo01(){
11          User user=new User();
12          user.setUsername("jack");
13          user.setPassword("1234");
14          String xmlPath="applicationContext.xml";
15          ApplicationContext applicationContext=
16                  new ClassPathXmlApplicationContext(xmlPath);
17          UserService userService=
18           applicationContext.getBean("userService",UserService.class);
19          userService.saveUser(user);
20      }
21  }
```

上述代码中第 19 行调用 UserService 的 saveUser()方法，向数据库中添加了一条用户名为“jack”，密码为“1234”的数据。测试方法 demo01()运行成功后，查询数据库的结果如图 17-3 所示。

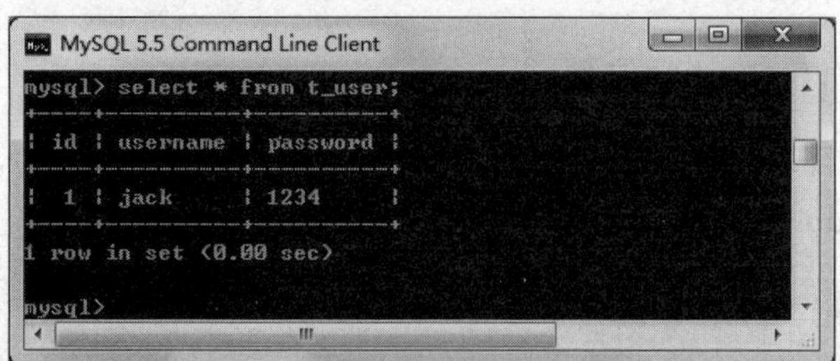

图 17-3 运行后的 t_user 表中的数据

从图 17-3 的查询结果可以看出，数据被保存到了 t_user 表中，说明 Spring 和 Hibernate 整合已经成功。

17.2.3 不使用 hibernate.cfg.xml

如果不使用 hibernate.cfg.xml 的方式来整合 Spring 和 Hibernate，可以在 17.2.2 节的基础上做一些修改，具体如下。

1. 使用 HibernateDaoSupport

在 UserDaoImpl 中不再使用 HibernateTemplate，而是修改为使用 HibernateDaoSupport，修改后的 UserDaoImpl 如文件 17-14 所示。

文件 17-14 UserDaoImpl.java

```
package cn.itcast.dao.impl;
import java.util.List;
import org.springframework.orm.hibernate3.support.HibernateDaoSupport;
import cn.itcast.dao.UserDao;
import cn.itcast.domain.User;
//继承 HibernateDaoSupport 自动生成模板，必须提供 SessionFactory
public class UserDaoImpl extends HibernateDaoSupport implements UserDao {
    public User findById(Integer id){
        return this.getHibernateTemplate().get(User.class, id);
    }
    public List<User> findAll(){
        return this.getHibernateTemplate().find("from User");
    }
    public void save(User user){
        this.getHibernateTemplate().save(user);
    }
    public void update(User user){
        this.getHibernateTemplate().update(user);
    }
    public void delete(User user){
        this.getHibernateTemplate().delete(user);
    }
}
```

在上述代码中，UserDaoImpl 类继承了 HibernateDaoSupport 类，并且删除了原先使用 HibernateTemplate 的代码。

2. 创建 c3p0-db.properties 文件

在 chapter17 项目 config 目录中创建 c3p0-db.properties 配置文件，将连接数据库的基本 4 项编写在 c3p0-db.properties 文件中，内容如下所示：

```
jdbc.driverClass=com.mysql.jdbc.Driver
jdbc.jdbcUrl=jdbc:mysql:///chapter17
```

```
jdbc.user=root
jdbc.password=itcast
```

3. 配置 applicationContext.xml

修改 Spring 配置文件 applicationContext.xml，修改后如文件 17-15 所示。

文件 17-15　applicationContext.xml

```
<?xml version="1.0" encoding="UTF-8"?>
<beans xmlns="http://www.springframework.org/schema/beans"
      xmlns:xsi="http://www.w3.org/2001/XMLSchema-instance"
      xmlns:context="http://www.springframework.org/schema/context"
      xmlns:tx="http://www.springframework.org/schema/tx"
      xmlns:aop="http://www.springframework.org/schema/aop"
      xsi:schemaLocation="http://www.springframework.org/schema/beans
      http://www.springframework.org/schema/beans/spring-beans.xsd
      http://www.springframework.org/schema/context
     http://www.springframework.org/schema/context/spring-context.xsd
      http://www.springframework.org/schema/tx
      http://www.springframework.org/schema/tx/spring-tx.xsd
      http://www.springframework.org/schema/aop
      http://www.springframework.org/schema/aop/spring-aop.xsd">
   <!--0.1 加载 properties -->
<context:property-placeholder location="classpath:c3p0-db.properties"/>
   <!--0.2 配置数据源 -->
<bean id="dataSource" class="com.mchange.v2.c3p0.ComboPooledDataSource">
<property name="driverClass" value="${jdbc.driverClass}"></property>
      <property name="jdbcUrl" value="${jdbc.jdbcUrl}"></property>
      <property name="user" value="${jdbc.user}"></property>
      <property name="password" value="${jdbc.password}"></property>
   </bean>
   <!--1.配置 SessionFactory -->
   <bean id="sessionFactory"
    class="org.springframework.orm.hibernate3.LocalSessionFactoryBean">
      <!--1.1 配置数据源 -->
      <property name="dataSource"  ref="dataSource"></property>
      <!--1.2 其他配置项，要使用 Hibernate 全属性名，如果 Hibernate.不要省略-->
      <property name="hibernateProperties">
         <props>
            <prop key="hibernate.dialect">
               org.hibernate.dialect.MySQL5Dialect
            </prop>
            <prop key="hibernate.show_sql">true</prop>
            <prop key="hibernate.format_sql">true</prop>
            <prop key="hibernate.hbm2ddl.auto">update</prop>
         <prop key="javax.persistence.validation.mode">none</prop>
     <prop key="hibernate.current_session_context_class">thread</prop>
            <prop key=""></prop>
         </props>
```

```
42          </property>
43          <!--1.3 配置映射文件 -->
44          <property name="mappingResources"
45              value="cn/itcast/domain/User.hbm.xml"></property>
46      </bean>
47      <!--2. 配置 Dao -->
48      <bean id="userDao" class="cn.itcast.dao.impl.UserDaoImpl">
49          <property name="sessionFactory" ref="sessionFactory"></property>
50      </bean>
51      <!--3. 配置 Service -->
52  <bean id="userService" class="cn.itcast.service.impl.UserServiceImpl">
53          <property name="userDao" ref="userDao"></property>
54      </bean>
55      <!--4. 事务管理 -->
56      <!--#1 事务管理器,就是平台,Spring 工具产生,
57            依赖于使用 持久方案(hibernate、jdbc 等)-->
58      <bean id="txManager"
59  class="org.springframework.orm.hibernate3.HibernateTransactionManager">
60          <property name="sessionFactory" ref="sessionFactory"></property>
61      </bean>
62      <!--#2 通知:增强事务 -->
63      <tx:advice id="txAdvice" transaction-manager="txManager">
64          <tx:attributes>
65              <tx:method name="save*"/>
66              <tx:method name="update*"/>
67              <tx:method name="delete*"/>
68              <tx:method name="find*" read-only="true"/>
69          </tx:attributes>
70      </tx:advice>
71      <!--#3 切面:将切入点 与 通知 关联 -->
72      <aop:config>
73          <aop:advisor advice-ref="txAdvice"
74              pointcut="cn.itcast.service.*.*(..)"/>
75      </aop:config>
76  </beans>
```

在上述代码中，删除了加载 hibernate.cfg.xml 文件的内容，第 15～42 行通过加载 c3p0-db.properties 配置文件的方式，在 Spring 配置文件中配置数据源。需要注意的是，由于这种方式不使用 hibernate.cfg.xml 配置文件，在为 SessionFactory 配置数据源时，其他项要使用 Hibernate 的全属性名，如“hibernate.dialect”，还要把实体类的映射文件 User.hbm.xml 进行配置。

4. 测试

不使用 hibernate.cfg.xml 文件进行整合的情况，测试类是不需要修改的，运行测试类 TestApp 类的 demo01()方法，运行成功后，查询数据库中的数据，结果如图 17-4 所示。

在图 17-4 的结果中可以看出，数据库中又存入了一条数据，说明不使用 hibernate.cfg.xml 的方式整合 Spring 和 Hibernate 成功了。

```
mysql> select * from t_user;
+----+----------+----------+
| id | username | password |
+----+----------+----------+
|  1 | jack     | 1234     |
|  2 | jack     | 1234     |
+----+----------+----------+
2 rows in set (0.00 sec)

mysql>
```

图 17-4　t_user 表中的数据

17.3　Spring 与 Struts2 的整合

在 17.2 节中介绍了 Spring 和 Hibernate 的整合。在实际开发中，使用三大框架时，还需要将 Spring 和 Struts2 框架进行整合。Spring 与 Struts2 整合的目的是将 Struts2 中 Action 的实例化工作交予 Spring 进行统一管理。本节将针对 Spring 和 Struts2 框架的整合进行详细的讲解。

17.3.1　介绍

在 Spring 和 Struts2 整合时，需要导入一个 JAR 包 struts2-spring-plugin-2.3.24.jar，该 JAR 文件可以在已下载的 Struts2 的解压包的 lib 目录中找到。

在 struts2-spring-plugin-2.3.24.jar 包中包含一个 struts-plugin.xml 文件，该文件是个插件配置文件，打开该文件可以找到以下配置信息：

```
<constant name="struts.objectFactory" value="spring" />
```

上述配置信息用于配置 struts2 框架使用工厂创建自己的 Action 实例，如果 value 的值设置成 spring，那么将由 Spring 框架来创建 Action 实例。

17.3.2　Action 创建交予 Spring

首先，通过一个案例来讲解 Action 创建交予 Spring 的情况，具体如下。

1. 创建 action 类

在 src 目录下创建 cn.itcast.action 包，在包中创建 UserAction 类，具体如文件 17-16 所示。

文件 17-16　UserAction.java

```
package cn.itcast.action;
import cn.itcast.domain.User;
import cn.itcast.service.UserService;
import com.opensymphony.xwork2.ActionSupport;
import com.opensymphony.xwork2.ModelDriven;
public class UserAction extends ActionSupport
```

```
7      implements ModelDriven<User>{
8          //封装数据
9          private User user=new User();
10         @Override
11         public User getModel(){
12             return this.user;
13         }
14         //*****************************
15         private UserService userService;
16         public void setUserService(UserService userService){
17             this.userService=userService;
18         }
19         public String add(){
20             this.userService.saveUser(user);
21             return "add";
22         }
23     }
```

在上述代码中,第 19 行调用 add()方法,用于添加一个用户信息。

2. applicationContext.xml 配置

打开 Spring 配置文件 applicationContext.xml,增加 UserAction 的配置信息,其添加代码如下:

```
<bean id="userAction"
    class="cn.itcast.action.UserAction" scope="prototype">
   <property name="userService" ref="userService" ></property>
</bean>
```

在上述代码中,使用 bean 元素对创建的 UserAction 进行了配置,并将 userService 的实例注入到 userAction 实例中。

3. struts.xml 配置

修改 struts.xml 文件,将 UserAction 的信息加入到配置文件中,如文件 17-17 所示。

文件 17-17　struts.xml 文件

```
<?xml version="1.0" encoding="UTF-8"?>
<!DOCTYPE struts PUBLIC
    "-//Apache Software Foundation//DTD Struts Configuration 2.3//EN"
    "http://struts.apache.org/dtds/struts-2.3.dtd">
<struts>
    <!--开发模式 -->
    <constant name="struts.devMode" value="true"></constant>
    <package name="ssh" namespace="/" extends="struts-default">
        <action name="userAction_*" class="userAction" method="{1}">
            <result name="add">/success.jsp</result>
        </action>
```

```
    </package>
</struts>
```

在上述配置中，从 action 元素的 class 属性可以看到，它使用了与 Spring 配置文件中 action 的 bean 元素的 id 属性值。

4. 添加测试页面

测试时需要用到两个页面，添加页面 index.jsp 和成功页面 success.jsp。

首先，在项目的 WebContent 目录下创建 index.jsp，如文件 17-18 所示。

文件 17-18　index.jsp

```
<%@page language="java" contentType="text/html; charset=UTF-8"
    pageEncoding="UTF-8"%>
<!DOCTYPE html PUBLIC "-//W3C//DTD HTML 4.01 Transitional//EN"
    "http://www.w3.org/TR/html4/loose.dtd">
<html>
<head>
<meta http-equiv="Content-Type" content="text/html; charset=UTF-8">
<title>Insert title here</title>
</head>
<body>
<form action="${pageContext.request.contextPath}/userAction_add"
        method="post">
        用户名:<input type="text" name="username" /><br/>
        密     码:<input type="password" name="password" />
         <br/>
        <input type="submit" value="添加" />
    </form>
</body>
</html>
```

在上述代码中，定义了两个文本输入框和一个提交按钮，表单提交后访问 UserAction 中的 add()方法，方法执行成功后，会跳转到添加成功页面。

在项目的 WebContent 目录下创建添加成功页面 success.jsp，如文件 17-19 所示。

文件 17-19　success.jsp

```
<%@page language="java" contentType="text/html; charset=UTF-8"
    pageEncoding="UTF-8"%>
<!DOCTYPE html PUBLIC "-//W3C//DTD HTML 4.01 Transitional//EN"
    "http://www.w3.org/TR/html4/loose.dtd">
<html>
<head>
<meta http-equiv="Content-Type" content="text/html; charset=UTF-8">
<title>Insert title here</title>
</head>
<body>
    添加成功
```

```
</body>
</html>
```

5. 测试

启动 Tomcat 服务器，在浏览器地址栏中输入“http://localhost:8080/chapter17/index.jsp”，成功访问后，会进入添加页面，在页面对应输入框中输入用户名“itcast”和密码“456”，其页面显示如图 17-5 所示。

单击“添加”按钮，添加成功后跳转到添加成功页面，如图 17-6 所示。

图 17-5　添加页面

图 17-6　添加成功页面

执行操作完成之后，查询数据库，检查数据是否添加成功，其查询结果如图 17-7 所示。

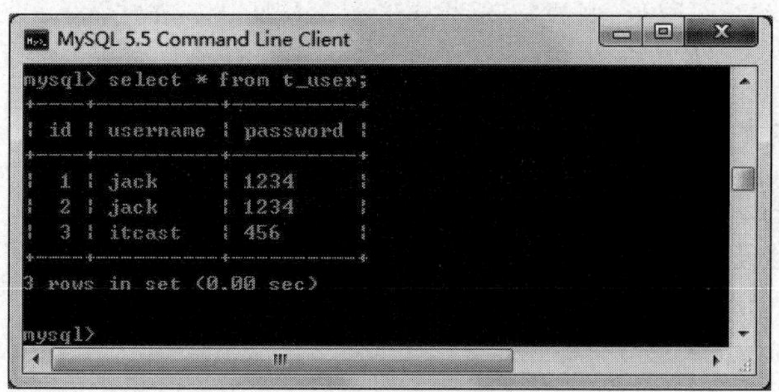

图 17-7　t_user 表中的数据

从图 17-7 的查询结果可以看出，数据已经添加成功，到这里 Spring 管理 Action 的整合方式已经完成。

17.3.3　Struts2 自身创建 Action

在 17.3.2 节中，Action 的创建工作是交予 Spring 框架来完成的，如果不想这样做，而是仍然由 Sturts2 自身创建 Action，那么 Spring 与 Struts2 的整合方式会有一些不同。下面就针对 Struts2 框架自身创建 Action 的方式进行详细的讲解。

1. 修改 struts.xml 文件配置

删除 Spring 配置文件 applicationContext.xml 中对 userAction 的配置代码，同时修改 Struts 配置文件 struts.xml，修改后的 struts.xml 如文件 17-20 所示。

文件 17-20　struts.xml

```
<?xml version="1.0" encoding="UTF-8"?>
<!DOCTYPE struts PUBLIC
    "-//Apache Software Foundation//DTD Struts Configuration 2.3//EN"
    "http://struts.apache.org/dtds/struts-2.3.dtd">
<struts>
    <!--开发模式 -->
    <constant name="struts.devMode" value="true"></constant>
    <package name="ssh" namespace="/" extends="struts-default">
        <action name="userAction_*"
                class="cn.itcast.action.UserAction" method="{1}">
                <result name="add">/success.jsp</result>
        </action>
    </package>
</struts>
```

通过对比 17.3.2 节中的文件 17-17 的 struts.xml，会发现修改后的 struts.xml 文件在 action 配置时 class 属性使用了全类名，而不是使用对应 Spring 管理的 bean 元素的 id 属性值。

2. 测试

重新启动 Tomcat 服务器，在浏览器地址栏中输入"http://localhost:8080/chapter17"，成功访问后，进入添加页面，在页面对应输入框中输入用户名"tom"，密码"567"，如图 17-8 所示。

单击"添加"按钮，添加成功跳转到添加成功页面，如图 17-9 所示。

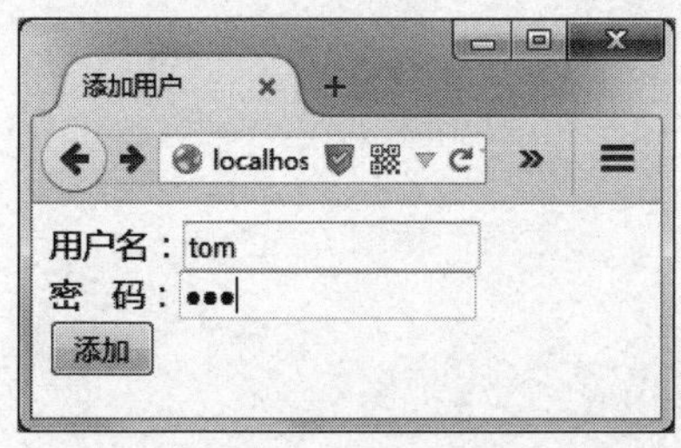

图 17-8　添加页面

图 17-9　添加成功页面

执行操作完成之后，查询数据库中的 t_user 表，其查询结果如图 17-10 所示。

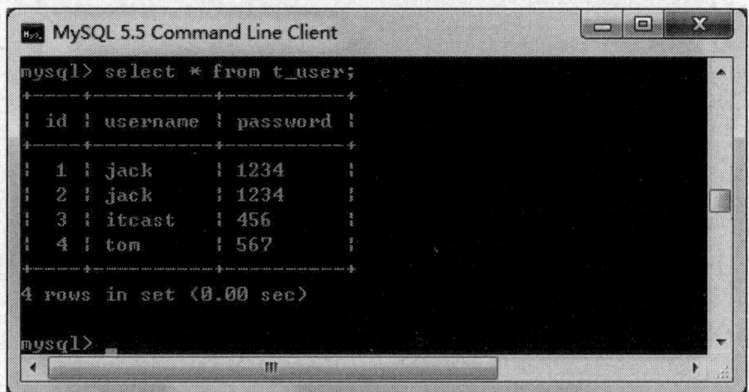

图 17-10　t_user 表中的数据

从图 17-10 的查询结果可以看出，数据已经添加成功，说明 Struts2 自身创建 Action 实例的整合方式也是可以的。

17.4 注解

在前面已经学习了使用 XML 方式进行三大框架整合的方法，除了 XML 方式外，还可以使用注解的方式进行三大框架的整合。如果使用注解，将 XML 中的一些配置和程序有效地结合，便可以简化 XML 中的代码。本节中将讲解一下基于注解的整合方式。

下面以 chapter17 项目为例，在修改 chapter17 项目的基础上进行讲解，具体如下。

1. 导入 struts 注解开发包 struts2-convention-plugin-2.3.14.jar

该 JAR 包可以在已下载的 Struts2 的解压包中的 lib 目录中找到。需要注意的是，如果不使用注解开发，千万不要导入此 JAR 包！

2. 修改实体类

在实体类 User 中添加注解，如文件 17-21 所示。

文件 17-21 User.java

```
package cn.itcast.domain;
import javax.persistence.Column;
import javax.persistence.Entity;
import javax.persistence.GeneratedValue;
import javax.persistence.GenerationType;
import javax.persistence.Id;
import javax.persistence.Table;
@Entity
@Table(name="t_user")
public class User {
    @Id
    @GeneratedValue(strategy=GenerationType.AUTO)
    private Integer id;
    @Column(name="username",length=50)
    private String username;
    //不配置使用默认值
    private String password;
    public Integer getId(){
        return id;
    }
    public void setId(Integer id){
        this.id=id;
    }
    public String getUsername(){
        return username;
    }
    public void setUsername(String username){
```

```
            this.username=username;
        }
        public String getPassword(){
            return password;
        }
        public void setPassword(String password){
            this.password=password;
        }
    }
```

在上述代码中 @Entity 注解为实体类指定类的路径；@Table(name＝"t_user")指定了表名；@id 指定了 id 字段为主键；@GeneratedValue 用来设置主键的生成策略；@Column 用来配置其他字段，如果不配置则使用默认值。上面代码中添加的注解实际上代替了 Hibernate 的实体类映射文件 User.hbm.xml 的功能，所以此实体类对应的映射文件可以在配置文件中注释掉或者删除。

3. 修改 Dao 层

接下来在 Dao 层添加注解，修改文件 UserDaoImpl，修改后的代码如文件 17-22 所示。

文件 17-22 UserDaoImpl.java

```
package cn.itcast.dao.impl;
import java.util.List;
import org.springframework.beans.factory.annotation.Autowired;
import org.springframework.orm.hibernate3.HibernateTemplate;
import org.springframework.stereotype.Repository;
import cn.itcast.dao.UserDao;
import cn.itcast.domain.User;
@Repository
public class UserDaoImpl implements UserDao {
    //提供 Hibernate 模板
    @Autowired
    private HibernateTemplate hibernateTemplate;
    public User findById(Integer id){
        return this.hibernateTemplate.get(User.class, id);
    }
    public List<User>findAll(){
        return this.hibernateTemplate.find("from User");
    }
    public void save(User user){
        this.hibernateTemplate.save(user);
    }
    public void update(User user){
        this.hibernateTemplate.update(user);
    }
    public void delete(User user){
        this.hibernateTemplate.delete(user);
```

```
    }
}
```

在上述代码中，仍然使用 Hibernate 模板，这是由于添加注解会自动注入一些类，但是父类是无法注入的，所以这必须使用 Hibernate 模板的方式。该类中分别添加了@Repository 注解，用于标注配置的 Dao；@Autowired 注解用于自动注入 Hibernate 模板；这时，在 Spring 配置文件中，有关这两项配置信息可以删除。

4. 修改 Service 层

在 Service 层添加注解，修改 UserServiceImpl. java，修改后的代码如文件 17-23 所示。

文件 17-23 UserServiceImpl. java

```java
package cn.itcast.service.impl;
import java.util.List;
import org.springframework.beans.factory.annotation.Autowired;
import org.springframework.stereotype.Service;
import org.springframework.transaction.annotation.Transactional;
import cn.itcast.dao.UserDao;
import cn.itcast.domain.User;
import cn.itcast.service.UserService;
@Service
public class UserServiceImpl implements UserService {
    @Autowired
    private UserDao userDao;
    @Transactional
    public void saveUser(User user){
        this.userDao.save(user);
    }
    @Transactional
    public void updateUser(User user){
        this.userDao.update(user);
    }
    @Transactional
    public void deleteUser(User user){
        this.userDao.delete(user);
    }
    @Transactional(readOnly=true)
    public User findUserById(Integer id){
        return this.userDao.findById(id);
    }
    @Transactional(readOnly=true)
    public List<User> findAllUser(){
        return this.userDao.findAll();
    }
}
```

在上述代码中，使用@Service 注解用来标注配置的 Service 层信息；@Autowired 注解用于自动注入 UserDao 接口；@Transactional 注解用来配置事务；这时可以删掉 Spring 配置文件中相关的配置信息。

5. 修改 Action 层

在 Action 层添加注解，修改 UserAction. java，修改后的代码如文件 17-24 所示。

文件 17-24　UserAction. java

```
package cn.itcast.action;
import org.apache.struts2.convention.annotation.Action;
import org.apache.struts2.convention.annotation.Namespace;
import org.apache.struts2.convention.annotation.ParentPackage;
import org.apache.struts2.convention.annotation.Result;
import org.springframework.beans.factory.annotation.Autowired;
import org.springframework.stereotype.Controller;
import cn.itcast.domain.User;
import cn.itcast.service.UserService;
import com.opensymphony.xwork2.ActionSupport;
import com.opensymphony.xwork2.ModelDriven;
@Namespace("/")
@ParentPackage("struts-default")
@Controller
public class UserAction extends ActionSupport
implements ModelDriven<User>{
    //封装数据
    private User user=new User();
    public User getModel(){
        return this.user;
    }
    //*****************************
    @Autowired
    private UserService userService;
    @Action(value="userAction_add",
            results={@Result(name="add",location="/success.jsp")})
    public String add(){
        this.userService.saveUser(user);
        return "add";
    }
}
```

在上述代码中，@ Namespace 和 @ ParentPackage 注解用于代替 Struts2 配置文件中对 Action 的配置，@ Controller 注解用于 Spring 容器中注册 UserManagerAction 实例。

6. 修改 applicationContext. xml

修改 Spring 的配置文件 applicationContext. xml，修改后的代码如文件 17-25 所示。

文件 17-25　applicationContext. xml

```
<?xml version="1.0" encoding="UTF-8"?>
<beans xmlns="http://www.springframework.org/schema/beans"
     xmlns:xsi="http://www.w3.org/2001/XMLSchema-instance"
```

```
4          xmlns:context="http://www.springframework.org/schema/context"
5          xmlns:tx="http://www.springframework.org/schema/tx"
6          xmlns:aop="http://www.springframework.org/schema/aop"
7          xsi:schemaLocation="http://www.springframework.org/schema/beans
8          http://www.springframework.org/schema/beans/spring-beans.xsd
9          http://www.springframework.org/schema/context
10         http://www.springframework.org/schema/context/spring-context.xsd
11         http://www.springframework.org/schema/tx
12         http://www.springframework.org/schema/tx/spring-tx.xsd
13         http://www.springframework.org/schema/aop
14         http://www.springframework.org/schema/aop/spring-aop.xsd">
15      <!--扫描 -->
16      <context:component-scan
17                          base-package="cn.itcast"></context:component-scan>
18      <!--配置 SessionFactory -->
19      <bean id="sessionFactory"
20       class="org.springframework.orm.hibernate3.LocalSessionFactoryBean">
21          <!--加载 hibernate 核心配置文件 -->
22          <property name="configLocation"
23                  value="classpath:hibernate.cfg.xml"></property>
24      </bean>
25      <!--配置 hibernate 模板-->
26      <bean id="hibernateTemplate"
27          class="org.springframework.orm.hibernate3.HibernateTemplate">
28          <!--通过工厂获得 session,操作 PO 类 -->
29          <property name="sessionFactory" ref="sessionFactory"></property>
30      </bean>
31      <!--事务管理 -->
32      <!--事务管理器,就是平台,Spring 工具产生,
33       依赖于使用持久方案(Hibernate、JDBC 等)-->
34      <bean id="txManager"
35  class="org.springframework.orm.hibernate3.HibernateTransactionManager">
36          <property name="sessionFactory" ref="sessionFactory"></property>
37      </bean>
38      <!--将事务管理注册 Spring
39          * proxy-target-class="true": 使用 cglib
40          * proxy-target-class="false":有接口将使用 JDK
41      -->
42      <tx:annotation-driven  transaction-manager="txManager" />
43  </beans>
```

在上述代码中第 16 行添加了 Spring 自动扫描的配置，第 22、23 行加载 Hibernate 的核心配置文件，然后配置 Hibernate 模板事务管理器等，具体可参考注释。

7. 修改 hibernate.cfg.xml 文件

由于注解方式不再使用实体类的映射文件 User.hbm.xml，所以应修改 hibernate.cfg.xml 中用来配置这个文件的代码，将 mapping 元素中的“resource="cn/itcast/domain/User.hbm.xml"”替换为“class="cn.itcast.domain.User"”。

8. 测试

重新启动 Tomcat 服务器，在浏览器中访问“http://localhost:8080/chapter17/index.jsp”地址，进入添加页面，在页面对应输入框中输入用户名“yuki”，密码“789”，如图 17-11

所示。

单击“添加”按钮，添加成功后跳转到添加成功页面，如图 17-12 所示。

图 17-11　添加页面

图 17-12　添加成功页面

执行操作完成之后，查询数据库结果如图 17-13 所示。

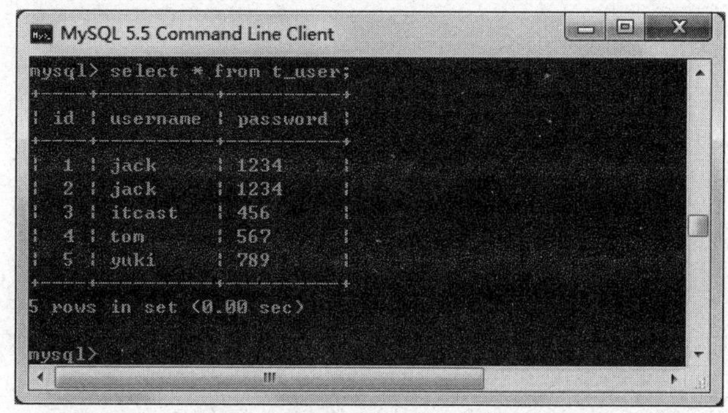

图 17-13　使用注解方式运行后的 t_user 表中的数据

从图 17-13 的查询结果可以看出，数据已添加成功，这说明使用注解方式整合三大框架功能已经实现。

17.5　本章小结

本章主要讲解了 SSH 框架的整合知识，首先从使用常规配置文件方式分别讲解了 Spring 与 Hibernate 和 Spring 与 Struts2 的整合，然后介绍了通过注解来实现三大框架整合的方式。通过本章内容的学习，读者可以将 SSH 这三个框架在项目开发中灵活和高效地使用。

【思考题】

1. 请写出在 web. xml 文件配置 Spring 监听器的代码片段。
2. 请简述在进行 Spring 和 Hibernate 整合时，不使用 hibernate. cfg. xml 文件在使用 hibernate. cfg. xml 文件的基础下，进行了哪些关键操作的修改。

扫描右方二维码，查看思考题答案！